Gerhard Rohlfs

Mein erster Aufenthalt in Marokko

und Reise südlich vom Atlas durch die Oasen Draa und Tafilet

Gerhard Rohlfs

Mein erster Aufenthalt in Marokko
und Reise südlich vom Atlas durch die Oasen Draa und Tafilet

ISBN/EAN: 9783337198640

Hergestellt in Europa, USA, Kanada, Australien, Japan

Cover: Foto ©berggeist007 / pixelio.de

Weitere Bücher finden Sie auf **www.hansebooks.com**

Mein erster Aufenthalt in Marokko und Reise südlich vom Atlas durch die Oasen Draa und Tafilet.

Von Gerhard Rohlfs.

BREMEN, 1873.
Verlag von J. Kühtmann's Buchhandlung,
U. L. Fr. Kirchhof 4.

Vorwort.

Indem ich dem geneigten Leser die Beschreibung meines ersten Aufenthaltes in Marokko übergebe, verweise ich dabei auf die ausgezeichneten Karten, die seiner Zeit in den Petermann'schen Mittheilungen über meine Routen erschienen sind. Ich habe mir die grösste Mühe gegeben, durch Vergleichung mit anderen Angaben ein annähernd genaues Resultat über die Einwohnerzahl des Landes und der Städte zu erlangen, und hoffe das Richtige getroffen zu haben, so weit das überhaupt durch Schätzung zu ermöglichen ist. Sehr bedauerlich ist für mich, dass durch einen Schreibfehler in meinem Manuscripte die Zahl 25,000 statt 250,000 für die Draabevölkerung auch in Dr. Behm's geogr. Jahrbücher übergegangen ist. Im vorliegenden Buche bitte ich ausserdem bei Dar beida statt 300 Einwohner 3000, und bei Asamor statt 30,000 Einwohner 3000 lesen zu wollen.

Weimar, September 1872.

Gerhard Rohlfs.

Inhalt:

1. Ankunft in Marokko
2. Bodengestalt und Klima
3. Bevölkerung
4. Religion
5. Krankheiten und deren Behandlung
6. Uesan el Dar Demana
7. Eintritt in marokkanische Dienste
8. Die Hauptstadt Fes
9. Mikenes und Heimreise nach Uesan
10. Politische Zustände
11. Consulatswesen
12. Aufenthalt beim Grossscherif von Uesan
13. Reise längs des atlantischen Oceans
14. Reise südlich vom Atlas nach der Oase Draa
15. Die Oase Draa. Mordversuch auf den Reisenden. Ankunft in Algerien

1. Ankunft in Marokko.

Am 7. April 1861 verliess ich Oran und schiffte an Bord eines französischen Messagerie-Dampfers in Mers el kebir ein. Es war Nachmittag, als wir beim herrlichsten Wetter aus der grossen Bucht hinausdampften. Die meisten an Bord befindlichen Passagiere wollten, wie ich, nach Marokko, doch waren auch einige, die Nemours, Gibraltar und Cadix als Reiseziel hatten. Der grösseren Ersparniss wegen hatte ich einen Deckplatz genommen, da mein Geldvorrath äusserst gering war; das Wetter war eben so sommerlich, die das Dampfboot führenden Leute so freundlich und zuvorkommend, dass man kaum an die grösseren Unbequemlichkeiten des Decklebens dachte.

Zudem hatte ich genug mit mir selbst zu thun, ich hatte mir fest vorgenommen, ins Innere von Marokko zu gehen, um dort im Dienste der Regierung meine medicinischen Kenntnisse zu verwerthen. Zu der Zeit sprach man in Spanien und Algerien viel von einer Reorganisation der marokkanischen Armee; es hiess, der Sultan habe nach dem Friedensschlusse mit Spanien die Absicht ausgesprochen, Reformen einzuführen; man las in den Zeitungen Aufforderungen, nach Marokko zu gehen, jeder Europäer könne dort sein Wissen und sein Können verwerthen. Dies Alles beschäftigte mich, ich machte die schönsten Pläne, ich dachte um so eher in Marokko fortkommen zu können, als ich durch jahrelangen Aufenthalt in Algerien acclimatisirt war; ich glaubte um so eher mich den Verhältnissen des Landes anschmiegen zu können, als ich in Algerien gesucht hatte, mich der arabischen Bevölkerung zu nähern und mit der Sitte und Anschauungsweise dieses Volkes mich bekannt zu machen.

Um Mitternacht wurde ein kurzer Halt vor Nemours (Djemma Rassaua) gemacht, um Passagiere abzusetzen und einzunehmen, und wieder ging es weiter nach dem Westen, und als es am folgenden Morgen tagte, befanden wir uns gerade in gleicher Höhe von Melilla. Ich unterlasse es, eine Beschreibung der Küstenfahrt zu geben, von der sich überdies äusserst wenig sagen lässt. Nackt, steil und abschreckend fallen die Felswände ins Meer hinein. Freilich ist die Küste gar nicht so einförmig, wie sie sich in einer Entfernung von circa dreissig Seemeilen ausnimmt, welche Entfernung wir gewöhnlich hielten, auch konnte man deutlich manchmal Wald und Buschwerk unterscheiden; aber das belebende Element fehlt, kein Dorf, kein Städtchen ist zu erblicken, höchstens die einsame Kuppel des Grabmals irgend eines Heiligen sagt dem Vorbeifahrenden, dass auch dort an der Küste Menschen hausen.

Hätte nicht Spanien einige befestigte Punkte, Strafanstalten, an dieser Küste, sie würde vollkommen unbewohnt erscheinen. Alhucemas, Pegnon de Velez bekamen wir nach einander von ferne zu sehen, als einzige Zeichen von Menschenbauten. Denn wenn auch die Rifbewohner einige Dörfer an der Küste haben, so sind diese doch so versteckt angelegt, dass sie sich dem Auge des Vorbeifahrenden entziehen. Der Seeräuber scheut das Licht, er muss Schlupfwinkel haben, und die in unmittelbarer Nähe des Mittelmeers wohnenden Rifi sind nichts Anderes als Seeräuber, und zwar der schlimmsten Art. Freilich wagen sie sich heute nicht mehr aufs offene Meer, haben dazu auch weder passende Fahrzeuge noch genügende Waffen, aber wehe dem Schiffe, das an ihrer Küste scheitert, wehe dem Boote, welches der Sturm in eine ihrer Buchten treiben sollte.

Wie ganz anders ist die gegenüberliegende spanische Küste,

grüne, wein- und olivenumrankte Berge, überall Städte, freundliche Villen und Dörfer, kleine Schiffe, die den Küstenverkehr vermittelm [vermitteln]; man kann keinen grösseren Gegensatz denken.

Gegen Abend desselben Tages verliessen wir die Küste, ohne sie jedoch ganz aus den Augen zu verlieren, und hielten auf Gibraltar, welches noch Nachts erreicht wurde. Bis zum folgenden Mittag ruhte der Dampfer, sodann wurde die Meerenge durchschnitten und wir waren um 3 Uhr vor Tanger. Zahlreiche Jollen waren gleich vorhanden, uns Passagiere aufzunehmen, die jetzt ausser mir fast nur noch aus Bewohnern des Landes Marokko bestanden. Eine Jolle war bald gefunden, aber man kann auch mit diesen kleinen Fahrzeugen nicht unmittelbar ans Land kommen, sondern bedarf dazu eines Menschen, der einen heraustragen muss. Bei sehr flachem Strande ist nämlich die Brandung so stark, dass die Böte dort nicht anlegen können. Ich miethete einen kräftigen Neger, der mich rittlings auf seinen Schultern vom Boote aus ans Land trug.

Für einzelne Reisende sind die Douane-Schwierigkeiten nicht lästig, zumal für mich, da mein Pass bekundete, dass ich unter englischem Schutze stände. Die Dragomanen der verschiedenen Consulate fragen die gelandeten Fremden nach ihrer Nationalität, und als ich meinen Bremer Pass in die Hände eines vornehm aussehenden Juden legte, des Dolmetsch des englischen Generalconsulates, waren im Augenblick alle Schwierigkeiten beseitigt. Die Hansestädte standen dazumal unter grossbritannischem Schutze, während Preussen sich durch Schweden vertreten liess.

Ein Absteigequartier war auch bald gefunden, das Hôtel de France, welches von einem Levantiner Franzosen gehalten wurde, ein reizendes Haus, in ächt maurischem Style. Von einem früheren Gouverneur der Stadt erbaut, gehörte dasselbe jetzt der marokkanischen Regierung, der Eigenthümer der Gastwirthschaft hatte es nur miethweise.

Ausser mir war noch ein Blumenhändler dort, der mit dem Bruder des Sultans, Mulei el Abbes, Geschäfte machen wollte, und auch hoffte bei den europäischen Consuln seine Waare absetzen zu können, dann ein Spanier, vormals Offizier der spanischen Armee: Joachim Gatell. Letzterer wollte, wie ich, in Marokko Dienste nehmen und lebte nun schon seit mehreren Monaten in Tanger. Ich weiss nicht, aus welchen Gründen er die spanische Armee verlassen hatte; als Verwandter von Prim, der sich soeben bei Tetuan noch so ausgezeichnet hatte, hätte er in Spanien sicher eine Zukunft gehabt. Beschäftigt mit der Uebersetzung des spanischen Artillerie- Reglements ins Arabische, wollte er dies dem Sultan präsentiren und dann in die marokkanische Armee eintreten. Nebenbei hatte ihm Mulei el Abbes noch glänzende Versprechungen gemacht.

Mein nächster Weg war sodann zum englischen Gesandten, Sir Drummond Hay. Obwohl ich nicht reich war, vielmehr beinahe von allen Mitteln entblösst, obwohl ich kein einziges Empfehlungsschreiben vorzuzeigen hatte und obschon ich ihm ein vollkommen Fremder und nicht einmal ein Engländer war, empfing mich Sir Drummond mit liebenswürdigster Zuvorkommenheit. Aber wie zerstieben meine Träume. Ich erfuhr, dass an eine Reorganisation der Zustände des Landes nicht gedacht würde, dass der religiöse Fanatismus eher zu- als abnähme, dass, wenn der Sultan für seine Person auch vielleicht Reformen in einigen Dingen wünsche, der Religionshass der Eingeborenen gegen alles Christliche so gross sei, dass an Ausführung nicht gedacht werden könnte. Allerdings habe der Sultan eine *regelmässige* Armee gebildet, aber diese sei nur dem Namen nach regelmässig, und falls ich auf dem Beschluss bestände, ins

Innere des Landes gehen zu wollen, sei vor Allem *erforderlich*, äusserlich den Islam anzunehmen.

Entmuthigt kehrte ich ins Hotel zurück. Aber eine Berathung mit Gatell, der Reiz des Neuen, das Lockende, völlig unbekannte Gegenden durchziehen zu können, fremde Völker und Sitten, ihre Sprache und Gebräuche kennen zu lernen, ein Trieb zu Abenteuern, ein Hang, Gefahren zu trotzen: alles dies bewog mich, das Wagniss auszuführen, und nach einer zweiten Unterredung mit Sir Drummond wurde beschlossen, ich solle—(es war dies das *einzige* Mittel, um ins Innere des Landes Zugang zu bekommen)—*äusserlich* den Islam annehmen und eine Anstellung als Arzt in der Armee des Sultans nachsuchen. Unter dieser Verkleidung und mit solchen Intentionen, meinte Sir Drummond, sei ich in Fes eines guten Empfanges sicher und könne mich so lange im Lande aufhalten wie ich wollte. Mulei el Abbes, den ich versuchte zu besuchen, war indess nicht sichtbar für mich, jedesmal kam ich zu ungelegener Zeit.

Unterdessen machte ich mich rasch und mit Energie daran, meinen Vorsatz auszuführen, obschon alle anderen Europäer abriethen. Ich vermied aber so viel wie möglich mit ihnen in weitere Berührungen zu kommen, namentlich mied ich das spanische Consulat (obschon mir dasselbe später in Marokko viel Freundschaft erwiesen hat), um nicht als Spion verdächtigt zu werden. Denn hätten die Mohammedaner mich nach wie vor mit Christen verkehren sehen, so würden sie es gleich gemerkt haben, dass ich nur zum Schein übergetreten. So war ich nur fünf Tage in Tandja, wie der Marokkaner die Stadt nennt, und am sechsten Tage hatte ich dem Orte schon den Rücken gekehrt, in Begleitung eines Landbewohners, der es übernommen hatte, mich nach Fes bringen zu wollen.

Ich hatte meine Sachen auf das Nothdürftigste reducirt, ein Bündelchen mit Wäsche war Alles, was ich bei mir hatte, nach Landessitte trug ich es an einem Stocke hängend auf der Schulter; eine weisse Djelaba (ein weisses langes wollenes, mit Capuze versehenes Hemd) war meine Kleidung. Gelbe Pantoffeln, dann eine spanische Mütze, worein ich mein letztes Geld—eine englische Fünf-Pfundnote—genäht hatte, endlich ein schwarzer weiter europäischer Ueberzug, der als Burnus dienen konnte: das war mein Anzug. Ich hatte keine Waffen, ein kleines Buch mit Bleistift, um Notizen machen zu können, war in der Tasche verborgen. Dies war meine ganze Ausrüstung.

Gewiss ein Wagestück, unter solchen Umständen, mit solchen mehr als bescheidenen Mitteln in ein vollkommen fremdes Land eindringen zu wollen! Um so mehr, als ich von der arabischen Sprache nur die gewöhnlichsten Redensarten auswendig wusste und weit davon entfernt war, auch nur mangelhaft sprechen zu können. Allerdings hatte ich Eine Phrase gut auswendig gelernt, die Glaubensformel der Mohammedaner, welche, man kann es sagen, alleiniger Schlüssel zum Oeffnen dieser von so fanatischer Bevölkerung bewohnten Gegenden ist. Diese Glaubensformel—wer hätte sie nicht schon gehört oder gelesen—lautet: *"Lah ilah il allah, Mohammed ressul ul Lah,"*[1] ausser Gott kein Gott, Mohammed ist der Gesandte Gottes.

[Fußnote 1: Ganz genau so sprechen die Marokkaner den Satz aus, obschon es nach der Schreibweise eine etwas andere Aussprache sein müsste.]

Mein Gefährte schien vollkommen überzeugt, ich sei zum Islam übergetreten, nur glaube ich, vermuthete er, ich sei heimlich entflohen aus irgend einem verborgenen unlauteren Grund, vielleicht dachte er auch, dass bei den Christen der Uebertritt von einer Religion, wie bei den

Mohammedanern mit dem Tode bestraft würde; aber das schien ihm gewiss, dass mein Päckchen mit Wäsche gestohlen sei, vielleicht noch andere Sachen enthielte und ich mich damit aus dem Staube machen wolle. Natürlicherweise mussten ihm solche Gedanken kommen: ein Marokkaner, wenn er auf Reisen geht, beschwert sich nie mit Wäsche zum Wechseln, und wenn es selbst der Sultan wäre.

Wir schlugen einen Weg ein, der in der Richtung nach Tetuan führte, weil mein Begleiter im "Djebel" (Gebirge) vorher einen Freund aufsuchen wollte, und bald genug hatten wir die nächste Umgegend Tangers verlassen. Der Weg war nicht belebt, denn es war nicht der nach Tetuan führende Karavanenweg. Aber wie entzückend war die Umgebung, und wenn auch die Pflanzenwelt nicht neu für mich war, wenn auch das Thierreich nördlich vom Atlas überhaupt wenig bietet, was nicht in den übrigen Ländern am Mittelmeerbecken zu finden ist, das schon Gesehene unter anderen Verhältnissen übt immer einen mächtigen Zauber aus.

Da sieht man die Wege bordirt von der Stachelfeige oder, wie der Marokkaner sagt: "Christenfeige, karmus nssara", von der langblättrigen Aloës, Lentisken- und Myrtengebüsch, Schlingpflanzen wuchern dazwischen. Der April ist für Marokko die Zeit, welche in Deutschland etwa dem Ende Mai und dem Anfang Juni entsprechen würde. Die Pracht und Fülle der Natur hat nun keine Grenzen. Der heisse und austrocknende Südostwind hat seine tödtenden Wirkungen auf die ganze Natur noch nicht ausgeübt. Wie alle Gärten der Städte Marokko's zeigen sich dann auch die Tanger's durch Ueppigkeit aus. Und da in den unteren Theilen die Bewässerung gut ist, wird Alles gezogen, was man nur in Europa an Gemüse kennt.

Aber wir waren bald im Gebirge, nicht ohne vorher einer von Tetuan kommenden Karavane begegnet zu sein, bei welcher mehrere Europäer waren, die mich alle baten und beschworen, nicht in alleiniger Begleitung eines Mohammedaners und sogar ohne Waffen ins Innere des Gebirges zu gehen. Aber ich liess mich nicht mehr bereden, es waren die letzten Christen, die ich für lange Zeit zu sehen bekam. Man hatte mir in Tanger gesagt, ich solle nie aussagen, ich wolle nach Fes oder zum Sultan, sondern ich ginge nach Uesan zum Grossscherif Sidi el Hadj-Abd-es Ssalam. Da hernach noch ausführlicher von dieser merkwürdigen Persönlichkeit die Rede sein soll, beschränke ich mich darauf, hier anzuführen, dass er der grösste Heilige von Marokko ist und im ganzen Nordwesten von Afrika unter den Mohammedanern ungefähr dieselbe Rolle spielt, wie der Papst bei den ultramontanen Katholiken.

Durch viele kleine Duar (Zeltdörfer) und Tschar (Häuserdörfer) kommend, die alle von hübschen Gärten umgeben waren, zog ich trotz meiner halbmarokkanischen Kleidung überall die Blicke der Eingeborenen auf mich, und Si-Embark (so nannte sich mein Gefährte) hatte genug zu thun, die Neugier der Leute zu befriedigen. Aber kaum hatte er gesagt: "er geht zu Sidi, ist ein zum Islam übergetretener Inglese" (Engländer), als alle beruhigt waren. Der Name "Sidi" (so wird schlecht weg der Grossscherif von Uesan genannt, er bedeutet Meinherr) wirkte überall wie Zauber. Ich liess es ruhig geschehen, dass sie glaubten, ich sei Engländer, die Mühe, ihnen auseinanderzusetzen, welcher Nationalität ich angehöre, würde überdies bei ihren kindlichen geographischen Kenntnissen vergebliche Arbeit gewesen sein.

Bald nach Sonnenuntergang erreichten wir ein ziemlich hoch am Berge gelegenes Dörfchen. Alle Häuser und

Gehöfte waren von hohen Cactushecken umgeben, ebenso die einzelnen Gärten. Vor einem Hause wurde Halt gemacht, und Si-Embark wurde vom Besitzer mit grosser Freude empfangen. "Wie ist Dein ich? Wie bist Du? Wie ist Dein Zustand? Nicht wahr, gut?" Das waren die Fragen, die Beide sich unzählige Male, nachdem der erste *"ssalamu alikum"* ausgetauscht worden war, wiederholten. Dabei küssten sie sich recht herzlich, und allmählich, als etwas mehr Ruhe in die rasch erfolgenden und, wie es schien, stereotypen Fragen kam, wurden diese häufig untermischt mit anderen Fragen, nach den Kornpreisen, ob die Pferde auf dem letzten Markte theuer gewesen seien, ob der Sultan wirklich die und die Tribe gebrandschatzt habe, und dergleichen mehr. Natürlich wurde die Neugier in Betreff meiner auch gestillt.

Das Haus, in welches wir sodann geführt wurden, bestand wie alle übrigen nur aus Einem Zimmer. Die Wände waren auswendig und innen überkalkt, der Fussboden war aus gestampftem Lehm, der Plafond aus Rohr, welches auf Stämmen aus Aloes ruhte. Fenster waren nicht vorhanden, und die einzige Thür so niedrig, dass ein fünfjähriges Kind allenfalls aufrecht hindurch gehen konnte. Das äussere Dach, à cheval darüber gelegt, war aus Stroh. Eine Matte, ein Teppich, auf einer Erderhöhung eine Art Matratze war das ganze Ameublement.

Gegenüber dem Hause befanden sich zwei Zelte, für je eine Frau, denn das Haus war von zwei Brüdern bewohnt. Man findet es in Marokko überhaupt sehr oft, dass zwei verheirathete Brüder Eine Wirthschaft haben. Der alte Vater der beiden Brüder lebte noch und bewohnte das Haus.—Der ganze folgende Tag wurde auch noch in diesem Dorfe, dessen Namen ich leider nicht erfuhr, zugebracht. Hier wurde ich in den Augen der Eingeborenen nun zum wirklichen Mohammedaner gestempelt; sie riethen mir nämlich, oder vielmehr befahlen, mein Kopfhaar glatt abzurasiren. Sie wollten sich allerdings herbeilassen, mir eine Gotaya, d.h. einen Zopf stehen zu lassen; aber diese chinesiche [chinesische] Art, das Haar zu tragen, wollte ich nicht, und Morgens nach Sonnenaufgang bekam mein Kopf auf einmal das Ansehen, welches Mirza-Schaffy für den schönsten Schmuck des Mannes hält. Der alte Papa hatte selbst das Rasiren besorgt, freilich unter grossen Qualen meinerseits: er bediente sich dazu seines ganz gewöhnlichen Messers. Ein Fötha (d.h. Segen) wurde gesprochen, ein "Gottlob" entquoll jeder Brust, und nun war ich ihrer Meinung nach vollkommener Muselmann.

Die Beschneidung wird bei vielen Berbertriben, wie ich das später näher erörtern werde, nicht als zum Islam unumgänglich nothwendig gehalten[2].

[Fußnote 2: Siehe darüber auch Höst, S. 208.]

Natürlich musste ich von nun an alle Gebräuche, die der Islam erfordert, mitmachen. Zum ersten Male ass ich mit der Hand aus einer irdenen Schüssel mit dem männlichen Hauspersonal. Die Leute unterrichteten mich, wie der Bissen zu fassen und zum Munde zu führen sei, und Nachts musste ich mich bequemen, auf hartem Erdboden zu schlafen, froh für diesmal eine Matte zu haben. Die Beleuchtung Abends bestand aus einer kleinen thönernen Lampe, ganz ähnlich in Form und Gestalt den antiken griechischen und römischen. Ein Klumpen Butter wurde hineingeworfen, irgend ein baumwollener Fetzen zu einem Dochte zusammen gedreht, und fertig war die alte Grossmama der brillanten Gaslampe.

Am dritten Tage Morgens wurde die Reise fortgesetzt, ich natürlich immer zu Fusse. Vor Sonnenaufgang aufgebrochen, erreichten wir um "Dhaha" beim Ued

Aisascha die grosse von Tanger nach L'xor (Alcassar) führende Karavanenstrasse. Eine Uhr besass ich damals nicht, und bald lernte ich wie die Marokkaner meine Zeit nach der Sonne, dem Schatten, den Magenbedürfnissen und anderen Kleinigkeiten erkennen. Der Marokkaner hat als Zeiteintheilung vor allem Sonnenaufgang, Sonnenhöhe oder Mittag, und Sonnenuntergang. Sodann die halbe Zeit zwischen Sonnenaufgang und Mittag, endlich zwischen Mittag und Sonnenuntergang ebenfalls die halbe Zeit. Für alle diese Zeitpunkte hat man auch bestimmte Namen[3]. Wenn ich sagte, dass wir die grosse Karavanenstrasse erreichten, so denke man dabei ja nicht an eine gepflasterte oder makadamisirte Chaussee, dergleichen giebt es im ganzen marokkanischen Reiche nicht, wie denn auch der Gebrauch des Wagens noch ganz unbekannt ist. Eine solche Strasse besteht aus verschiedenen mehr oder weniger parallel neben einander herlaufenden Pfaden. Je betretener eine solche Strasse ist, um so mehr Pfade gehen neben einander, oft zwanzig, ja bis zu fünfzig, die sich in einander schlängeln, so dass das Ganze von der Vogel-Perspective aus gesehen, wie ein langgezogenes Netz erscheinen würde.

[Fußnote 3: Sonnenaufgang Seroct el schems, gegen 9 Uhr Morgens Dhaha, Mittag nus el nhar, Nachmittags 3 Uhr L'asser, Untergang der Sonne Hebut el schems. Diesen Zeiten entsprechen auch die Gebete, doch ist das Dhaha-Gebet nicht obligatorisch]

Die Gegend war immer gleich strotzend von Ueppigkeit, und die weissen Gipfel der Rifberge im Osten trugen nur dazu bei, den Reiz derselben zu erhöhen. Wir waren jetzt im Monat April. Man fing schon an hie und da die Gerste zu ernten. Die Verhältnisse sind in dieser Beziehung in Marokko ganz anders als bei uns. Der Acker wird gemeiniglich im December, auch wohl Anfang Januar bestellt, mittelst eines primitiven Pfluges, wohl ganz derselben Art, wie sich die Araber vor 2000 Jahren desselben bedienten. Ob die Berber den Pflug *vor* der arabischen Invasion gekannt haben, ist nicht mit Bestimmtheit zu sagen, von allen übrigen Völkern Afrika's kennt nur der Abessinier den Pflug, und nach Abbessinien ist er auch wahrscheinlich aus Arabien herübergekommen. Südlich vom Atlas, in den Oasen der Sahara, in Centralafrika wird der Boden nur mit der Hacke bearbeitet. Das Schneiden der Frucht geschieht mittelst krummer Messer, Sicheln kann man kaum sagen, und so nahe unter der Aehre, dass fast das ganze Stroh stehen bleibt, dies soll dann zugleich für die nächste Bestellung des Ackers als Düngungsmittel dienen. In Haufen lässt man alsdann das Getreide einige Zeit auf dem Felde trocknen und hernach wird das Korn durch Rinder, *denen das Maul verbunden ist*[4] und die im Kreise herumgetrieben werden, ausgetreten. Eine aus Lehm gestampfte Tenne dient in der Regel einem ganzen Dorfe. Das Getreide, was man für den nächsten Gebrauch nicht im Hause behält, wird in grosse Löcher geschüttet. Diese Gruben von birnförmiger Gestalt mit engem Halse als Oeffnung nach oben, sind mehr als mannstief und unten 4 bis 5 Fuss breit; man legt sie immer auf Erhöhungen und im trockenen Erdreich an, das Getreide soll sich jahrelang darin halten.

[Fußnote 4: Höst (S. 129) behauptet zwar das Gegentheil, ich habe es aber nur so ausdreschen sehen.]

Es war an dem Tage ungemein warm; obschon an Gehen gewöhnt, war mir der Marsch mit blossen Füssen in den dünnen gelben Pantoffeln äusserst beschwerlich; nach der Sitte der Marokkaner hatte ich meine Hosen eingerichtet, d.h. bis zu den Knieen abgeschnitten und die Folge davon war, dass hier die empfindliche Haut von einem Sonnenstich

bald blauroth wurde und schmerzhaft brannte.
Glücklicherweise hatte Si-Embark eine kleine Rkuá[5] bei sich,
woraus wir unseren Durst stillen konnten. Abends
erreichten wir einen Duar, d. i. ein Zeltdorf, in dem
genächtigt wurde. Es war ein Kreis von 17 Zelten; eins, das
sich durch grössere Feinheit des Stoffes auszeichnete, auch
geräumiger als die übrigen war, gehörte dem Mul el Duar
(Dorfherr), der zu gleicher Zeit Aeltester der Familie und ihr
Kaid war. Sein Zelt stand mit den übrigen im selben Kreise,
manchmal lagern die Kaids in der Mitte oder auch abseits
vom Duar. Nicht bei allen Triben herrscht überdies die Sitte,
die Zelte kreisförmig aufzuschlagen; viele lieben es, in Einer
Front die Zelte zu errichten oder auch die Behausungen den
örtlichen Verhältnissen der Gegend anzupassen. Si-Embark
hatte mir den ganzen Tag über gute Lehren gegeben, wie ich
mich zu verhalten hätte, und ich ersah daraus, dass es vor
Allem darauf ankam, fortwährend Gott im Munde zu
haben. Doch waren manche andere Kleinigkeiten darunter,
die uns lächerlich erscheinen werden. Als er mich das Wort
"rsass", Blei, für Kugel anwenden hörte, unterbrach er mich
rasch und meinte, es sei unanständig, dies Wort, womit man
Menschen tödte, zu nennen; er sagte mir darauf, wie ich zu
sagen habe. Das Wort entfiel mir damals, aber später fand
ich, dass man in Marokko allgemein für Bleikugel das Wort
"chfif", d.h. "leicht" sagt. Gerade die dem Blei
entgegenstehende Eigenschaft. Er sagte mir, ich solle nie die
Frauen und jungen Mädchen ansehen und als Fremder
nicht mit ihnen sprechen, kurz, er gab mir goldene Lehren,
machte sich freilich auch am folgenden Tag dafür bezahlt.

[Fußnote 5: Rkuá, kleiner Schlauch, den man selbst
trägt; Girba, Schlauch, den das Vieh zu tragen
bekommt.]

Im Duar logirten wir nicht im Gitun el diaf oder

Fremdenzelt, sondern Si- Embark hatte auch hier seinen speciellen Freund, bei dem er Unterkommen fand und ich mit ihm. Hatte ich am Abend vorher zum ersten Male eine einheimische feste Behausung kennen gelernt, so war jetzt das Leben und Weben einer Zeltfamilie mir erschlossen. Ich sah jetzt ein, welch ungemeinen Vortheil ich aus der Maske des Islam ziehen würde. Hätte man einen Christen oder auch einen unter Gepränge reisenden Mohammedaner so ohne Weiteres ins geheiligte Innere eines Familienzeltes zugelassen? Nie. Auf diese Art, unscheinbar, ohne alle Mittel, aber ganz wie die dortige Bevölkerung selbst lebt— auf diese Art reisend, durfte ich hoffen, genau die Sitten und Gebräuche der Eingeborenen kennen zu lernen. Vor mir war keine Scheu, keine Zurückhaltung, Jeder gab sich, wie er war, ja, ich kann sagen, auf dem Lande beeiferte man sich, mich mit Allem, was mir neu und unbekannt war, bekannt zu machen. Freilich war ich auch geplagt dafür vom Morgen bis zum Abend. Ich hatte, um mich besser der zudringlichen Fragen, warum ich gekommen, weshalb ich übergetreten, warum ich nicht heirathe und mich sesshaft mache etc. etc., erwehren zu können, ausgesagt, ich sei Arzt; aber von dem Augenblick war keine Ruhe mehr. Die mit wirklichen Krankheiten Behafteten sowohl, wie die vollkommen Gesunden, Alles wollte Mittel und Rathschläge vom ehemaligen christlichen Arzt haben. Freilich schöpfte ich auch hieraus manchen Nutzen, denn ebenso gut wie in Europa der Arzt manchmal mehr erfährt als der Beichtvater, haben in jeder Beziehung die Marokkaner Vertrauen zu dem Arzte, wenn sie nur einmal den geringsten Beweis seiner Heilkraft erprobt haben.

Das Zelt, welches wir für die Nacht bewohnten, war dasselbe, worin die ganze Familie unseres Gastgebers zubrachte. Im Allgemeinen sind die Zelte der Marokkaner etwas kleiner als die der Algeriner, aber grösser als die der

Bewohner von Tripolitanien und Cyrenaika. Dies gilt indess nur für die Theile in Marokko, die unter der Hand des Sultans oder seiner Blutsauger stehen, in den Gebieten, welche eine unabhängige Herrschaft haben, besitzen die Stämme ebenso grosse, wenn nicht noch grössere Zelte als die der Triben in Algerien. Man kann mit Recht von dem grossen Hause oder grossen Zelte auf den Wohlstand Einzelner, sowie auch ganzer Triben schliessen, und wie bei uns ursprünglich die Redensart: "er ist aus einem grossen Hause", "er macht ein grosses Haus", nicht nur bildlich sondern in Wirklichkeit zu nehmen ist, so auch in Marokko; "*min dar kebira*", oder "*cheima kebira*" heisst vom grossen Hause, vom grossen Zelte und bedeutet, dass der, auf den es Bezug hat, wirklich ein grosses Haus oder grosses Zelt, mithin Reichthum und Macht besitzt.

Man kann wohl denken, dass das Zelt, welches wir bewohnten, nicht zu den grossen gehörte; in der einen Hälfte schliefen Mann und Frau, in der anderen wir und noch zwei männliche halberwachsene Kinder. Die Scheidewand war durch die im Zelte üblichen Möbel gebildet: hohe Säcke mit Korn, darauf ein Sattel, Ackergeräth, zwei Flinten, ein grosser Schlauch mit Wasser, ein anderer, worin gebuttert wird und der nur halb voll zu sein schien[6], Töpfe und leere hölzerne Schüsseln vervollständigten die trennende Barrikade. Bei Vornehmen pflegt aber aus Zeug eine Scheidewand gezogen zu sein. Ein kleines Füllen, welches an unserer Seite angebunden war, bekam mehrere Male Nachts Gesellschaft, Ziegen, Schafe, wahrscheinlich Besitz des Eigenthümers, kamen aus der Mitte des Duars ins Zelt, um einen kurzen Besuch zu machen, wobei sie ungenirt über uns weg kletterten. Glücklicherweise sind die Hunde *des Zeltes*, in das man einmal aufgenommen ist, nicht mehr zu fürchten, es ist, als ob sie den Gastfreund ihres Herrn respectiren wollten. Aber wehe Dem, der ohne Knittel Nachts einen Duar verlassen oder in denselben einzudringen versuchen wollte, er würde von der ganzen Meute der stets halbverhungerten Bestien angefallen werden. Und dennoch kommt mitunter Diebstahl vor, man lockt durch faules oder frisches Fleisch die hungerigen Thiere fort, und mit Leichtigkeit kann dann gestohlen werden, da die Eingeborenen sich Nachts nur auf die Wachsamkeit ihrer Hunde verlassen.

[Fußnote 6: Man giesst mehrere Morgen nach einander die frisch gemolkene Milch in einen Ziegenschlauch, und später wird durch Schütteln die Butter erzeugt.]

Die Heerden, d.h. Rinder, Schafe und Ziegen werden stets für die Nacht in den inneren Kreis getrieben und Morgens und Abends gemolken. Besitzt ein Einzelner viele Schafe, so werden sie in zwei Reihen mit den Köpfen nach vorn gerichtet, durcheinander gebunden, um so gemolken zu werden. Sobald ein Schaf gemolken ist, wird es freigelassen. Unter der Zeit führen die Widder der verschiedenen Heerden furchtbare Kämpfe auf und meistens lassen die Besitzer sie gewähren. Ein jeder der Kämpfer geht ungefähr zehn Schritt zurück, und sodann stürzen beide mit gesenktem Kopfe auf einander, dass die Köpfe zu zerspringen drohen. Sie bohren nach jedem Stosse mit dem Kopfe nach vorwärts, sie fallen auf die Knie, endlich räumt der eine das Feld, während der andere laut schnuppernd zu seiner Heerde eilt. Das marokkanische Schaf ist nicht das fettschwänzige. Die Hörner des Schafes sind spiralförmig gebogen, der Kopf ist vorn gewölbt, die Wolle lang und fein, durch Veredlung dieses Schafes ist das spanische Merino entstanden. Für Veredlung der Race der Schafe wird natürlich in Marokko gar nichts gethan, im Gegentheil wundert man sich, dass sie bei so ungünstiger Behandlungsweise noch so ausgezeichnet gedeihen. Hemsö schätzt die Zahl der Schafe auf vierzig bis fünfundvierzig Millionen. Wo Schafe sind, ist gleichzeitig auch Ziegenzucht und verhältnissmässig gedeihen diese besser, weil sie weniger Wartung bedürfen. Vorzugsweise in den gebirgigen Theilen Marokko's zieht man dieselben, und von den Einwohnern werden sie wegen ihrer Felle geschätzt. Die Schläuche zum Wasserbedarf, Eimer, sind nur dann gut, wenn sie aus Ziegen- oder Bockfellen bereitet sind. Aber auch das gegerbte Leder, Safian, Maroquin, oder das, was heute am bewährtesten ist, Fessian und das von Tafilet wird aus Ziegenleder bereitet; als Fleisch zieht der Marokkaner jedoch Schaffleisch dem Ziegenfleisch vor.

Am Morgen ehe wir den Duar verliessen, gab man uns statt der üblichen Morgensuppe, ein Gericht grosser Bohnen, welche in Wasser gekocht und mit Butter gegessen wurden. Wir hatten die Absicht, Abends noch die Stadt L'xor zu erreichen. Wie am Tage vorher war die Hitze ausserordentlich, und ich fing bald an, mich meiner überflüssigen Kleidungsstücke zu entledigen, auch mein spanisches Mützchen wurde dem Bündel beigefügt und dafür aus meinem Tuch zum besseren Schutz gegen die Sonne ein Turban gedreht. Si-Embark war freundlich genug, das Packet, mein ganzes Hab und Gut auf sein Maulthier zu nehmen, welches in zwei an beiden Seiten angebundenen Körben, "Schuari" genannt, verschiedene Waaren seines Herrn trug. So wurde Tleta-Risane erreicht, Oertlichkeit, wo Dienstags ein Markt abgehalten wird; ungefähr halbwegs zwischen Tanger und L'xor gelegen, zeichnet sich dieser Platz sonst durch nichts aus. Manchmal soll auch in der Nähe ein Duar zu finden sein, zu der Zeit sahen wir nur eine leere Stätte, die aber auf den ersten Blick andeutete, dass zu Zeiten dort grosses Leben und Treiben sein müsste. Hier standen leere Hütten aus Zweigen, dort waren Metzgerplätze, und viele Aasgeier und Raben durchwühlten noch den blutdurchtränkten Boden, hier sah man Asche der Schmiedewerkstätte, dort todte Kohlenreste einer Garküche, aber nirgends war ein Mensch zu sehen.

Da Wasser in der Nähe war und die Sonne ihren höchsten Stand erreicht hatte, würde gelagert, und nachdem wir etwas trockenes Brod gegessen hatten, sagte Si-Embark, er wolle einen Freund aus einem in der Nähe lagernden Duar abholen, ich solle ihn erwarten, gemeinschaftlich wollten wir dann nach L'xor gehen. Ich wagte nicht, um nicht misstrauisch zu scheinen, ihn um mein Bündelchen zu bitten, er entfernte sich und nie habe ich ihn wiedergesehen.

Ich wartete und wartete, Si-Embark kam nicht wieder; die dem Untergange zueilende Sonne mahnte aber zum Aufbruch. Indess ein ängstliches Gefühl beschlich mich, so allein auf jetzt völlig einsamer Strasse weiter zu ziehen, sämmtlicher Sachen beraubt. Ich hatte vor, nach Tanger zurückzukehren, aber ich schämte mich, nach einer dreitägigen Reise dort und noch dazu unter solchen Verhältnissen wieder zu erscheinen. Ich nahm noch einen tüchtigen Trunk Wasser und vorwärts zog ich nach Süden. Da Si- Embark mir gesagt hatte, im Funduk el Sultan in L'xor absteigen zu wollen, hoffte ich noch, ihn dort zu finden; aber auch diese Hoffnung erwies sich als falsch.

Es war Abend, als ich L'xor erreichte, mein eigenthümlicher Aufzug, halb europäisch halb marokkanisch gekleidet, erregte natürlich das grösste Aufsehen. Hunderte von Menschen umdrängten mich bald, Kinder lärmten, schimpften und schrien, auch marokkanische Juden kamen hinzu, und das war ein Glück für mich. Der Pöbelhaufe wollte nämlich nicht glauben, ich sei Moslim, und wenn ich auch nicht Alles verstand, was sie mir Böses sagten, merkte ich doch so viel, dass sie keineswegs vom Eindringen eines Christen in ihre Stadt erbaut gewesen wären; als aber die

Juden, welche spanisch verstanden, oder wie die
Marokkaner sagen, "el adjmia" reden (adjmia wendet der
Marokkaner auf jede fremde Sprache an), erklärten, ich sei
allerdings Christ gewesen, habe aber die Religion der
Gläubigen angenommen, werwandelte [verwandelte] sich
das Schimpfen in ein "Gottlob", und als die Juden nun noch
hinzufügten, ich beabsichtige nach dem "dar demana"[7] zu
pilgern, um später in die Dienste des Sultans zu treten, war
Jedermann zufrieden.

> [Fußnote 7: Dar demana, Haus der Zuflucht, wird
> Uesan von den frommen Gläubigen genannt.]

Mittlerweile waren auch ein paar Maghaseni (Reiter der
Regierung, die zum Theil in den Städten Polizeidienst
versehen) hinzugekommen; ohne Weiteres ergriff der eine
meine Hand und bedeutete, mit ihm zu kommen. Ich wollte
nicht, der Maghaseni rief immerwährend: "tkellem el Kaid"
(der Kaid lässt Dich rufen), und schien gar nicht zu fassen,
dass man einer solchen Aufforderung überhaupt
Widerstand entgegensetzen könne. Die Juden redeten zu,
mitzugehen, sie selbst würden für mich dolmetschen, ich
solle nur keine Furcht haben, der Kaid sei ein guter Mann.
—Angekommen im Dar el Maghasen, wie jedes
Regierungsgebäude in Marokko genannt wird, einerlei, ob
man das Palais des Sultans oder die Wohnung eines
gewöhnlichen Kaid damit meint, wurde ich sogleich
vorgelassen. Den ganzen Weg über hatte mich immer der
eine Maghaseni bei der Hand gehalten, während der andere
hinten drein ging; erst als wir vor dem Kaid waren, wurde
ich losgelassen. Auch später habe ich diese Sitte in Marokko
beobachtet, dass, wenn Jemand gerufen wurde, er immer an
der Hand vom Rufenden herbeigebracht wurde.

Der Kaid Kassem empfing mich sehr freundlich, eine Tasse
Thee erquickte mich ungemein, ich musste mich setzen und

sodann begann er zu fragen, woher ich komme, nach Vaterland, wes Standes, wohin ich wolle, ob ich verheirathet, etc. etc. Der mich begleitende Jude explicirte Alles. Darauf hielt der Kaid, ich muss ihm diese Gerechtigkeit widerfahren lassen, eine eindringliche Rede, nicht ins Innere zu gehen; als ehemaliger Christ wäre ich Alles besser gewohnt, denn Alles sei schlecht in Marokko; er erbot sich sogar, mir ein Pferd zur Rückreise nach Tanger zu stellen und mich durch einen Maghaseni begleiten zu lassen.

Als er sah, dass ich darauf bestand, nach Fes gehen zu wollen, glaubte ich zu verstehen, wie er zu dem Juden sagte: "er hat gewiss gemordet oder sonst etwas verbrochen, und *darf* zu den Christen nicht zurückkehren." Nach Beendigung des Verhörs war ich unvertraut genug mit den Sitten des Landes, nach dem "Funduk el Sultan" zu verlangen; denn der Kaid hatte es natürlich als selbstverständlich betrachtet, dass ich bei ihm wohne. Aber auch so noch erstreckte sich seine Freundlichkeit weiter, er befahl einem Maghaseni und dem Juden, mich nach dem genannten Funduk zu begleiten: ich solle dort auf seine Kosten wohnen, Nahrungsmittel wolle er schicken. Natürlich wird er dem Miethsmann des Funduks als Entschädigung nichts gegeben haben, was er überdies auch kaum nöthig hatte, da der Name "Funduk el Sultan", d.h. "Gasthof zum Kaiser" nicht etwa in unserem Sinne zu verstehen ist, sondern so viel bedeutet, als Eigenthum des Sultans oder der Regierung. In der Regel gehören die Funduks in Marokko entweder der Regierung oder irgend einer Djemma (Moschee) an und werden verpachtet.

Die Stadt L'xor (so gesprochen ist es der marokkanischen Aussprache am nächsten, geschrieben wird aber Alkassar) liegt ungefähr 10 Minuten vom rechten Ufer des Ued-Kus entfernt, nach Ali Bey auf 35° 1' 10" N. B. und 8° 9' 45"

W. L. v. P. in einer freundlichen Alluvialebene. Die Stadt soll nach Leo von Almansor[8] gegründet sein; da aber Edris derselben unter dem Namen Kasr-Abd-el-Kerim erwähnt, so hat wohl Sultan Almansor, wie Renou richtig bemerkt, nur zur Vergrösserung der Stadt beigetragen. Die Bevölkerung ist sehr schwankend, Hemsö nimmt nur 5000 Einwohner an, Washington 8000, bei meiner zweiten Reise in Marokko taxirte ich die Stadt auf 30,000 Seelen, mich stützend auf die Anzahl der bewohnten Häuser, die mir zu 2600 angegeben wurden. Früher muss die Stadt noch bedeutender gewesen sein, wie man aus den vielen Ruinen und leeren Djemmen schliessen kann. Eigenthümlich für Marokko ist, dass die meisten Häuser nicht flach sind, sondern spitze, mit Ziegeln gedeckte Dächer haben. Wie wenig Abänderungen in den Gebräuchen beim Volke in Marokko vor sich gehen, ersieht man daraus, dass der von Leo als am Montage ausserhalb der Stadt abgehaltene Markt auch noch jetzt am Montage abgehalten wird. Sehr auffallend für alle Besucher der Stadt ist die ungeheure Anzahl von Storchnestern mit ihren Besitzern, wenn die Jahreszeit sie herbeizieht, nicht nur die Häuser sind voll davon, sogar auf den Bäumen erblickt man sie. Aeusserst günstig als Zwischenstapelplatz der Häfen L'Araisch, Arseila und Tanger einerseits, der Binnenstädte Fes und Uesan andererseits, hat bei besserer Entwickelung des Handels L'xor eine Zukunft vor sich.

[Fußnote 8: Maltzan meint, dass hier die Stadt Bauasa der Alten gelegen sei, welche Stadt freilich, als am Sebu gelegen angegeben wird, sonst stimmen die Entfernungen.]

Ausserdem ist die Gegend eine der reichsten von Marokko, was man an Gemüsen nur bauen will, gedeiht um L'xor. Freilich liegt der Gemüsebau in Marokko noch arg danieder. Obschon der Marokkaner Gelegenheit hat, in den von

Christen cultivirten Gärten der Hafenstädte alle Gemüse kennen zu lernen, kann doch von einer eigentlichen Gartencultur der Marokkaner selbst kaum die Rede sein. Wie gut würde aber Alles hier gedeihen; versorgt doch das nahe Algerien unter nicht ganz so günstigen klimatischen Verhältnissen, wegen geringerer Feuchtigkeit des Bodens und der Luft, im Winter fast ganz Europa mit frischen Gemüsen der feinsten Art. Die uns unentbehrliche Kartoffel hat den Weg in das Innere des Landes noch nicht finden können. Mit Ausnahme der Gärten des Sultans in Fes, Mikenes, Maraksch etc. kennt man nirgends Spargel, Artischocken, Blumenkohl und andere feine Gemüse. Und selbst dort werden sie keineswegs des Nutzens halber gezogen; irgend ein Consul brachte sie vielleicht zum Geschenk, man zieht sie nun als Blumen und wundert sich, dass die Christen solches Zeug essen.

Das Gemüse, was in Marokko gebaut wird, ist bald aufgezählt. Rothe und gelbe Rüben, Steckrüben, grosse Bohnen, Rankbohnen, Erbsen, Linsen, Zwiebeln, Knoblauch, Kohl findet man fast überall, Sellerie und Petersilie ebenfalls. Was aber gerade bei L'xor besonders gut gedeiht, sind die Melonen, sowohl die gewöhnlichen wie die Wassermelonen. Man sagt, dass die um L'xor wachsenden Trauben schlecht seien wegen des zu feuchten Bodens.

Gegenstand der grössten Neugier, blieb ich durch starken Regen gezwungen vier Tage in der Stadt und lernte immer mehr mich an die eigenthümlichen Sitten gewöhnen, "Christ, laufe doch nicht immer auf und ab," rief mir ein alter Kaffeetrinker eines Abends zu, als er sah, wie ich im Hofe in Gedanken auf und ab ging. Ich setzte mich und fragte, ob das denn ein Verbrechen sei. "Das nicht," antwortete mir ein Anderer, "aber ohne Zweck auf- und abgehen thun nur die Thiere und ist hier nicht anständig[9]."

"Gott verfluche Deinen Vater," sagte ein Anderer zu mir, "wenn er Dir auch gute Lehren giebt, hat er doch kein Recht, Dich *Christ* zu nennen; Gott sei Dank, Du glaubst jetzt an einen einigen Gott und an dessen Liebling, Gott vertilge alle Christen und lasse sie ewig brennen!"—"Aber, o Wunder!" fing ein Dritter an, "seht den ungläubigen Hund, wie er die Hände gefaltet hat (ich hatte mich auf türkisch niedergesetzt und in Gedanken die Hände gefaltet), gewiss betet er seine sündhaften Gebete!" Ich entfaltete rasch meine Hände, und ein Anderer ermahnte mich nun, nie wieder in der Gesellschaft von Gläubigen solche gottvergessenen Handlungen vorzunehmen.

[Fußnote 9: Ich übersetze das Wort "drif", dessen er sich bediente so, eigentlich bedeutet es zart, elegant, fein gebildet.]

So unangenehm es auch war, auf diese Art auf Tritt und Schritt wie ein kleines Kind geschulmeistert zu werden, so lernte ich doch dadurch rasch die Sitten in ihren kleinsten Einzelheiten kennen. Am peinlichsten war mir immer die Essstunde; abgesehen davon, dass am Boden hockend aus einer Schüssel gegessen wird, und Jeder mit halb oder gar nicht gewaschener Hand ins Essen fährt, haben alle Marokkaner die sehr unangenehme Angewohnheit, zwischen und gleich nach dem Essen *laut aufzustossen.* "Veizeih's [Verzeih's] Gott," ist das Einzige, was so ein alter Schlemmer mit seiner unsauberen Erleichterung zugleich ausruft, und ein "Gott sei gelobt" der Anwesenden giebt die Billigung derselben zu erkennen.

Als endlich das Wetter sich aufheiterte, setzte ich in Begleitung eines Bauern aus der Umgegend von Tetuan meine Reise nach Uesan fort. Durch die strotzenden Gärten hatten wir bald den Ued Kus erreicht, setzten über und gingen auf die Berge los; obschon man den Weg recht gut in

Einem Tage machen kann, nächtigten wir doch abermals, da der anhaltende Regen die Wege in dem Lehmboden fast grundlos gemacht hatte. Die Gegend wurde uns als gefährlich geschildert, doch schützte uns der Umstand, dass wir Uesan als Reiseziel hatten. Der Ruf des dortigen Grossscherif ist in der That so gross, dass Alle, die zu ihm pilgern, unter einem allgemein anerkannten Schutz stehen.

Die reizende Gegend, durch die wir zogen, jeder Hügel, jeder Berggipfel, wie in der Romagna mit einem Dorf oder Städtchen, machte einen grossen Eindruck auf mich. Mit grosser Freigebigkeit wurden wir Mittags in einem Orte, Kaschuka genannt, bewirthet, angestaunt von der ganzen Bevölkerung, welche wohl noch nie einen Deutschen gesehen hatte. In einem dem Grossscherif gehörenden Dorfe aus Zelten wurde übernachtet, und am anderen Morgen gegen 9 Uhr erreichten wir die heilige Pilgerstadt, das Mekka der Marokkaner.

Doch bevor ich den Leser mit Uesan bekannt mache, werfen wir auf Bodengestalt, Klima und Bevölkerung des ganzen Reiches einen Blick.

2. Bodengestalt und Klima

Das am nordwestlichen Ende von Afrika gelegene Kaiserreich Marokko, Rharb el djoani[10] im Lande selbst genannt, ist von allen an das Mittelmeer grenzenden Ländern Nordafrika's eins der am günstigsten gelegenen. Es würde zu nichts führen, wollten wir versuchen, die Grösse des Landes in Zahlen anzugeben; selbst eine allgemeine Bezeichnung, dass Marokko zwischen den so und so vielen Längen- und Breitengraden liege, giebt nur annähernd einen Begriff und wechselt je nachdem wir die bedeutenden Oasen von Gurara, Tuat und Tidikelt, die fast bis zum 26° N. B. nach dem Süden und bis zum 22° O. L. von Ferro reichen, hinzurechnen oder nicht. Halten wir diese letzte Ausdehnung fest und rechnen die grossen Strecken wüsten Terrains, welche zwischen den Oasen und dem atlantischen Ocean liegen, hinzu, so können wir uns den besten Begriff von der Grösse Marokko's machen, wenn wir dann aus der Karte ersehen, dass es um ein Drittel grösser ist, als Frankreich,[11] ohne diese Gebiete aber ungefähr mit Deutschland eine gleiche Grösse hat.

[Fußnote 10: Der Name Maghreb el aksa ist im Lande selbst nicht bekannt und gebräuchlich, wohl aber sagt man Rharb schlechtweg, oder Bled-es-Sidi- Mohammed, oder bled Fes nach der Hauptstadt. Das Wort djoani bedeutet nach Wetzstein das "innere" und "eigentliche", also der innere und eigentliche Westen.]

[Fußnote 11: Klöden und Behm 12,210 Quadrat-Meilen. Renou 5775 Myriam.-Q.- M. Beaumier 5000 M.-Q.-M. Daniel ca. 13,000 Q.-M. A. Rey und Xavier Durrieu 24,379 Lieues car. Gråberg de Hemsö 219,400 Q.-M.

italiane. Jardine 50,000 (englische) Q.-M. Donndorf 7425 Q.-M. J. Duval 57,000,000 Hectars und in Berlings Staatszeitung von 1778 giebt Tempelmann 6287 Q.-M. für Fes, Tafilet und Marokko an.]

Wenige Länder von Afrika haben im Verhältniss zum Binnenlande eine so grosse Küstenentwickelung. Die Gestadelänge Marokko's am atlantischen Ocean beträgt 1265, die an der Meerenge von Gibraltar 60, die am Mittelmeere 425 Kilometer, während die Landgrenze nur eine Länge von 250 Kilometer hat.[12]

[Fußnote 12: Nach Renou, der Tuat etc. nicht mit in seine Berechnungen gezogen hat.]

Was die Küsten ihrer Beschaffenheit nach anbetrifft, so fallen dieselben im Norden nach dem Mittelmeere steil ab mit unzähligen Buchten, die aber zu klein sind, um einen guten Hafen zu bilden. Dennoch sind sie gross genug, um den Rif-Piraten mit ihren kleinen Fahrzeugen Versteck und Sicherheit gegen Sturm und stürmische Witterung zu gewähren. Indess fehlen die guten Ankerplätze auch nicht. Zwischen den Djafarin-Inseln und an der Küste bei Melilla, bei Ceuta, haben grosse Schiffe vollkommenen Schutz, und noch andere Häfen würden sich mit geringen Mitteln herstellen lassen, so namentlich die grosse Bucht von Alhucemas, fast gegenüber von Malaga, liesse sich mit leichter Mühe zu einem prächtigen Ankerplatz umwandeln.

An der Strasse von Gibraltar liegt Tanger mit einer zu weiten Bucht, um nur als sichere Rhede betrachtet werden zu können; der einstige kleine Hafen der Stadt Tanger wurde von den Engländern, als sie 1684 Tanger freiwillig den Marokkanern überliessen, zerstört.

Die ganze nun folgende längs des atlantischen Oceans in

südwestlicher Richtung streichende Küste ist vollkommen flach und sanft das Meer hinabsteigend bis südlich von Mogador. Aeusserst gefährlich für die Schifffahrt, besonders bei nebeliger Witterung, hat man durchschnittlich in einer Entfernung von dreissig Seemeilen erst hundert Faden Wasser. Hohe Sanddünen hat das Meer an dieser langen Küste ausgeworfen, die einen eigenthümlichen Anblick gewähren, weil sie nach der Landseite, oft auch nach der Seeseite zu nicht kahl, sondern mit Lentisken bewachsen sind. Und wahrscheinlich durch den Wind beeinflusst, bilden diese fünf bis acht Fuss hohen Lentiskenbüsche ein vollkommen den Dünen glatt angepasstes Ganze, als ob sie gleichmässig oberhalb derselben beschnitten wären. Gute Häfen würden allerdings mit leichter Mühe herzustellen, der Unterhalt indessen wegen des immer stark vom Meere ausgeworfenen Sandes kostspielig sein. Andererseits haben fast alle Mündungen der grösseren Flüsse, die wohl gut zu Häfen eingerichtet werden könnten, sehr starke Barren.

Gleich südlich von Mogador, wo die Küste von Nord nach Süd bis Agadir läuft, ist sie schroff ins Meer abfallend. Bei Agadir ist offenbar der beste natürliche Ankerplatz, aber vollkommene Sicherheit haben auch hier die Seeschiffe nicht. Von hier an weiter nach dem Süden bewahrt die Küste wieder ihren Dünencharakter, die Berge treten nicht mehr bis unmittelbar an den Ocean hinan.

An bedeutenden, bis ans Meer hineinragenden spitzen Vorgebirgen hat man im Mittelmeer das Cap Tres Forcas oder Ras el Deir; westlich von Melilla gelegen, hat diese Landzunge eine Länge von ungefähr zwanzig Kilometer auf circa sieben Kilometer Breite, und die nordwestliche hat noch auf den Seekarten den speciellen Namen Cap Viego. Das weltbekannte Cap Espartel oder Ras el kebir[13] streckt sich nach Europa hin, während die nordöstliche Landspitze bei Ceuta, Cap Almina, unserm Erdtheile noch näher liegt. An der langen atlantischen Küste des Landes haben wir nur das Cap Gher, nordwestlich von Agadir, zu verzeichnen. Es ist hier der Punkt, wo die Haupt-Atlaskette sich ins Meer stürzt. Alle übrigen auf den Karten verzeichneten Vorgebirge, wie Cap Blanco und Cap Cantin nördlich vom Gher- Vorgebirge, oder Cap Nun südlich davon, spielen in der Formation der Küste keine Rolle.

[Fußnote 13: Auf den Karten auch Ras Idjberdil genannt.]

Ein gewaltiges Gebirge, der Atlas, durchzieht Marokko von Südwest nach Nordost. Wir würden zu irren glauben, wenn wir die Gebirge Algeriens zum grossen Atlas rechnen wollten; mögen die französischen Geographen dort immerhin ihre der Küste parallel laufenden Gebirge als *grossen* und *kleinen* Atlas bezeichnen, mögen die Franzosen für die Gebirge Algeriens den Namen Atlas beanspruchen — wer beide Länder bereist hat, wird finden, dass Algerien nur ausgedehnte Hochebenen mit davorliegenden Gebirgsketten besitzt, der *grosse* Atlas ist nur in Marokko, und in dieser Beziehung gilt auch das Zeugniss der Alten, welche den *grossen* Atlas beim Cap Gher entspringen und beim heutigen Cap Ras el Deir enden liessen, oder umgekehrt.

Im Grossen, kann man sagen, hat der Atlas eine hufeisenförmige Gestalt. Geöffnet nach Nordwesten, ist die Spitze seines einen Schenkels das Vorgebirge Ras el Deir, die Spitze des andern das Vorgebirge Gher. Der Atlas bildet eine Hauptkette, welche durchschnittlich nach dem Nordwesten, d.h. also nach der dem eigentlichen Marokko zugekehrten Seite durch breite Terrassen allmälig ins Tiefland sich hineinzieht. Nach dem Südosten zu senkrecht und steil abfallend, zweigt sich indess auf ungefähr 31° N. B., 12° O. L. von Ferro eine bedeutende Kette nach Süd-Südwest ab und läuft demnach fast mit der Hauptkette des Atlas parallel. Der Abzweigungspunkt giebt dem Sus Ursprung. Etwas weiter von diesem Punkte haben wir überhaupt den eigentlichen Knotenpunkt des grossen Atlas, den "St. Gotthard" dieses Gebirges. Wie bei den Schweizeralpen ist aber auch hier nicht der höchste Gebirgspunkt, dieser scheint im Südwesten zu liegen, etwa südlich von der Stadt Marokko.

Südlich von dieser Stadt haben wir den von Washington gemessenen Djebel Miltsin mit 11,700 Fuss. [3475 Meter.] Höst berichtet von diesem Berge, dass nur Einmal innerhalb eines Zeitraumes von zwanzig Jahren sein Schnee geschmolzen sei, obschon Humboldt für diese Breite die Grenze des ewigen Schnees höher angiebt. Es ist dies um so auffallender, als man gerade hier erwarten sollte, die Schneegrenze höher zu finden. Es ist also wohl anzunehmen, dass Washington's Rechnung nicht ganz richtig gewesen ist. Der Etna z.B. bei einer Höhe von 10,849 Fuss und fast 7° nördlicher gelegen, hat nie Schnee im Sommer (das, was in einigen Felsspalten liegen bleibt, ist kaum zu rechnen und zum Theil künstlich von den Bewohnern Catania's zusammengetragen, um im Sommer benutzt zu werden). Nach den Aussagen der Bewohner dortiger Gegend verlieren die höchsten Atlaspunkte den Schnee nie. Bei der Uebersteigung des grossen Atlas, die ich selbst später zwischen Fes und Tafilet, und etwas westlich vom Knotenpunkt des Gebirges ausführte, erlaubte mir mein mangelhaftes Aneroid nicht, auch nur annähernd richtige Messungen zu machen. Zu der Zeit verstand man bloss Aneroide zu construiren, mit denen man höchstens bis 1000 Meter messen konnte; das meine zeigte nicht einmal so hoch. Wenn ich aber bedenke, dass dasselbe schon auf dem ersten Absatz, auf der Terrasse südlich von Fes und Mikenes, zum Gebiete der Beni-Mtir gehörend, den Dienst versagte, dass ich dann aber, mehrere Tage nach einander immer steigend, verschiedene Terrassen und Plateaux zu überwinden hatte, so glaube ich, dass die höchste Passhöhe auf dieser Strecke, "Tamarakuit" genannt, kaum unter 9000 Fuss sein dürfte. Aber wie hoch thürmten sich daneben und nach allen Seiten hin die schneeigen Spitzen des Atlas selbst auf! Späteren Zeiten und späteren Forschern muss dies zu erforschen vorbehalten bleiben.

Von diesem Knotenpunkt aus werden noch einzelne Ketten nach dem Osten und Süden gesandt, im Ganzen hört aber der Charakter als Kette nach diesen Richtungen auf: das Gebirge erweist sich mehr als ein Gewirr von einzelnen schroffen Felsen und zerklüfteten Bergen. Aber die Hauptkette des Atlas ist erhalten, sie geht mittelst der Djebelaya (Gebirgsland) und dem Djebel Garet direct nach Norden, um mit dem Cap Ras el Deir am Mittelmeer zu enden. Vorher jedoch, etwa auf dem 14° O. L. von Ferro und 34° 40' N. B. entsendet diese Hauptkette einen Zweig gegen Nordwesten; es ist das Rifgebirge, welches an der Strasse von Gibraltar sein Ende erreicht. Ausserdem schickt der grosse Atlas zahlreiche kleinere Zweige in das von ihm umschlossene Dreieck zwischen Ras el Deir und Ras Gher. So sind die Gebirge bei Uesan, die Berge nördlich von Mikenes nur Ausläufer des nördlichen Riesengebirges, welches selbst weiter nichts als ein Zweig des Atlas ist, während das sogenannte Djebel el Hadid ein directer Zweig des *grossen* Atlas ist, obschon Leo sagt:[14] "Der Berg Gebel el Hadid genannt, gehört nicht zum Atlas; denn er fängt gegen Norden am Gestade des Oceans an und dehnt sich nach Süden am Flusse Tensift aus." Von den Höhen des Rif-Gebirges sind nur die vom Meere aus gemessenen Punkte bekannt, deren es bis zur Höhe von circa 7000 Fuss[15] giebt; weiter nach dem Süden dürften in dieser Kette Berge von noch bedeutenderer Höhe sein und diese mindestens dem

Djurdjura-Gebirge in Algerien gleichkommen.

[Fußnote 14: Leo, Uebersetzung von Lorsmann.]

[Fußnote 15: Stielers Atlas und Petermanns Mittheilungen, 1865, Taf. 6.]

Haben wir somit durch Zeichnung der Hauptlinien der Gebirge von Marokko ein Bild gewonnen, so bleibt uns nur übrig zu sagen, dass *alles* Land von der nördlichen Kante des Atlas bis zum atlantischen Ocean und Mittelmeer vollkommen culturfähig ist. Der Ausdruck "Tel" für culturfähiges Land ist in Marokko *nicht* bekannt. Solche Gegenden und Unterschiede davon, existiren nur in Algerien, durch die Bodenbeschaffenheit bedingt. Der einzige Strich nördlich in Marokko, d.h. auf der Abdachung nach dem Mittelmeere zu, der nicht die Fruchtbarkeit des vollkommen culturfähigen Landes besitzt, ist das sogenannte Angad, südlich vom Gebirge der Beni-Snassen und vom mittleren Laufe der Muluya durchzogen. Aber keineswegs ist dieser Boden hier wüstenhaft, steril und vegetationslos, ebensowenig, wie es die Hochebenen Algeriens südlich von Sebda, Saida oder Tiaret sind. Wenn nur der feuchte Niederschlag reichlich ist und zur rechten Zeit erfolgt, sehen wir überall den Boden in Acker umgewandelt. So im Angad auch, eine Landschaft, die seit dem unglücklichen Versuch Ali Bey's el Abassi, durchzureisen, als vollkommene Wüste verrufen, aber nichts weniger als vegetations- und wasserlos ist. Sie wird durchflossen von einem der mächtigsten Ströme Marokko's, ist das nicht schon bezeichnend genug?

Marokko, auf diese Art ausgezeichnet, ist das Land von Nordafrika, welches den breitesten Gürtel von culturfähigem Lande hat, und dies nicht nur nördlich vom grossen Atlas, sondern auch das lang gezogene Dreieck südlich von demselben, durch diesen und seine nach Südsüdwest gesandten Zweige eingeschlossen: das ganze Sus-Thal ist zum Anbau geeignet.

Wie Algerien und Tunis, so hat auch Marokko seine Vorwüste. Wir verstehen für Marokko unter diesem Namen den Raum, der sich hinerstreckt vom atlantischen Ocean bis zur Grenze von Algerien einerseits, vom Südabhange des Atlas bis zu den Breiten, welche durch die Südpunkte der grossen Oasen gehen, andererseits. Wir schliessen jedoch Tuat von dieser Vorwüste aus, beanspruchen diese Oase im Gegentheil für die *grosse* Wüste. Auch diese Vorwüste, oder, wie die Franzosen in Algerien das entsprechende Terrain benennen, "petit desert", ist keineswegs ohne Cultur und nach rechtzeitigem Regen sieht man auch hier manchmal Getreide aus dem Boden sprossen, wo vordem der Wanderer jede Cultur für vollkommen unmöglich gehalten haben würde.

Wie der ganze Norden von Afrika, d.h. besonders die Berberstaaten in Bodenformation dasselbe Gepräge zeigt, wie wir es in den übrigen um das Mittelmeer gruppirten Ländern finden, so zeigen auch die Flüsse Marokko's einen Lauf, der nicht abweichend ist von dem der anderen Länder, d.h. sie sind nicht unverhältnissmässig lang, haben zahlreiche Krümmungen und eine starke Verästelung nach der Quelle zu. Jene langgezogenen Wasserläufe, ohne Nebenflüsse, wie sie der übrige weite Norden von Afrika so häufig aufzuweisen hat, und deren Bilder wir am besten im Draa, Irharhar und Nil wiedergegeben sehen, giebt es im eigentlichen Marokko nicht.

Einer der bedeutendsten Ströme von Nordafrika (Nil natürlich ausgenommen) unter denen, die dem Mittelmeer tributär sind, ist die Muluya. Ungefähr beim östlichen siebenten Längengrad von Ferro auf der Ostseite des grossen Atlas entspringend, bekommt die Muluya ausser vielen Nebenflüssen ihren Hauptzustrom vom Süden, dem Ued-Scharef, ein Gewässer, fast so mächtig, wie die Muluya selbst. Dicht bei der algerischen Grenze, etwa 10 Kilometer westlich davon, und etwa 10 Kilometer östlich von Cap del Agua, welches gerade südlich von den spanischen Inseln Djafarin liegt, ergiesst sieh die Muluya ins Mittelmeer. Die Länge dieses Stromes auch nur annähernd in Zahlen ausdrücken zu wollen, wie Hemsö das gethan hat, ist jetzt, wo noch von Niemandem die Quelle des Flusses erforscht wurde, ein vollkommen überflüssiger Versuch. Wir wollen nur erwähnen, dass die Länge der Muluya etwas geringer als die des Chelif zu sein scheint, und dass die Muluya ungefähr ein gleiches Gebiet beherrscht wie der spanische Fluss Guadalquivir.

Auf der oceanischen Seite haben wir, von Norden anfangend, den Ued Kus[16] oder el Kus. Dieser Fluss, der die fruchtbarsten Ebenen in zahllosen Krümmungen durchzieht, woher sein Name, geht bei L'Araisch ins Meer, empfängt aber dicht vor seiner Mündung den Ued el Maghasen, bekannt durch die Drei-Königs-Schlacht; beide Flüsse kommen vom Rif-Gebirge und dessen Ausläufern.

[Fußnote 16: Bei Renou Loukous, bei Höst Luccos, Stieler Aulcos, Jackson el koss und Luccos, Maltzan Aulcus.]

Weiter der Küste folgend, kommen wir sodann auf den bedeutenden Ued Ssebú. Mit zwei Armen gleichen Namens, von denen der eine vom grossen Atlas anderthalb Grad südlich von Fes, der andere aber vom grossen Atlas östlich von Tesa entspringt, haben diese Arme, welche sich ungefähr eine Stunde nördlich von Fes vereinigen, verschiedene Nebenflüsse, beide ändern auch häufig den Namen, um den alten vielleicht später wieder aufzunehmen.

Von Osten her erhält sodann nach seiner Conjunction der
Ssebú auf seinem rechten Ufer den bedeutenden Uargha
vom Rif-Gebirge und vom Südosten her auf seinem linken
Ufer den Bet. Der Ssebú, welcher sich bei Mamora[17] ins Meer
ergiesst, würde leicht bis zu dem Punkte, wo sich der
Uargha mit ihm vereint, schiffbar gemacht werden können.
Die Länge seines Laufes ist ebenso bedeutend, als die der
Muluya.

> [Fußnote 17: Auf den meisten Karten so verzeichnet,
> Ort, der von den Marokkanern Mehdia genannt wird.]

Der von den vorderen Terrassen des grossen Atlas
kommende, aber unbedeutende Fluss Bu Rhaba[18], in
nordwestlicher Richtung fliessend, ist nur erwähnenswerth,
weil an seiner Mündung die bedeutenden Städte Rbat und
Sla liegen.

> [Fußnote 18: Der auf den Karten verzeichnete Name
> Buragrag dürfte falsch sein; die Marokkaner nennen
> ihn Bu Rhaba, Vater des Waldes, d.h. waldreich. Bu-
> Rgag oder Rgig würde heissen der "Vater der Enge", Bu-
> Rhaba "Vater des Gehölzes".]

Der Fluss Um-el-Rbea (Mutter der Kräuter, oder der
Kräuterreiche) entspringt mit einem mächtigen Geäste aus
dem grossen Atlas, fliesst seiner Hauptrichtung nach nach
Nordwest, um bei Asamor, einer bedeutenden Stadt, den
Ocean zu erreichen. Renou nennt ihn den bedeutendsten
Fluss vom Norden Afrika's (natürlich der Nil immer
ausgenommen) und stellt ihn auf gleiche Stufe mit der
Garonne und Seine. Auch dieser Strom ist leicht schiffbar zu
machen.

Merkwürdigerweise hat der grosse Tensift, der ebenfalls mit
vielen Nebenflüssen aus dem Atlas entspringt, an seiner

Mündung, die zwischen Asfi und Mogador liegt, keine Besiedelung. Gerade weil er vorher der von jeher bedeutenden Stadt Marokko Wasser zuführt, sollte man denken, an seiner Mündung auch eine Stadt zu finden. Obgleich von bedeutender Breite, kann der Fluss bei Ebbezeit an der Mündung durchwatet werden.

Mit Ausnahme der Muluya entspringen alle diese Ströme am Nordwestabhange des Atlas; übersteigt man sodann die Ausläufer dieses Gebirges und das Gerippe, welches im Cap Gher endet, so erreicht man die Mündung des Sus, ungefähr 30° 20' N. B. Der Sus hat fast vollkommen östliche Herkunft und entspringt in dem Winkel, den der grosse Atlas und der von ihm nach Westsüdwest entsandte Zweig bilden.

Weiter nach dem Süden zu kommt sodann, auf den meisten Karten verzeichnet, der Ued Nun. Der Name Ued Nun bedeutet aber weiter nichts als eine Landschaft oder Provinz, wie wir aus den neuesten Forschungen von Gatel ersehen können. Der dort existirende Strom heisst Ued Asaka, und es ist dies der Fluss, dessen Nun-Mündung auf den Petermann'schen Karten als Aksabi verzeichnet steht, was dasselbe ist.

Wir haben sodann eines echten Wüstenstromes Mündung, die des Draa[19] zu verzeichnen. Mit kleinem Geäste aus dem grossen Atlas entspringend, ungefähr unter dem 13° O. L. von Ferro geht dieser Strom direct und ohne nennenswerthe Nebenflüsse zu erhalten bis zum 29° N. L. nach Süden, schlägt dann aber westliche Richtung ein, um unter 28° 10' in den Ocean zu fallen. Dieser lange Lauf, ein Sechstel mindestens länger, als der des Rheins von der Quelle bis zur Mündung, hat beständig Wasser, auch im Hochsommer bis zu dem Punkte, wo der Strom von der Südrichtung eine westliche Richtung einschlägt. Die Wassermenge, die der Draa fortschwemmt, ist in den oberen

Theilen des nordsüdlichen Stückes dennoch nicht bedeutender, als etwa diejenige der Spree bei Berlin; sie wird dann am südlichen Ende des von Nord nach Süd fliessenden Theiles, nachdem der Strom sogar mehrere Male verschwindet und viel Wasser durch Irrigiren verbraucht ist, so gering, dass man diesen grossen Strom, wie er sich zur Herbstzeit, kurz vor dem Eintritt der Regenperiode auf dem Atlas präsentirt, hinsichtlich der Wasserarmuth kaum einen Bach nennen kann.

[Fußnote 19: Wir erwähnen der Ssegiat el Hamra, weil sie auf den meisten Karten als *Fluss* verzeichnet ist, als in die Mündung des Draa einfliessend. Der Name Ssegiat hat aber immer etwas Künstliches in sich und Gatel auf seiner Karte verzeichnet sie nicht.]

Dass überhaupt noch so viel Wasser bis zum Umbug Jahr aus Jahr ein herabkömmt, nachdem der heisse Wind der Sahara im Frühjahr und im Sommer mit Macht daran gezehrt hat, nachdem Tausende von Feldern und Gärten, die sich längs der Ufer hinziehen, Tag und Nacht vom Wasser des Draa berieselt werden, das eben spricht für die Möglichkeit der Schneelage des Atlas, aus welchem der Fluss gespeist wird.

Ob aber ein stets Süsswasser haltender See, der Debaya, auf seinem weiteren Laufe nach dem Westen zu vom Draa durchflossen wird, möchte sehr zu bezweifeln sein. Allerdings sendet gleich nach der Regenzeit auf dem Atlas der Draa seine Wasser fort bis zum Ocean, aber in der trockenen Jahreszeit trocknet der ganze untere Theil des Flusses aus. Nicht weit von dem Orte, wo der See sein sollte, sagten mir die Bewohner, ein solcher existire nicht. Ein Sebcha, d.h. ein salziger Sumpf, wie ihn Petermann auf seinen neuesten Karten verzeichnet hat, könnte indess wohl vorhanden sein. Renou spricht sogar dem Debaya eine dreimalige Grösse des Genfer Sees zu.

Als ebenfalls vom Südostabhange des Atlas kommend und nach der Sahara abfliessend, haben wir dann den Sis zu nennen; ein echter Wüstenfluss ohne alle Nebenflüsse, und nur in seinen ersten zwei Dritteln oberirdisch verlaufend, tränkt er unterirdisch noch die ganze grosse Oase Tafilet, um südlich davon den Salzsumpf Daya el Dama zu bilden, der nach starken Regengüssen zu einem See sich gestaltet. Von Nordwesten her hat der Daya el Daura noch Zuflüsse durch den Ued-Chriss.

Einen ebenso langen, wenn nicht noch längeren Lauf hat der Fluss, der die Oase von Tuat speist, aus verschiedenen Zweigen, von denen einige unter dem 33° N. B. entspringen, zusammengesetzt. Ich verfolgte den Fluss fast bis zum 26° N. B., ohne dass ich bei Taurhirt schon sein südlichstes Ende erreicht hätte. Dieser Fluss, den man l'ued Tuat nennen könnte, setzt sich aus dem Ued Gher, Ued Knetsa und einigen minder bedeutenden zusammen, erhält nach der Vereinigung den Namen Ued Ssaura, und sobald er das eigentliche Tuat betritt, den Namen Ued Mssaud. Von Osten soll er südlich von Tuat durch den Fluss Acaraba verstärkt werden. Da er schon bei seinem Entspringen aus dem Gher und Knetsa gar nicht oberirdisch Wasser hält, so ist es nicht wahrscheinlich, dass er dem Draa oder dem Ocean zugeht, wie Duveyrier meint, ebensowenig aber glaube ich, dass die von mir früher mitgetheilte Nachricht der Eingeborenen, der Mssaud ergösse sich nach sehr starken Anschwellungen bis zum Niger, auf Wahrheit beruht.

Da wir den oben angeführten Debaya vorläufig trotz Renou nicht als See anzuerkennen brauchen, ja nicht einmal mit Bestimmtheit behaupten können, ob ein Salzsumpf dort ist, so haben wir eigentlich gar keine nennenswerthen Seen in Marokko zu verzeichnen, denn der von Leo erwähnte See unterhalb der "grünen Berge", den er mit dem See von Bolsena in der Nähe von Rom vergleicht, ist nirgends zu finden, es möchte denn der kleine auf der Beaumier'schen Karte verzeichnete Salzsee sein, Zyma genannt, der ungefähr so gross wie der See von Bolsena zu sein scheint. Der einzige von mir entdeckte kleine Süsswassersee, Daya Sidi Ali Mohammed genannt, ungefähr 3 Stunden lang und 1/2 Stunde breit, liegt auf der Höhe des grossen Atlas zwischen Fes und Tafilet.

Erwähnenswerth ausser dem Daya el Daura, südlich von

Tafilet ist nur noch der grosse Salzsumpf von Gurara im Norden von Tuat, ungefähr zehn deutsche Meilen lang und an seiner dicksten Stelle fünf deutsche Meilen breit, endlich der Sigri Sebcha (Salzsumpf), ungefähr zehn Meilen südwestlich von Schott el Rharbi gelegen, dessen südwestliche Hälfte nach dem Frieden von 1844 zu Marokko, die östliche dagegen zu Algerien gerechnet wird.

Ohne Widerrede befürchten zu müssen, kann man behaupten, dass Marokko von allen Staaten Nordafrika's das gesundeste Klima besitzt. Der Grund davon ist zum Theil in der bedeutenden Erhebung des Landes zu suchen, in den erfrischenden Winden vom Mittelmeere und vom Ocean, in der Abwesenheit sumpfiger Niederungen[20], wie man sie in Algerien so häufig beim Anfange der Besiedelung durch die Franzosen antraf; dann in den reichen Waldungen der Stufen des Atlas, welche die Hitze mildern und zugleich den Flüssen in Verbindung mit dem Schnee der Gipfel im Sommer das Wasser constant erhalten; endlich in der Abwesenheit jener Schotts oder flachen Seen und Sümpfe, wie sie Algerien und Tunis von Westen nach Osten durchziehen.

> [Fußnote 20: Die wenigen Sümpfe bei L'Araisch kommen zum grossen Ganzen nicht in Betracht.]

Im Allgemeinen kann man sagen, dass in ganz Marokko ein mildes warmes Klima herrscht; denn wenn auch die Tekna- und Nun-Gegenden mit Rhadames und den südlichsten Oasen Algeriens, was Breite anbetrifft, correspondiren, so wirken die constanten Seewinde doch so lindernd, dass die Temperatur bedeutend kühler ist als in diesen Strichen. Und wenn auch die Spitzen der Atlasberge, die wie der Milstin mit einer Höhe von 3475 Meter, der Alpenhöhe von 2300 Meter entsprechen, oder auch dem Meeresniveau von Norderney, wenn diese Berge des Atlas eine mittlere Jahres-

Temperatur von nur 0° haben, so würden wir nicht fehl zu greifen glauben, wenn wir sagen, die Summe der mittleren Temperaturen Marokko's würde 18° R. betragen.

Der Atlas bildet die natürliche Scheide in den Temperaturverhältnissen. Während nördlich am Atlas die Regenmonate im October beginnen und bis Ende Februar anhalten, ist der Regenfall südlich vom Atlas nur im Januar und der ersten Hälfte des Februar und erstreckt sich landeinwärts etwa bis zum 10. Längengrad östlich von Ferro, so dass die Draa-Provinzen in ihrem südlichen Theile nicht davon berührt werden. In der Oase Tafilet ist Regenfall schon äusserst selten, und in Tuat regnet es höchstens alle 20 Jahre ein Mal. Eine Regenlinie wäre also südlich vom Atlas etwa so zu ziehen: vom 10° O. L. von Ferro und 29° N. B. in schräger nordöstlicher Linie mit dem Atlas parallel zu den Figig-Oasen. Der feuchte Niederschlag ist in den nördlich vom Atlas gelegenen Theilen sehr bedeutend, ebenso auf dem Atlas selbst, südlich davon nur mässig.

In der Zeit von October bis Februar herrschen fast nur Nordwestwinde und am wechselvollsten ist der Februar, wo an einem Tage sechs bis sieben Mal Winde mit einander kämpfen. Im März sind Nordwinde vorherrschend und dann von diesem Monat an bis Ende September Ost, Südostwinde und Süd. An den Küsten des Oceans in den Sommermonaten von 9 Uhr Morgens an ein stark kühlender Seewind bis Nachmittags, wo der Südost wieder die Oberhand gewinnt; indess ist dieser Wind so kühlend, dass Lempiere Recht hat zu sagen: "Mogador, obschon sehr südlich gelegen, hat eine ebenso kühle Temperatur als die gemässigten Klimate von Europa." Die Südost- und Südwinde führen oft Heuschreckenschwärme mit sich, so in den Jahren 1778 und 1780. Indess scheint der Atlas ein wirksamer Damm gegen diese Eindringlinge zu sein, da sie im Norden des Gebirges nur vereinzelt beobachtet werden.

Bestimmte Beobachtungen für die mittlere Temperatur einzelner Orte liegen nur wenige vor. Tanger hat nach Renou eine mittlere Temperatur von 18° (Celsius), was aber vielleicht 2° zu viel sein dürfte. Für Fes kann man bei einer Erhebung von 4-500[21] Meter + 16-17° (Celsius) rechnen. Uesan, welches circa 250 Meter hoch liegt, dürfte eine mittlere Temperatur von 18° (Celsius) haben. In der Stadt Marokko kann die mittlere Temperatur höchstens + 20° (Celsius) sein, da die Datteln nicht reifen, diese brauchen mindestens + 22° Durchschnittswärme. In Tarudant, wo die Datteln schlecht reifen, dürften vielleicht + 21° Durchschnittswärme sein. Hemsö führt noch an, dass im Winter weder in einem Hafen noch in irgend einer Stadt je das Thermometer unter + 4° R. sinkt. In Uesan beobachtete ich eines Tages im December leichten Schneefall, und die Leute sagten mir, es käme dies alljährlich vor, aber der Schnee bleibt nie liegen. Aus Gatel's Beobachtungen ist in Tekna das Thermometer in dem Wintermonaten December 1864, Januar und Februar 1865 durchschnittlich um 7 Uhr Morgens + 13° (Celsius) gewesen, "es kam nie unter + 6° und stieg nicht höher als + 18° (Celsius)". In den Monaten September und October beobachtete ich in Tuat eine mittlere Temperatur von + 19° vor Sonnenaufgang. Diese Oase des Kaiserreichs Marokko würde also ungefähr dieselbe Durchschnitts-Temperatur wie Fesan haben.

[Fußnote 21: Nach Renou; da aber Fes wohl niedriger liegt, wird auch die Temperatur wohl um einige Grade höher sein.]

Kleiden wir noch einmal als Ergebniss das marokkanische Klima in Worte, so möchten wir das anführen, was Hemsö sagt: "Il clima di tutta questa regione è di più salubri e di più belli di tutta la superficie del globo terrestre."

3. Bevölkerung.

Für ein Land, in dem nie statistische Untersuchungen angestellt worden sind, auch nur annähernd richtig die Zahl der Einwohner angeben zu wollen, ist äusserst schwer, und wenn für ganz Afrika in dieser Beziehung die abweichendsten Angaben herrschen, so noch speciell für Marokko. Während z.b. Jackson die übertrieben grosse Zahl von 14,886,600 Einwohnern angiebt, hat Klöden in seiner neuesten Geographie nur 2,750,000, während Daniel 3-5,000,000 annimmt.

Durch Vergleich kann man am ersten auf annähernde Wahrheit kommen, und den besten Vergleich können wir machen mit Algerien, wo bei ähnlicher Bodenbeschaffenheit und bei fast gleichen klimatischen Verhältnissen eine ungefähr gleiche *Dichtigkeit* der Bevölkerung besteht, die sich (im Jahre 1867) auf 2,921,246 Seelen beläuft. Da nun Marokko mindestens noch ein Mal so gross als Algerien ist, ausserdem grosse Oasen (Draa, Tafilet und Tuat) besitzt, endlich südlich vom Atlas grosse und furchtbare [fruchtbare] Provinzen (Sus und Nun) längs des atlantischen Oceans hat, so glauben wir nicht zu übertreiben, wenn wir die Bevölkerung von Marokko auf 6,500,000 Einwohner schätzen.

Wir können jetzt mit ziemlicher Bestimmtheit annehmen, dass, noch ehe die Phönizier nach Nordafrika kamen, noch bevor die Libyer oder Numider Nordafrika bevölkerten, ein anderes Volk dort hauste. Berbrügger, Desor u.A. haben die Existenz von Dolmen in Algerien nachgewiesen, man findet dolmenartige Grabmäler in Fesan, und dolmenartige Hügel konnte ich wenigstens in Einer Gegend Marokko's constatiren, an einem Bergabhange östlich von Uesan. Ungefähr zwei Stunden von der Stadt entfernt, führte uns in Begleitung des Grossscherifs eines Tages eine Jagd dorthin. Leider war es bei der dortigen Furcht, Gräber zu verletzen, und sollten sie selbst von Ungläubigen herrühren, vollkommen unmöglich, eine nähere Untersuchung anzustellen, oder gar die Grabhügel zu öffnen. Ob nun diese Dolmen auf Kelten, Tamhu oder andere Ureinwohner zurückzuführen sind, müssen spätere Zeiten entscheiden; auch Marokko wird den Zeitpunkt erleben, wo es dem europäischen Forscher gestattet sein wird, frei und ungehindert seine Studien dort anzustellen.

Die Punier legten zahlreiche Colonialstädte dort an; Hanno selbst gründete bei seiner Umschiffung Hafenplätze, von denen uns die Namen erhalten sind. Aus den Schriften von Ptolemäus und Plinius ersehen wir ziemlich genau, wo die einheimischen Stämme—Mauri, Maurenses, Numidae—alles dies ist nur eine verschiedene Benennung für dasselbe Volk —ihr Gebiet haben. Von diesen sind als die hauptsächlichsten die Autolalen, die Sirangen, die Mausoler und Mandorer hervorzuheben; alle diese, wie die weiter im Innern wohnenden Gaetuler sind das im Norden von Afrika einheimische Berbervolk[22]. Römische, vandalische und gothische Berührung mit diesem Volke fand statt, hat aber auf den eigentlichen Bewohner Nordafrika's wenig Einfluss gehabt, da die Vermischung jener mit den Numidern nur ausnahmsweise vor sich ging.

[Fußnote 22: Siehe Mannert und das interessante Schriftchen von Knötel.]

Wichtiger für Nordafrika's Bevölkerung, mithin auch für Marokko wurde der Einbruch der Araber. Wir haben eine zweifache Invasion, die eine direct von Osten kommend, die andere weit später vor sich gehend: die Zurückvertreibung der Araber aus Spanien, denn wenn auch nach Spanien gemeinsam Araber und Berber unter Mussa und Tarik gezogen waren, so kamen nur Araber von dort zurück. Es versteht sich wohl von selbst, dass damit nicht gemeint ist, die Berber seien in Spanien zurückgeblieben. Die Thatsache erklärt sich so, dass beide Völker dort im fremden Lande in einander aufgingen, in Spanien waren sie Angesichts der Christen nur Mohammedaner, und die Gemeinsamkeit der Sitten, und namentlich der Religion führte dort rasch die Berber zur Annahme der arabischen Sprache. Der Spanier kannte denn auch nur los Moros oder los Mahometanos. Die Sesshaftigkeit beider, sowohl der Araber als auch der Berber trug noch mehr zu einer Verschmelzung bei, so dass, als sämmtliche Mohammedaner aus Spanien vertrieben wurden, Berber und Araber sich selbst nicht mehr unterscheiden konnten; aber die Araber hatten vermöge ihrer geistigen Ueberlegenheit, vermöge der Religion, deren Träger sie besonders waren, äusserlich in jeder Beziehung die Berber absorbirt.

Nicht so in Marokko selbst. Bis auf den heutigen Tag hat sich dort das Urvolk, die alten Numider, von den Arabern fern und unvermischt erhalten. Allerdings kommen wohl in den Städten und grösseren Ortschaften Heirathen zwischen beiden Völkern vor, auch giebt wohl der Schich einer grossen Berbertribe dem Sultan oder einem Grossen des Reiches seine Tochter zur Frau, oder sucht sich selbst eine solche unter den Töchtern der Araber, im Ganzen stehen sich aber heute Araber und Berber so fremd gegenüber, wie zur Zeit der ersten Invasion.

Der Unterschied der meisten Reisenden zwischen reinen Arabern und Halbarabern, zwischen Mauren, Mooren etc., ist ein vollkommen willkürlicher, auf Nichts basirter; ebenso ist der Name Beduine in Marokko vollkommen unbekannt, selbst die in den Hafenstädten sesshaften Europäer wenden den Ausdruck nicht an. Die Araber nennen sich in Marokko Arbi, d.h. Araber; wollen sie ihr specielles jetziges Heimathsland damit in Verbindung bringen, so nennen sie sich (in diesem Falle aber ist es einerlei, ob der Redende Araber oder Berber, Jude oder auch Neger ist) "Rharbi" oder "Rharbaui" (der vom Westlande), oder auch "min el bled es Sidi Mohammed" (vom Lande des Herrn Mohammed). Was die Berber anbetrifft, so nennen sie sich "Masigh" oder "Schellah"; das Wort "Berber" ist ihnen aber keineswegs unbekannt, namentlich südlich vom Atlas. Aber als ob sie sich des Ursprunges des Wortes bewusst seien, hören sie sich nicht gerne so bezeichnen und nennen *sich selbst* nie so. Was die Juden anbetrifft, so nennen sie sich und werden "Jhudi" genannt. Die Europäer werden "Rumi" oder "Nssara" und die Schwarzen im Allgemeinen "Gnaui" und ihre Sprache "Gnauya" genannt. Das Spanische der Juden, die verschiedenen Sprachen der Europäer fasst man im Lande unter dem gemeinsamen Namen "el adjmia" zusammen.

Wir haben es also heute nur mit zwei Hauptvölkern in Marokko zu thun, mit dem ursprünglich in Nordafrika einheimischen, dem Berbervolke, und mit dem von Asien her eingewanderten, dem Arabervolke. Renou und Jackson, die versucht haben, die verschiedenen Stämme aus Triben aufzuzählen, zum Theil sogar versucht haben, ihnen bestimmte Wohnsitze oder Provinzen zuzutheilen, sind indess weit von der Wahrheit entfernt geblieben. Der eine führt einen Stamm als irgendwo sesshaft an, wo er vielleicht seiner Zeit war, aber jetzt nicht mehr ist; der andere führt Berber-Triben als Araber auf. So sagt Renou in seinem "L'Empire de Maroc", p. 393: "Die Berber bestanden ursprünglich aus fünf Zweigen: S'enbâdja, Ma'smouda, Haouâra, Znâta und R'mâra oder R'amra; aber alle diese Abtheilungen, welche den Römern unbekannt geblieben sind, hatten viele Unterabtheilungen" etc. Renou schöpft aber nur aus Leo's Berichten. Wenn dann Renou noch auf derselben Seite seines angeführten Werkes sagt: "Gegenwärtig sind die Berber in verschiedene grosse Fractionen getheilt, die keineswegs den ursprünglichen fünf Abtheilungen entsprechen. In Marokko sind es die Chevlleuh' und die Amazir' etc.", so kann ich versichern, dass man in Marokko von dieser Abtheilung nichts weiss. Für Algerien nimmt Renou sodann "die Kbail und im Aures die Châouïa, wovon ein Zweig in der marokkanischen Provinz Temsena existirt", in Anspruch. Aber was bedeutet denn in Algerien der Name Kbail, Kabyl? Weiter nichts als Bergbewohner, und dieselbe Bedeutung hat er in Marokko auch; der Einwohner von Uesan, von Fes nennt die umwohnenden Leute der Gebirge, *einerlei*, ob sie Berber oder Araber sind: Kbail. Selbst wenn man im Stande wäre, heute mit Genauigkeit angeben zu können, ein gewisser Stamm habe irgend ein Gebiet inne, würde das wohl morgen immer noch der Fall sein? Ich selbst konnte in Marokko constatiren, wie ein Stamm den andern verdrängt. Unter diesen Völkern findet heute noch immer eine Völkerwanderung im Kleinen statt. Ausgebrochene Feindseligkeiten, eingetretene Dürre eines Weideplatzes, Heuschreckennoth, oft auch ganz unbedeutende Gründe veranlassen ganze Stämme zum Wandern, um sich begünstigtere Gegenden aufzusuchen.

Was Zahl und Ausbreitung beider Völker anbetrifft, so finden wir in Marokko, dass die Berber nicht nur bedeutend zahlreicher, sondern auch über einen viel grösseren Raum des Landes verbreitet sind. Ganz rein arabisch sind nur die Landschaften Rharb und Beni Hassan südlich davon, endlich Andjera und der Küstensaum vom Cap Espartel bis Mogador. Denn selbst die Landschaften Schauya, Dukala und Abda haben theils arabische, theils berberische Triben.

Mit Ausnahme der grossen Städte und Ortschaften, in denen die Araber überall das überwiegende Element bilden, kommen sie sodann nur noch sporadisch vor. So findet man einzelne Arabertriben im grossen Atlas, im Nun- und Sus-Gebiete, in der Draa-Oase finden wir zahlreiche *nur* von Arabern bewohnte Ortschaften (später gaben mir die Draa-Bewohner an, dass die nördliche Hälfte des Draa-Thales, also von Tanzetta bis zum Atlas, *ausschliesslich* von Arabern bewohnt sei, was ich aber bezweifeln möchte), ebenso in Tafilet, ausserdem in beiden Oasen den grossen in Palmenhütten lebenden Araber-Stamm der Beni-Mhammed. In Tuat sind die Araber nur ganz vereinzelt, die grosse Mehrheit der dortigen Bevölkerung ist berberisch. Man kann also fast behaupten, dass an Land die Berber vier Fünftel besitzen, gegen ein Fünftel, welches auf Araber kommt. Der Zahl der Bewohner nach dürfte das Verhältniss so sein, dass zwei Drittel Berber, ein Drittel Araber sind.

Dass die Völker, welche eine Zeitlang im heutigen Marokko sesshaft gewesen sind, Spuren zurückgelassen haben, ist unleugbar. Nur so können wir zwischen vorwiegend schwarzhaariger und schwarzäugiger Bevölkerung uns die helläugigen und blondhaarigen Individuen erklären. Indess kommen dergleichen Typen bedeutend seltener bei den Arabern vor, was sich hinwiederum daraus erklären lässt, dass nach der einmal erfolgten Invasion der Araber, ein Eindringen blonder Völker in Westafrika nicht mehr stattfand. Es beruht das auf dem Princip der Erblichkeit. So sieht man denn auch häufig in Familien, wo Vater und Mutter beide schwarzhaarig und schwarzäugig sind, helläugige und blondhaarige Kinder. Vielleicht war irgend einer der Vorfahren dieser Familie ein Nichtberber oder Nichtaraber derart ausgestattet gewesen, welche Eigenthümlichkeit dann später oder früher, oft vereinzelt, oft bei allen Nachkommen wieder hervortritt. Bemerkt muss hier werden, dass die sogenannten Kuluglis, Nachkommen der Araber und Türken, nirgends in Marokko zu finden sind, weil eben die Türken westlich von Tlemcen oder von der Muluya nie ihre Grenzen ausgedehnt haben.

Was die Sprache der Araber in Marokko anbetrifft, so ist bekannt, dass von den vier hauptsächlichsten Dialekten dieser Sprache, hier der maghrebinische gesprochen und geschrieben wird. Vordem ist aber auch, wie aus Münzen und Inschriften hervorgeht, Kufisch geschrieben worden. Was das heutige Schreiben anbetrifft, so unterscheidet es sich von dem Uebrigen nur darin, dass das Qaf oben statt zweier Punkte einen, dass das Fa statt eines Punktes *oben*, einen solchen *unten* hat. Was die Aussprache anbetrifft, so zeichnen sich die Araber in Marokko dadurch aus, dass sie fast gar nicht die Vocale aussprechen, oder doch so wenig wie möglich hervorheben. In der gewöhnlichen Schreibweise der Araber werden die aus Strichen und Punkten bestehenden Vocale weggelassen, und fast könnte man sagen, dass der marokkanische Araber diese Regel auch in der Aussprache anwendet, d.h. das Wort so kurz wie möglich ausspricht; z.B. in der Redensart: "wie heisst Du, asch ismak", sagt der Marokkaner "sch-smk". Natürlich wird für den Fremden das Erlernen des Sprechens dadurch außerordentlich erschwert. Ausserdem hat in Marokko der Araber sich zahlreiche berberische und aus romanischen Sprachen herkommende Ausdrücke zu eigen gemacht, sogar zum Theil auch Constructionen aus diesen Sprachen herübergenommen, z.B. die romanische Form des Genitivs, welche man in Marokko so häufig angewendet findet, um das Genitivverhältniss zwischen zwei Substantiven auszudrücken.

Die von den Berbern gesprochene Sprache, "tamasirht" oder "schellah" genannt, ist im Grunde, wie aus

Sprachvergleichungen hervorgeht, eine und dieselbe. Es ist eben die, welche die Tuareg temahak im Norden und temaschek im Süden nennen, und der wir in Audjila und noch ferner im äussersten Osten in der Oase des Jupiter Ammon begegnen. Jackson freilich behauptet, dass die Sprache der Siuaner eine vollkommen verschiedene sei; heutzutage aber wissen wir, dass Marmol vollkommen Recht hat, wenn er sagt, dass das Siuahnisch nur Dialekt der weit verbreiteten Berbersprache ist. Allerdings sind die Unterschiede der verschiedenen Dialekte dieser Sprache äusserst gross, wie das ja auch nicht anders sein kann bei einer Sprache, welche über einen Raum verbreitet ist, welcher ungefähr den vierten Theil von Afrika ausmacht. Dennoch aber sind sie nicht so gross, um nicht leicht eine Verständigung zwischen den verschiedenen, berberisch redenden Völkern zu ermöglichen. Kommt der Berber, der im fernen Westen am Nun ansässig ist, auf seiner Pilgerreise nach Mekka zu demjenigen, der in der Oase Siuah wohnt, so ist nach einer kurzen Uebung zwischen diesen Leuten gleichen Stammes eine Unterhaltung leicht hergestellt, und als vor einigen Jahren mehrere Schichs der Tuareg nach Algier zum Besuche kamen, ward es ihnen keineswegs schwer, sich mit den Berbern des Djurdjura-Gebirges, also mit Leuten, die am Mittelmeere wohnen, zu verständigen. Die Berber in Marokko haben und kennen keine Schriftzeichen wie ihre Brüder, die Tuareg. Die einzigen berberischen Schriftzeichen, die ich in Marokko vorfand, befinden sich in Tuat, und rühren jedenfalls von Tuareg her, die früher vielleicht weiter nach dem Norden hinauf kamen, als dies heute der Fall ist. Ob aber überhaupt mit berberischen Lettern geschriebene Bücher oder auch nur längere Gedichte und Geschichten unter den Tuareg bestehen, ist trotz der Versicherung der Tuareg sehr zweifelhaft. Einer der intelligentesten Tuareg, Si Otman ben Bikri, hat wiederholentlich sowohl gegen Duveyrier als auch gegen mich dies geäussert, er hatte sogar Duveyrier versprochen, ein solches Buch später nach Algier zu bringen oder doch einzuschicken, aber bis jetzt hat Si Otman sein Versprechen nicht erfüllt, obschon er nach seinem Begegnen mit Henry Duveyrier wiederholentlich in Algier gewesen ist. Das Eigenthümliche bei den berberischen Buchstaben, sie so schreiben zu können, dass sie bald nach rechts, bald nach links offen sind, bald diese, bald jene Seite offen haben, dass man von oben nach unten, von rechts nach links, oder von links nach rechts schreiben kann, muss eine so grosse Verwirrung herbeiführen, dass die Existenz ganzer Bücher in berberischer Schrift kaum glaublich erscheint.

Was die Berber am entschiedensten von den Arabern trennt, ist eben die Sprache, denn obschon die Berber natürlich viele Worte aus der arabischen Sprache aufgenommen haben, wie die marokkanischen Araber solche dem Berberischen entlehnten, unterscheidet sich im Grunde das Berberische derart vom Arabischen, dass die Sprachforscher, welche sich mit dem Berberischen beschäftigt haben, und unter diesen vorzugsweise H.A. Hannoteau, nicht wagen, es den semitischen Sprachen beizuzählen. Ja, in der jüngsten Zeit war der französische General Faidherbe, welcher ebenfalls sich viel mit dem Berberischen beschäftigt hat, geneigt, Berber und ihre Sprache für die Arier zu vindiciren. Spätere genauere Untersuchungen, namentlich wenn alle verschiedenen Dialekte der Berber bekannt sind, werden hoffentlich zu einem Resultate führen, ebenso wird man sodann wohl erfahren, ob im Berberischen Wörter vorhanden sind, welche auf andere ältere Sprachen zurückführen.

Unterscheiden sich nun Araber und Berber so sehr durch die Sprache, so sind die übrigen Unterschiede äusserst gering. Derselbe Körperbau auf dem Flachlande wie im Gebirge (wegen der vielen Wanderungen), d.h. schlanker, sehnigter Wuchs mit stark ausgeprägtem Muskelbau, gebräuntem Teint, kaukasischer Gesichtsbildung, stark gebogener Nase, schwarzen feurigen Augen, schwarzem schlichtem Haare, spitzem Kinne, etwas stark hervortretenden Bakenknochen, spärlichem Bartwuchse— alles dies haben Berber und Araber gemein. Allerdings sind im Allgemeinen die Gebirgsbewohner heller, aber das gilt sowohl für die berberischen Bewohner des Rif-Gebirges, wie für die arabische Bevölkerung der Gebirge der Andjera-Landschaft. Bei den Frauen beider Völker muss allerdings auffallen, dass das Weib des Arabers durchschnittlich kleiner sein dürfte, als das des Berbers. Im Uebrigen sind auch sie nicht äusserlich zu unterscheiden. Man kann von beiden sagen, dass sehr früh entwickelt, sie in der Jugend hübsche volle Formen haben, meist regelmässige Gesichtszüge besitzen, aber schnell alternd und durch unzulängliche Nahrung äusserst mager werdend, sie im Alter wegen ihrer überflüssigen Hautfalten die hässlichsten Hexen werden.

Hervorzuheben ist, dass bei den Berbern die Stellung der Frauen eine bedeutend hervorragendere ist als bei den Arabern. Indess ist das Lied der meisten Reisenden, als sei die Frau bei den Arabern weiter nichts als eine Magd, ein blosses Werkzeug, ein auf oberflächlicher Anschauung beruhendes. Bei dem Araber ebensogut wie bei uns schwingt die Frau den Pantoffel. Liegt der Mann die grösste Zeit des Jahres auf der Bärenhaut, so hat das seinen Grund darin, weil eben für ihn keine häusliche Beschäftigung vorhanden ist. Oder soll etwa der Mann das Wasser für den täglichen Bedarf holen, soll der Mann den Mühlstein drehen, oder das Korn zu Mehl zerreiben, oder ist es Sache des Mannes das Kind auf dem Rücken zu tragen, oder Reisig zum Feuer zu holen oder Kuskussu zuzubereiten, und die heimkehrenden Heerden zu melken? Sind nicht dergleichen Geschäfte in der ganzen Welt Sache der Frau. Für einen europäischen Reisenden muss es allerdings hart erscheinen, wenn er den ganzen Tag den Mann ausgestreckt liegen oder am Boden hocken sieht, während die Frau sich abmüht, oft stundenweit das Wasser herbeischleppt und dann mühsam stundenlang den Stein dreht, um Mehl zu gewinnen. Kommt aber die Zeit der Arbeit für den Mann heran, dann ist der Berber sowohl wie der Araber bei der Hand: das Feld wird von den Männern bestellt, das Einheimsen des Getreides besorgen die Männer, ebenso die Abwartung der Gärten, wo solche vorhanden sind, das Hüten der Heerde, das Abschlachten des Viehes, kurz alle schwerere Arbeit, wie sie eben auch bei anderen Völkern von der stärkeren Hälfte verrichtet wird.

Die hervorragende Stellung der Frauen bei den Berbern datirt jedenfalls noch aus den vormohammedanischen Zeiten. Denn Mohammed, obschon ein so grosser Verehrer von Frauen, dass er sich nicht scheute manchmal ins Gehege seines Nächsten einzudringen[23], hat im Ganzen den gläubigen Frauen eine etwas stiefmütterliche Stellung angewiesen. Indess haben die Berberinnen, obschon auch sie Mislemata wurden, ihren Rang beizubehalten gewusst. Bei manchen berberischen Triben offenbart sich dies in der Erbfolge, wo nicht der älteste Sohn nachfolgt, sondern der Sohn der ältesten Tochter oder der Schwester. Ja, in einigen Stämmen kann sogar eine Frau herrschen. Südlich vom eigentlichen Marokko fand ich mitten unter Berbern, dass die Sauya Karsas, eine religiöse Corporation, und eine geistliche Oberbehörde für den ganzen Gehr-Fluss nicht vom allerdings vorhandenen männlichen Chef Namens Sidi Mohammed ben Aly befehligt wurde, sondern dass factisch seine Frau, eine gewisse Lella-Dihleda, die geistlichen Angelegenheiten besorgte. In allen wichtigen Sachen hat die

Berberfrau mitzureden, und mehr wie bei anderen Völkern
fügen sich die Männer dem Ausspruche der Frauen.

[Fußnote 23: Siehe darüber die 33. Sure des Koran,
worin Mohammed die Vorwürfe, die man ihm darüber
machte, seinen Sklaven Said gezwungen zu haben, ihm
seine Frau abzutreten, damit zurückwies, dass er für
sich allein, den anderen Gläubigen voraus, göttliche
Natur, d.h. Unfehlbarkeit beanspruchte.]

Die mohammedanische Religion hat aber in jeder Beziehung
dazu beigetragen, die Verschiedenartigkeiten der Sitten und
Gebräuche nicht nur zwischen Arabern und Berbern
auszugleichen, sondern auch die Eigenthümlichkeiten der
einzelnen Stämme unter sich zu verwischen. Es soll hier nur
die Rede sein von den Bewohnern des Landes, welche allein
treu und wahr ihre alten Ueberlieferungen beibehalten
haben. Die Landbevölkerung[24] gegen die Städtebevölkerung
gehalten, ist in Marokko so überwiegend, dass wenn man
von jener spricht, damit der Kern des Volkes bezeichnet
wird.

[Fußnote 24: Jackson in seinem Account of Marokko
kommt freilich zu dem Resultate von 895,600 Einw. für
die Städte und von diesen hat er Fes mit 380,000,
Marokko mit 27,000 und Mickenes mit 11,000 Einw.]

Vor allem muss daher bemerkt werden, dass nur Einweiberei
in Marokko herrscht, sowohl bei den Arabern als auch bei
den Berbern; die wenigen Ausnahmefälle, wo ein reicher
oder hochgestellter Araber sich einen Harem hält, kommen
kaum in Betracht, und ein Berber, mag er eine noch so hohe
Stellung einnehmen, noch so reich sein, heirathet *nie* mehr
als Eine Frau. Freilich durch die Religion begünstigt
kommen häufig genug Scheidungen vor, was dann oft zu
unerquicklichen Verhältnissen führt: ein Mann trennt sich

nachdem er schon ein Kind mit der Frau gehabt von dieser, heirathet wieder, die Frau auch; sie zeugt mit dem neuen Mann nochmals ein Kind, wird abermals verstossen, heirathet vielleicht zum dritten Male und hat dann manchmal drei Familien Kinder gegeben. Es ist äusserst selten, dass sich ein unverheiratetes Mädchen einem Manne hingiebt, auch Ehebruch kommt fast nie vor. Desto ungebundener leben die Frauen, welche Wittwen sind, diese glauben ihrer Sittlichkeit, namentlich wenn sie merken, dass die Hoffnung auf Wiederverheirathung vorbei ist, "keine Schranken" auferlegen zu müssen. Ueberhaupt zeichnen sich Mädchen und Frauen in Marokko durch unanständige Gangart aus. Es scheint sich dies von den Araberfrauen den Berberweibern mitgetheilt zu haben (vielleicht ist es aber auch diesen eigenthümlich), denn alle semitischen Frauen scheinen an einer unanständigen Allure Gefallen zu haben. Schon Jesaias Cap. 3, 16. wirft den israelitischen Frauen ihren buhlerischen und herausfordernden Gang vor, ebenso Mohammed im Koran Sure 24. den arabischen Frauen.

Es ist hier nicht der Ort die Ceremonien einer Verheirathung zu schildern, mehr oder weniger gleichen sich alle bei den Mohammedanern, und oft genug sind sie beschrieben worden. Hervorgehoben soll aber werden, dass in der Regel die Heirath eine zwischen Eltern oder Verwandten für die betreffenden Personen abgemachte Sache ist, doch auch häufig genug Liebesheirathen vorkommen. Es hat dies seinen Grund darin, weil alle Frauen und jungen Mädchen (ich spreche immer von der Landbevölkerung) unverschleiert gehen, mithin hat der Freier Gelegenheit seine Zukünftige kennen zu lernen. Solche Liebesheirathen gelten meist für Lebzeiten, während die Ehebündnisse, welche aus Convention geschlossen sind, gemeiniglich keine Dauer haben. Ein eigentlicher Kauf der Frauen, obschon die meisten Reisenden sich so ausdrücken, findet nicht statt; der betreffende Bräutigam erlegt nur dem zukünftigen Schwiegervater die Geldsumme, welcher dieser für die Anschaffung der Kleidungsstücke und Schmucksachen seiner Tochter nöthig hat, der gewöhnliche Preis hierfür ist auf 60 französische Thaler normirt. Giebt die Frau Grund zur Scheidung, oder aber beantragt sie die Scheidung, so muss das Geld zurückbezahlt werden, verstösst aber der Mann seine Frau, so bleibt sie Eigenthümerin ihrer Sachen und ihr Vater behält obendrein das Geld.

Beschneidung ist durchweg eingeführt, doch giebt es einige *Berberstämme*, welche sie nicht üben. In Marokko hält man die Beschneidung als nicht unbedingt erforderlich für den Islam. Die Berberstämme, welche nicht Beschneidung üben, leben sowohl im Rif-Gebirge, als auf den Gehängen der nördlichen Seite des Atlas. Ueberhaupt haben die Berber Eigenthümlichkeiten bewahrt, die bei den Arabern nicht zu finden sind, so essen *sämmtliche* Rif-Bewohner das wilde Schwein trotz des Koran-Verbotes. Alle Berber rechnen nach Sonnenmonaten und haben dafür die alten von den Christen herrührenden Benennungen; ja südlich vom Atlas haben auch die dort hausenden Araber diese Zeitrechnung angenommen.

Das Leben in der Familie ist ein patriarchalisches und man hält ausserordentliche Stücke auf Verwandtschaft und Sippe; eigenthümliche Familien-Namen nach unserem modernen Sinne haben weder Araber noch Berber, Familien-Namen werden nur von der ganzen Sippschaft oder dem Stamme geführt, z.B. die grosse Familie der Beni Hassan in Marokko, die von einem gewissen Hassan abstammen. Oder bei den Berbern die zu einem grossen Stamme herangewachsene Familie der Beni Mtir[25], welche von einem gewissen Mtir abstammen. In diesen Stämmen setzt dann Jeder den Namen seines Vaters, manchmal auch den seines Grossvaters und

Urgrossvaters hinzu (äusserst selten den der Mutter), z.B. Mohammed ben Abdallah ben Yussuf, d.h. Mohammed Sohn Abdallah's, Sohn Yussuf's. Will er aber noch näher sich bezeichnen, so sagt er z.B. "von den uled Hassan". Letzteres ist gewissermassen der Familien- oder Zunamen. Bei den Arabern haben wir fast nur biblische und koranische Namen, sowohl bei den Männern als Frauen. Die beliebtesten in Marokko sind Mohammed (mit den verschiedenen Variationen), Abdallah, Mussa, Isssa [Issa] oder Aïssa, Edris, Said, Bu-Bekr und Ssalem. Die Frauen findet man fast unabänderlich Fathma, Aischa oder Mariam benannt. Die Berber haben sich auch hierin apart gehalten und fahren fort heidnische oder berberische Namen zu führen, z.B. Humo, Buko, Rocho, Atta etc.[26], obschon natürlich arabische Namen vorwalten.

[Fußnote 25: Was "Uled und Beni", d.h. Söhne, Abkömmlinge bei den Arabern bedeutet, drücken sonst in der Regel die Berber durch das Wort "ait" aus.]

[Fußnote 26: Berberische Frauennamen liegen mir gerade nicht vor.]

Eine eigentliche Erziehung wird den Kindern nicht gegeben, die ganz jungen Kinder bleiben circa zwei Jahre auf dem Rücken ihrer Mütter, welche dieselben wenigstens zwei Jahre stillen. Allerdings hat jeder Tschar (Dorf aus Häusern), jeder Duar (Dorf aus Zelten), jeder Ksor (Dorf einer Oase) seinen Thaleb oder gar Faki, der die Schule leitet, aber die Meisten bringen es kaum dazu die zum Beten nothwendigen Korancapitel auswendig zu lernen, geschweige dass sie sich ans Lesen und Schreiben wagten. Aber jeder Marokkaner weiss doch das erste Capitel des Koran auswendig, wenn auch die meisten besonders unter den Berbern den Sinn der Verse nicht kennen.

Beim Heranwachsen stehen die Töchter den Müttern in der häuslichen Beschäftigung bei, während die männliche Jugend zuerst zum Hüten des Viehes verwandt wird, in der Pflanzzeit den Acker mit bestellen helfen muss, und schliesslich nach einer kurzen Arbeitszeit im Jahre, die liebe lange Zeit mit Nichtsthun hinbringt. Obschon überall Taback und Haschisch in Gebrauch und namentlich letzterer ganz allgemein ist, kann man kaum sagen, dass der Marokkaner einen unmässigen Gebrauch davon macht. Der Taback wird auf alle drei Arten genommen, man findet Stämme, wo geraucht wird, andere welche kauen, und das Schnupfen ist ganz allgemein, namentlich machen die Gelehrten Gebrauch davon. Haschisch wird in Marokko entweder geraucht oder pulverisirt mit Wasser hinuntergeschluckt. Der Gebrauch des Opium ist mit Ausnahme der Städte, und der Oase Tuat, nicht eingebürgert. Desto allgemeiner ist in der Weinlesezeit und kurz nachher der Genuss des Weines. Marokko ist ein an Weinreben ungemein reiches Land, namentlich producirt der kleine Atlas, die Provinz Andjera, die Gegenden von Uesan, Fes und Mikenes derart viele und gute Weintrauben, dass die Leute von selbst darauf fallen mussten Wein zu bereiten. In allen diesen Gegenden sind denn auch viele Leute Weintrinker, ohne Unterschied ob sie Araber oder Berber sind. Aber unmässig wie Araber und Berber immer beim Essen und Trinken sind, sobald dies in Hülle und Fülle vorhanden ist, haben sie ihre Weintrinkezeit nur für einige Wochen. Der schlecht zubereitete Wein, man gewinnt ihn mittelst Kochen, würde sich auch wohl nicht lange halten. Die Marokkaner thun ihn in grössere oder kleinere irdene Gefässe, manchmal antik wie eine Amphore geformt, die enge Oeffnung wird mit Thon zugeklebt. Reiche Leute und Schürfa[27], welche ihn längere Zeit bewahren wollen, giessen oben auf den Wein eine Schicht Oel und sodann wird die Krugöffnung mit Thon verkittet. Von Geschmack ist der

Wein nicht übel, das Aussehen desselben aber meist trübe. Es ist gefährlich zur Zeit der Lese durch jene Gegenden zu reisen, weil ein grosser Theil der Bevölkerung dann stets betrunken ist, und da, je roher ein Mensch ist, die Intoxicationsäusserungen des Rausches auch um so unmanierlicher sind und oft viehisch ausarten, so vermeidet derjenige, der die Gegenden nicht unumgänglich besuchen *muss*, dieselben.

[Fußnote 27: Die Schürfa, d.h. die Nachkommen Mohammeds sind die hauptsächlichsten Weintrinker.]

Ueberhaupt zeichnet sich das ganze marokkanische Volk durch eine gewisse Rohheit und durch wenig edle Gefühle und wenig sanfte Neigung aus. Bei den Berbern namentlich am Nord-Abhange des Atlas streift die Rohheit sogar an's Thierische. Ich wusste nicht, wofür ich es halten sollte, ob für kindliche Unschuld, mit der junge und erwachsene Mädchen den Spielen vollkommen nackter Jünglinge zusahen, oder ob es ein rohes Interesse war. Der entsetzlich verdummende Einfluss der mohammedanischen Religion, der Fanatismus, die *eitle Anmassung nur den eigenen Glauben für den richtigen* zu halten, schliessen aber auch jede Besserung aus.

Wie unmanierlich ist die Art und Weise zu essen! So wie man zur Zeit Abrahams ass, so wie die Juden in Palästina, aus Einer Schüssel am Boden hockend, assen, so isst noch heute der Marokkaner. Morgens nach Sonnenaufgang wird nur saure Milch mit hineingebrocktem Brode, oder eine mässige Suppe genommen. Die zweite Mahlzeit ist gegen Mittag: Bröde d.h. eine Art von Mehlkuchen, welche auf eisernen Platten oder erhitzten Steinen gebacken sind, heisse Butter (in diese tippt man die Brodstücken und verfährt recht haushälterisch; nur die Reichen geben harte Butter) bilden dies zweite Mahl, zu dem auch wohl noch Datteln, oder im Sommer andere Früchte, wie die Jahreszeit und die Gegend sie bietet, gegeben werden. Abends nach Sonnenuntergang ist die Hauptmahlzeit, welche aus Kuskussu besteht. Aber Tag für Tag, Jahr aus Jahr ein, kommt dies Gericht auf die Erde (auf den Tisch kann ich nicht sagen, da der Marokkaner ein solches Möbel nicht kennt) und mittelst der Hand, die Marokkaner kennen noch nicht den Gebrauch der Messer und Gabeln, wird das Gericht rasch in den Magen befördert. Auch der Gebrauch der Löffel ist nicht überall eingebürgert. Am atlantischen Ocean vom Cap Spartel südlich bis nach der Mündung des Sus, vielleicht noch weiter südlich, bedienen sich sämmtliche Leute statt eines Löffels einer austerartigen Muschel, wie sie der Ocean dort an den Strand wirft. Die Männer essen getrennt von den Frauen, diese essen mit den Kindern des Hauses. Selbst bei den Berbern hat der Islam dies durchzusetzen gewusst. Oder sollten auch die Berber schon *vor* der Einführung des Islam ohne ihre Frauen ihre Mahlzeiten eingenommen haben? Fleisch wird von den Bewohnern auf dem Lande nur bei Gelegenheit eines Festes gegessen und auch dann nur in geringer Quantität. Wenn nicht manchmal ein Stück Wild erlegt wird, bekommt manche arme Familie oft jahrelang kein Fleisch zu sehen, und wenn nicht der Genuss von Eiern, von Butter und Milch die animalische Kost ersetzte, könnte man mit Recht sagen, die Marokkaner sind der Mehrzahl nach Vegetarianer. Der in den marokkanischen Städten so sehr beliebte Thee wird auf dem Lande nur noch bei vereinzelten Vornehmen und Reichen gefunden; das allgemeine Getränk ist Wasser. Nirgends kennt man in Marokko die Bereitung von Busa oder Lakby, d.h. ersteres ein gegohrenes Getränk aus Getreide, letzteres der den Palmen abgezapfte Saft. Es würde den Marokkanern ein grosses Verbrechen sein, eine Dattelpalme derart für das Tragen der Früchte unbrauchbar zu machen oder gar zu tödten. Ebenso ist in den marokkanischen Oasen, sowohl in den grossen wie in den kleinen, der Lackby vollkommen unbekannt, und dennoch giebt es in der ganzen Sahara keine Oasen, die sich an Palmenreichthum, und auch was die Güte der Palmen anbetrifft, mit den marokkanischen Oasen messen können. Der Gebrauch die Palmen anzuzapfen beginnt erst in den südlich von Tunesien gelegenen Oasen.

Indessen müssen wir doch auch einer guten Eigenschaft der Marokkaner gedenken, der Gastfreundschaft, welche ohne Prunk, ohne Ceremonie als etwas Selbstverständliches in Marokko überall geübt wird. In den meisten Duar, in fast allen Tschar's giebt es eigene Häuser oder Zelte, Dar und Gitun el Diaf genannt, welche für die Reisenden bestimmt sind. Der Fremde hat dagegen keinerlei Verpflichtung. Kommt er zu einem Duar und hat sich glücklich durch die kläffenden und bissigen Hunde hindurchgearbeitet, so weisen ihm die Leute nach dem Gastzelte. Man bringt Früchte, wenn sie die Jahreszeit und Gegend bietet, sonst Brod oder Datteln, und wenn Abends die Zeit des Hauptmahls ist, werden die Fremden *zuerst* bedient. In einigen Gegenden besteht die Sitte, dass die einzelnen Familien tageweise der Reihe nach die Fremden zu verpflegen haben, in anderen kommen Abends die Familienväter mit vollen Schüsseln in das Fremdenzelt und das Mahl wird gemeinschaftlich verzehrt. In anderen Gegenden existirt ein Gemeindefond zur Speisung der Fremden, oder eine Sauya, d.h. eine religiöse Genossenschaft besorgt dies Geschäft. Nie wird dafür irgend eine Vergütung vom Fremdling beansprucht. Im Gegentheil, wird man nicht ordentlich verpflegt, so hat man das Recht Beschwerde zu führen. Natürlich wird man bei dieser Gelegenheit von Allen über Alles ausgefragt, denn Zurückhaltung und Schweigsamkeit kennt in dieser Beziehung der Marokkaner nicht. Die grosse Gastfreundschaft erklärt sich nun zum

Theil dadurch, dass sie auf Gegenseitigkeit beruht: der, welcher heute Gastgeber ist, beansprucht vielleicht am nächsten Tage von einem Anderen freie Bewirthung. Es verdient hervorgehoben zu werden, dass die arabischen Stämme bedeutend liberaler sind, als die berberischen.

Barth und von Maltzan haben ausgesprochen, dass in Nordafrika je weiter nach dem *Westen*, desto kriegerischer und muthiger die Bewohner seien und dass man in Marokko den grössten Sinn der Unabhängigkeit träfe. Es scheint mir dies nur in sofern richtig zu sein, als man die Eigenschaft der Freiheitsliebe, den kriegerischen Sinn stärker bei den Gebirgsvölkern ausgeprägt findet. Die Bewohner der Cyrenaica sind heute noch ebenso freiheitsdurstig und unabhängig wie die Rif-Bewohner in Marokko, bis jetzt sind sie von den Türken noch nicht vollkommen unterworfen. Die Bewohner des Gorian-Grebirges in Tripolitanien sind bedeutend kriegerischer, als die *westlich* davon wohnenden Stämme. Das Djurdjura-Gebirge oder die grosse Kabylie wurde zu *allerletzt* von den Franzosen unterworfen, nachdem schon jahrelang der ganze *Westen* von Algerien, d.h. die Provinz Oran unterworfen war. Endlich sind die im äussersten Westen von Marokko wohnenden Stämme, die der Schauya, Abda und Dukala die geknechtetsten von allen, und seit Jahren wissen sie nicht mehr was Freiheit und Unabhängigkeit ist.

Die Bevölkerung von Marokko hat keinen eigentlichen Adel in unserem Sinn. Die vornehmste Classe sind die Schürfa, d.h. Abkömmlinge Mohammeds, selbstverständlich sind diese arabischen Stammes. Da sie sich unglaublich vermehrt haben, giebt es ganze Ortschaften, die fast nur aus Schürfa bestehen; man erkennt sie daran, dass sie vor dem Namen das Prädicat "Sidi" oder "Mulei", d.h. "mein Herr" führen. Die gegenwärtige Dynastie von Marokko besteht aus

Schürfa. Das Sherifthum ist *nicht* erblich durch die Frau heirathet z.B. ein gewöhnlicher Marokkaner eine Sherifa, so sind die Kinder keine Schürfa. Aber ein Sherif kann eine Frau aus jedem Stande nehmen und die aus der Ehe entspringenden Kinder werden alle Schürfa. Sogar eines Sherifs Heirath mit einer Christin oder Jüdin, (die in ihrer Religion verbleiben können) oder mit einer Negerin (eine solche muss aber den Islam angenommen haben) hat auf das Sherifthum der Kinder keinen vernichtenden Einfluss, ebenso sind die im Concubinate erzeugten Kinder vollkommen gleichberechtigt mit den in gültiger Ehe erzeugten.

Die Schürfa werden überall in Marokko als eine besonders bevorzugte Menschenclasse angesehen. Sie haben das Recht, andere Leute zu insultiren, ohne dass man mit gleichen Waffen antworten darf. Der Mohammedaner schimpft *dann* am stärksten, wenn er Beleidigungen auf die Vorfahren oder Eltern des zu Beschimpfenden häuft. Der Sherif darf zu einem Nicht-Sherif sagen "Allah rhinal buk" odes [oder] "Allah rhinal djeddek", "Gott verfluche deinen Vater", "Gott verfluche deinen Grossvater". Der Nicht- Sherif darf dies nicht erwidern, denn den Vorfahr oder Vater eines Nachkommen des Propheten beleidigen, wäre ein Verbrechen gegen die Religion. Er hat aber das Recht, die Person des Sherif selbst zu schimpfen, und gegen ein "Allah rhinalek" "Gott verfluche Dich" kann in einem solchen Falle als Entgegnung, der Sherif nicht klagen. Ich habe selbst oft Gelegenheit gehabt, so zu antworten; wenn in Uesan die jungen Schürfa sich darin gefielen, meinen Grossvater und Vater zu verfluchen und zu verbrennen, verbrannte und verfluchte ich sie selbst in meiner Antwort: "Allah iharkikum"—"Allah rhinalkum"[28], dagegen konnten sie nichts machen. Entschieden aber glaubten sie stets einen Sieg über mich davongetragen zu haben, da ich ihren Eltern und Vorfahren nichts nachsagen durfte.

[Fußnote 28: Gott soll euch verbrennen, Gott verfluche euch!]

Die sogenannten Marabutin, heilige Personen oder Nachkommen solcher Heiligen, stehen in Marokko in bedeutend geringerem Ansehen, sie werden zu sehr von den Schürfa verdunkelt. Selbst Chefs grosser Stämme, in deren Familien seit langer Zeit Kaid oder Schichthum nebst Reichthümern und Macht erblich sind, verschwinden an der Seite der Schürfa.

Ueber die geistige Begabung der Marokkaner lässt sich wenig sagen. Hervorragende Männer hat die Neuzeit nicht hervorgebracht, und bei der Verdummung, welche die Religion herbeigeführt hat und worin das Volk zu erhalten, der Sultan und die Grossen ihr Interesse sahen, wird hierin auch aus ihnen selbst heraus keine Abhülfe kommen. Kunst und Handwerke findet man nur noch in den Städten und auch da kümmerlich genug. Edlerer Regungen ist der Marokkaner kaum fähig; das Gute zu lieben und zu thun blos um des Guten willen, das kennt man fast bei diesen Leuten nicht. Höchstens schwingt sich der Marokkaner auf den Standpunkt, deshalb gut zu handeln, weil es die Religion vorschreibt, weil er sonst der zukünftigen Freuden des Paradieses verlustig ginge, oder sich wohl gar die Strafen der Hölle zuziehen könne.

Indess ist die Unmoralität beim Volke lange nicht so schlimm wie in den Städten. Ausschweifungen, eheliche Ueberschreitungen oder andere Laster hört man im Volke fast nie vorkommen. Diebstahl, Lug und Betrug kommen zwar oft genug vor, namentlich einer Tribe gegen die andere, indess wird dies kaum als sündhaft betrachtet. Lügen ist überhaupt den Arabern und Berbern so eigen, dass es wohl kaum ein Individuum giebt, das die Wahrheit spricht. Und professionsmässige Lüge hat wohl immer Betrug und Diebstahl im Gefolge. Das Faustrecht, der Raub und Mord sind in all den Theilen des Landes, die nicht von der Armee des Sultans erreicht werden können, an der Tagesordnung, und Niemand findet auch etwas Ausserordentliches darin. Dass der Gastfreund den Marokkanern eine geheiligte Person sei, ist eine Farce, in vielen Gegenden respectiren die Bewohner nicht einmal die Schürfa.

Soll ich einen Vergleich wagen zwischen Berbern und Arabern, so möchte ich sagen, die Zukunft gehört den ersteren. Bis jetzt haben die Araber der Neuzeit sich der Civilisation am wenigsten geneigt gezeigt, sie sind die echten Römlinge des Islams und mit Stolz bekennen sie sich als die Träger und Stützen dieser fanatischen Religion. Der Berber ist in dieser Beziehung bescheidener, er hängt weniger an Religion, und die Leute lassen sich weniger von der Religion beherrschen. In Algerien haben denn auch die Franzosen schon die Erfahrung gemacht, dass die Berber weit empfänglicher für Civilisation sind, *als die nur für und durch ihre Religion lebenden Araber.*

Was die Juden in Marokko anbetrifft, so habe ich an anderen Orten Gelegenheit, von ihrer miserabelen Stellung gegenüber den Mohammedanern zu sprechen. Zum Theil sind sie direct aus Palästina hergewandert, zum Theil aus Europa zurück vertrieben. Ich glaube nicht, wie einige Schriftsteller annehmen, dass von den jetzt noch im grossen Atlas und in den Oasen der grossen Wüste existirenden Judengemeinden, diese Abkömmlinge[29] der Ureinwohner Nordafrikas also Berber ihrer Herkunft nach sind. Wenn man auch annimmt, dass Berber vor der arabischen Invasion zum Theil das Christenthum, zum Theil das Judenthum angenommen hatten, so mussten höchst

wahrscheinlich Christen und Juden den Islam annehmen.
Man behauptet, diese eben erwähnten Juden haben gleiches
Aeussere, gleiche Sitten und Gebräuche mit den Berbern. Es
ist das ein Irrthum. Ich habe jüdische Gemeinden des
grossen Atlas und fast sämmtliche jüdische Ortschaften der
Draa- und Tafilet-Oasen besucht, aber immer gefunden, dass
sie sich auszeichneten von der sie umgebenden
mohammedanisch-berberischen Bevölkerung, sowohl in der
Sprache, als auch durch anderen Körperbau, andere
Gesichtsbildung und Sitten. Im Allgemeinen sind die Juden
schöner und kräftiger als die Araber, aber der entsetzliche
Schmutz, den sie zur Schau tragen, die nachlässige und
ärmliche Kleidung, der sie sich bedienen müssen, entstellt sie
mehr als es unter anderen Umständen der Fall sein würde.
Die Jüdinnen namentlich zeichnen sich durch Schönheit der
Körperformen und reizende Gesichtszüge aus, müssen dafür
aber auch oft genug, sind sie in der Nähe eines Grossen und
Vornehmen, in dessen Harem wandern.

[Fußnote 29: Die Angaben von Richardson und
Davidson über die frei im Atlas lebenden Juden, die
berechtigt seien Waffen zu tragen, beruhen auf
trügerischer Information. Aus *eigener* Anschauung
weiss ich, dass die Juden im Atlas und in den grossen
Oasen der Sahara ebenso miserabel leben, wie nur in
Fes oder irgend einer anderen Stadt des Landes.]

Die direct von Palästina hergekommenen Juden finden sich
auf dem Atlas und in der Sahara, auch in den Städten
Uesan, Fes, Tesa, Udjda giebt es deren. Sie reden kein
Spanisch, sondern nur Arabisch und in rein berberischen
Gegenden Schellah oder Tamasirht.

Aber eigenthümlich! Der Jude scheint nirgends die
Landessprache erlernen zu können. Wir wissen alle, dass
der echte Jude in Deutschland gleich an seiner lispelnden

Sprache zu erkennen ist, ebenso die Juden aller übrigen europäischen Länder, die stets die Sprache des Landes anders sprechen als die christlichen Bewohner. So auch in Nordafrika. Selbst wenn nicht durch Tracht und Physiognomie verschieden von dem Araber, würde man unter Hunderten den Juden gleich an der Sprache herauskennen. Nichts lächerlicher als einen Juden arabisch schmunzeln zu hören, und die unter den Berbern ansässigen Israeliten, die berberisch sprechen, schmunzeln das Tamasirht, wie der Jude überhaupt in allen Sprachen schmunzelt.

Man wird wohl kaum übertreiben, wenn man die Zahl der in Marokko lebenden Juden auf circa 200,000 Seelen angiebt. Der grösste Zuschub von Aussen trat 1492 bei der Vertreibung aus Spanien ein, dazu kamen 1496 die aus Portugal vertriebenen Juden. Aber früher schon hatten andere europäische Länder ihr Contingent gestellt, 1342 fand in Italien eine Judenvertreibung, 1350 in den Niederlanden und 1403 in England und Frankreich statt[30]. Alle diese unglücklichen Israeliten fanden in Nordafrika und vorzugsweise in Marokko eine Zuflucht. Und wie unglücklich und gedrückt ihre Stellung auch dort ist, bis auf den heutigen Tag haben sie ausgehalten und sich vermehrt.

[Fußnote 30: Don Serafin Calderon, Cuadro geografico de Marrueccos, Madrid 1844.]

Auch die schwarze Race ist in Marokko vertreten und zwar sind es vorzugsweise Haussa-, Sonrhai- und Bambara-Neger, die man antrifft. Sie haben dazu beigetragen, das arabische Element kräftig zu durchsetzen, obschon auf dem Lande die Mischung mit den Schwarzen seltener ist als in den Städten. Es ist weniger im arabischen *Volke* Sitte eine Negerin zu nehmen, als bei den *Grossen*. Die ganze Familie des Sultans, alle ersten Familien der Schürfa haben heute eben so viel Negerblut in ihren Adern als rein arabisches. Die Berber mischen sich nie mit den Schwarzen, sie würden glauben sich dadurch zu degradiren. Als Sklaven werden die Schwarzen in Marokko gut behandelt und fast immer nach kürzerer oder längerer Zeit in Freiheit gesetzt. Die Zahl der Schwarzen in Marokko, welche stets durch neue Zufuhren aus Centralafrika erneuert wird, dürfte sich auf circa 50,000 beziffern.

Die in Marokko sich aufhaltenden Renegaten verdienen kaum einer Erwähnung. Es ist meist der Abschaum der menschlichen Gesellschaft, Galeerensträflinge, die aus den spanischen Praesidos von Ceuta, Melilla, Alhucanas und Peñon de la Gomera entflohen sind. Und die Aussicht auf Begnadigung ist ihnen dadurch, dass sie die mohammedanische Religion angenommen haben, vollkommen abgeschnitten, sie würde auch nutzlos für sie sein, da sie im Falle einer Begnadigung, *dem Rächerarm der allliebenden katholischen Kirche anheimfallen würden.* Die katholische alleinseligmachende Religion in Spanien und die mohammedanische alleinseligmachende Religion in Marokko stehen sich noch ebenso feindlich gegen einander, wie zur Zeit Ferdinand des Katholischen.

Es mögen einige Hundert Renegaten in Marokko sein, fast alle Spanier, mit Ausnahme von drei oder vier Franzosen; alle sind verheirathet, die meisten sind Soldaten und alle leben in einer sehr verachteten Stellung. Selbst die Kinder und Nachkommen solcher Oeludj[31] haben noch zu leiden von der tiefverachteten Stellung, die ihre Eltern einnahmen.

[Fußnote 31: Oeludj pl. von Oeldj heisst man in Marokko den ehemaligen christlichen Sklaven und ebenso auch die Renegaten.]

Europäer, oder wie die Marokkaner sie nennen: Christen, trifft man nur in den Häfen. Im Ganzen beträgt ihre Zahl jetzt wohl 2000; sie zeigt also eine grosse Zunahme gegen früher. Tanger und Mogador haben das grösste Contingent aufzuweisen. In den übrigen Küstenstädten, wie Tetuan, L'Araisch, Rbat, Darbeida, Dar-Djedida und Saffi findet man nur einzelne Familien. Die Häfen von Sla, Asamor und Agadir haben *keine europäische Bevölkerung.*

Ueber Zu- oder Abnahme der Bevölkerung in Marokko liegen natürlich keine Angaben vor. Was die Städte anbetrifft, so hat in der neuesten Zeit Fes durch Cholera bedeutend an der Einwohnerzahl verloren. Dass die Stadt Marokko ehedem viel bedeutender bevölkert war als jetzt, dass ein Gleiches in Mikenes, Luxor (Alcassar) und Tarudant der Fall gewesen ist, habe ich selbst beobachten können. Die grossen Gärten innerhalb der Stadtmauern, die vielen leerstehenden Häuser, meistens schon Ruinen, endlich die grosse Anzahl unbenutzter Moscheen, zu gross für die jetzige Population, deuten darauf hin, dass die Bevölkerung dieser Städte bedeutend abgenommen hat. Zunahme sehen wir nur in den Hafenstädten, namentlich in denen, welche hauptsächlich den Handel mit dem Auslande vermitteln; aber auch hier ist die Zunahme mehr unter der fremden, europäischen Bevölkerung zu bemerken, als unter den Eingeborenen. Viele Hafenstädte, welche ehemals bewohnt waren, sind in der Neuzeit sogar gänzlich entvölkert und verlassen worden.

Ebenso kann auf dem Lande von einer merklichen Zunahme der Einwohner nicht die Rede sein; es kann sein, dass einzelne Triben sich vermehren, durch locale Einflüsse begünstigt, während aber andere dafür sich vermindern oder ganz aussterben. Constante Zunahme der Bevölkerung und fast möchte ich sagen Uebervölkerung findet man nur in den Sahara-Oasen, namentlich im Draa und Tafilet. Es scheint, dass diese gesegneten Inseln, wie sie Treibhäuser für Pflanzen sind, auch ebenso günstig auf die Menschen einwirken. Dazu kommt, dass in den grossen Oasen eine verhältnissmässig grosse Sicherheit des Lebens und Eigenthums ist, dass Kriege und Raubzüge dort seltener sind, und Beraubungen und Vexationen durch die marokkanische Regierung dort nicht vorkommen.

Hauptgründe aber der Abnahme der Bevölkerung Marokko's (höchstens kann man sagen, dass diese bleibt wie sie ist) sind vor allem mangelhafte Nahrung. Die Faulheit und Sorglosigkeit der Bewohner ist derart; dass trotz des reichen und jungfräulichen Bodens oft Missernten erzielt werden. Nicht zur rechten Zeit eingetretener Regen, Hagelwetter oder Heuschrecken führen häufig Hungersnoth herbei. Vorräthe anlegen kennt der Marokkaner nicht. Aber selbst bei reichlichen Ernten, in Jahren, wo Marokko Getreide ausführen kann, ist die Nahrung wegen der Einförmigkeit keine die Gesundheit fördernde. Wie schon angeführt worden ist, kommt beim Landbewohner das ganze Jahr keine Fleischkost vor. Unmässigkeit, wenn Nahrung reichlich vorhanden ist, hat dann Krankheit im Gefolge. Das weibliche Geschlecht entkräftet sich durch zu langes Säugen der Kinder. Fortwährende Kriege und Raubzüge fordern Opfer unter den kräftigsten Männern. Die willkürliche Regierung, die dem Volke den letzten Blutstropfen aussaugende mohammedanische *Geistlichkeit*, endlich die grassirenden Krankheiten, alles dieses sind Ursachen, welche auf die Entwickelung des marokkanischen Volkes hemmend und hindernd einwirken.

4. Die Religion

Will man die Religion eines Volkes richtig beurtheilen und richtig erfassen, so muss man sich ausserhalb einer jeden Religion stellen; ein Christ wird über jede andere Religion immer, fasst er dieselbe von seinem *christlichen* Standpunkte auf, ein falsches Urtheil voller Vorurtheile abgeben; eben so wenig genügt es, die Religion, über welche ein Urtheil abgegeben werden soll, zur eigenen zu machen (obschon, um in das Wesen derselben einzudringen, dies vollkommen nothwendig ist), sondern muss nachdem das geschehen, wieder heraustreten, um für die Kritik ohne Fessel dazustehen.

In allen Ländern ist die Religion der Grund des moralischen Volkszustandes, und derjenige, welcher Länder durchforscht und in das Leben des Volkes der Länder eindringen will, muss daher vor allem sich angelegen sein lassen, die Religion des Landes einer eingehenden Betrachtung zu unterwerfen.

Von den drei für semitische Völker gemachten Religionen hat keine so gewirkt, das freie Denken, die *bewusste* Vernunft einzuschränken, wie der Islam. Und rechnen wir die Inquisitionszeiten, die Verbrennungen der Hexenprocesse ab, hat keine der semitischen Religionen so viele Menschenopfer gekostet, als die mohammedanische. Auch ihr ist ureigen, unter der Firma der Nächstenliebe, unter der Maske religiöser Heuchelei jede Freiheit des Gedankens als Sünde hinzustellen; ihr ist ureigen, nur die *eigene Anschauung* des Propheten oder Macher der Religion als allein wahr hinzustellen und den *Glauben* zum unumstösslichen *Gesetz* erhoben zu haben.

Der Grund der mohammedanischen Religion liegt in dem Satze: "Es giebt nur Einen Gott und Mohammed ist sein Gesandter." Wir sehen hier ausdrücklich, dass, wie in den anderen beiden semitischen Religionen, die Einheit Gottes vor allen Dingen betont wird, aber ohne den Glauben, dass Mohammed "Gesandter"[32] Gottes ist, gilt die ganze Lehre nichts.

> [Fußnote 32: Gesandter ist wohl zu unterscheiden von Prophet, deren die Mohammedaner viele anerkennen, ein Prophet aber wie Moses oder Jesus bekommt nie den Beinamen "Gesandter".]

Mohammed, von einem als Beduinen gekleideten Engel gefragt: "worin besteht das Wesen des Islam?"—antwortete: "zu bezeugen, es giebt nur einen Gott und ich bin sein Gesandter; die Stunden des Gebets innehalten, Almosen geben, den Monat Ramadhan beobachten, und wenn man es kann, nach Mekka pilgern."—"Das ist es," erwiederte der Engel Gabriel, indem er sich zu erkennen gab.

Mit der christlichen Religion hat die mohammedanische das gemein, dass sie die *unbedingteste* Herrschaft über alle Menschen anstrebt, wenn aber jene Herrschaft der christlichen Kirche erst im Mittelalter verloren ging durch die Reformation oder Revolution eines Luther[33], so sehen wir in der mohammedanischen Kirche schon 755 ein Schisma. Es bildet sich nach der Verlegung des Kalifats von Damaskus nach Bagdad ein eigenes vollkommen unabhängiges *westliches* Kalifat, welches im Anfange in Cordova seinen Sitz hatte. Ausser den vielen anderen Religionssecten und Parteien, welche dann den Islam spalteten, wir erwähnen nur der Kharegisten, der Kadarienser, der Asarakiten, der Safriensen, sind in der *rechtgläubigen* mohammedanischen Welt heute diese beiden Kalifate noch zu erkennen.

[Fußnote 33: Die krankhafte Anstrengung des Papstthums, diese Herrschaft bei den Katholiken jetzt wieder herzustellen, darf, wenigstens was die germanischen Völker anbetrifft, als verfehlt and zu spät angesehen werden.]

Der Sultan der Türkei erkennt sich als den rechtmässigen Nachfolger des Kalifats von Bagdad und Damaskus, und da dies Kalifat überhaupt nie als gleichberechtigt bestehend das westliche Kalifat von Spanien und den Maghreb anerkannt hat, so glaubt er der Alleinherrscher aller Mohammedaner zu sein. Es versteht sich von selbst, dass eben so wenig wie Protestanten, Griechen und andere christliche Bekenner von Rom für *rechtmässige* Christen gehalten werden, auch die übrigen Bekenner des Islam, die Schiiten, Aliden, Choms, für rechtgläubige Mohammedaner angesehen werden.

Der Sultan von Marokko als Nachfolger des Kalifats von Cordova erkennt aber keineswegs die Oberherrschaft des Sultans der Türkei an, und eben so wie die Kalifen von Spanien ihre Unabhängigkeit von den Abassiden aufrecht zu erhalten wussten, hat *nie* irgend ein marokkanischer Herrscher des Sultans der Türkei Oberherrlichkeit anerkannt. Im Gegentheil, die jetzige Dynastie der Kaiser von Marokko, die sogenannte *zweite* Dynastie der Schürfa, proclamirt laut und feierlich, dass sie die allein rechtmässigen Herrscher *aller* Gläubigen seien, eben weil sie Abkömmlinge Mohammeds sind. Der Sultan von Marokko betrachtet den Sultan von Constantinopel als einen Usurpator, der nicht einmal arabisches Blut, geschweige das "unseres gnädigen Herrn Mohammed" in seinen Adern habe.

Der echte Marokkaner, wenn er auch das arabische Volk als das bevorzugte, das von Gott auserwählte und besonders beschützte betrachtet, erkennt keineswegs *Nationen* an. Für ihn giebt es nur Mohammedaner, oder wie er selbst in römischer Ueberhebung sagt, "Rechtgläubige Moslemin", Juden, Christen und Ungläubige. Zu den letzteren rechnet er alle solche, die kein "Buch", d. h. die keine göttliche Offenbarung bekommen haben.

Da nun aber von solchen, die ein "Buch" haben, im Koran nur die Juden und Christen erwähnt sind, so werden die Wedas der Inder, die Kings (Bücher des Confucius) der Chinesen und andere als nicht vorhanden betrachtet, und in Marokko gar hat man die Vorstellung, dass die durch "Tausend und eine Nacht" bekannten Länder Hind (Indien) und Sind (China) ausschliesslich den Islam bekennen.

Von den vier rechtmässigen und gleichberechtigten Bekennern des Islam, den Hanbaliten, Schaffëiten, Hanefiten und Malekiten, huldigen die Marokkaner wie in Afrika *alle* Mohammedaner mit Ausnahme der Aegypter, dem malekitischen Systeme. Für diejenigen, welche weniger mit dem Mohammedanismus bekannt sind, führe ich hier an, dass man schon gleich nach dem Tode des Propheten einzusehen angefangen hatte, dass der Koran unmöglich allein allen religiösen Anforderungen, allen Rechtsfragen entsprechen konnte. Im Anfange der mohammedanischen Religion begnügte man sich damit, zweifelhafte Fälle durch Mohammed selbst oder seine Jünger entscheiden zu lassen. Nach des Propheten Tode, nach dem seiner Jünger, sammelte man dann die mündlichen Ueberlieferungen; es ist das die Sunnah, welche im ersten Jahrhundert nach der Hedjra entstand.

Da nun aber noch keineswegs Koran und Sunnah ein regelmässiges System boten, so fühlte man die Notwendigkeit, für Theologie und Jurisprudenz einen solchen festen Anhalt zu bilden, und vier Schriftgelehrte unternahmen diese Arbeit. Jeder lieferte eine Abhandlung über die religiösen Ceremonien, über die Grundsätze, wonach der Moslim sein häusliches Leben einzurichten hat, und sie sonderten die Scheria, d. h. das von Gott selbst gegebene unabänderliche Gesetz, von dem, welches nach dem Willen und Gutdünken der Menschen abgeändert werden kann. Die Abhandlungen dieser vier Schriftgelehrten, obschon sie in vielen äusserlichen Sachen von einander abwichen, wurden alle als orthodox anerkannt und sie bekamen den Namen nach ihren Urhebern.

Der *Malekitische Ritus* nun (Malek ben Anas wurde 712 in Medina geboren, woselbst er 795 starb) verdrängte im Westen von Afrika gegen das Ende des achten Jahrhunderts den Hanefitischen Ritus, und dieser hat sich dort bis auf unsere Zeit erhalten. Neben Malek und hauptsächlich als bester Erklärer der Malekitischen Schriften gilt das Werk von Chalil ben Ischak ben Jacob, der 1422 starb, und aus einer Menge anderer Schriften über Malekitischen Ritus seine Werke zusammengesetzt hat. Sehr hoch gehalten werden in Marokko auch die Schriften des Buchari, der 200 Jahre nach Mohammeds Tode schon die Ueberlieferungen sichtete und von 7275 für wahr gehaltenen und 2000 zweifelhaften mehr als über 2000 falsche ausstiess.

Der Unterschied der Malekiten von den übrigen drei rechtgläubigen Parteien beruht nur auf Aeusserlichkeiten, so namentlich in der Verrichtung bei den Ablutionen, in den Bewegungen beim Gebet, endlich hat Malek vor seinen gelehrten Collegen den Vorzug, dass er denen, die seine Religionsregeln befolgen, entschiedene Erleichterungen gewährt.

Das Sultanat von Marokko als solches wurde gegründet nach dem Untergange des Königreichs von Granada am 2.

Januar 1492, als Ferdinand auf der Alhambra die Fahne von Castilien und des heiligen Jacob aufziehen konnte. Das westliche Kalifat war nun begraben, aber als Erben desselben betrachteten sich von dem Augenblicke an die Sultane von Marokko. Wenn dann noch später bis zur eigentlichen Vertreibung der Mohammedaner aus Spanien ein inniger Zusammenhang mit den afrikanischen Glaubensgenossen blieb, so hatte doch jeder politische Zusammenhang, wie früher schon oft, seit 1492 gänzlich zu existiren aufgehört. Marokko selbst hatte auch freilich nicht die Grenzen, welche es jezt [jetzt] inne hat, seine Ausdehnung wechselte je nach der Macht der regierenden Sultane. Einzelne dehnten ihre Oberhoheit durch die Sahara bis Timbuctu und Senegambien hin aus, und Mascara und Tlemçen haben häufig genug die Oberherrlichkeit derselben anerkannt. Oftmals aber regierten drei Könige oder Sultane neben einander, daher die Namen Königreich Fes, Tafilet, Marokko. Nie aber, wir betonen es, namentlich weil *jetzt* die Pforte auch die Souveränetät über Marokko beanspruchen zu wollen scheint, ist im eigentlichen Marokko, d. h. westlich von der Muluya, irgend wie oder irgend wo ein türkischer Pascha als Regent seines Herrn, des Sultans der Türken, gesehen worden.

Im Allgemeinen sind die Begriffe des Volkes von der mohammedanischen Religion äusserst oberflächlich und verworren. Der gemeine Mann giebt sich auch gar keine Mühe, in das Wesen des Islam einzudringen, und was die Faki und die Tholba, d. h. die Doctoren und Schrifgelehrten [Schriftgelehrten], anbetrifft, so sind diese in Marokko auf einer bedeutend tiefer stehenden Stufe der Gelehrsamkeit, als in den meisten anderen Ländern, wo der Islam herrscht.

Die Lehre von der *Prädestination* zieht sich auch in Marokko durch die ganze religiöse Anschauung hin: "Es stand geschrieben," dass an dem Tage der und der sterben muss, "es stand geschrieben," dass der und der das Verbrechen beging etc. Es würde indess lebensgefährlich sein, einem Thaleb zu sagen: Da Gott *allmächtig* ist und *Alles* erschaffen hat, so hat er doch auch den Teufel geschaffen; oder, der Teufel als gefallener Engel hat doch nur mit *Wissen* und *Willen* Gottes fallen können. Man würde in Gefahr sein, verbrannt zu werden, wenn man einem Faki sagte: Da Gott *Alles* geschaffen hat, so muss er doch auch das *Böse*, die *Sünde*, geschaffen haben; wie erklärst Du das mit der *Allgute* Gottes, Gottes, welcher doch nur der Inbegriff *alles Guten* sein soll? Ein marokkanischer Geistlicher würde nicht antworten "mit unerforschlichen Geheimnissen", die wir nicht zu ergründen vermögen, sondern gleich mit "Feuer und Schwert".

Gott mit "hundert guten Eigenschaften", als "grösster", "allbarmherziger", "allmitleidiger", denkt sich der marokkanische Mohammedaner als ein persönliches Wesen. Obschon der Name Gottes "Allah" immer mit besonderer Betonung und recht sonor ausgesprochen wird, so hat doch das *häufige* Anrufen desselben eine völlige Missachtung nicht nur des Namens, sondern Gottes selbst herbeigeführt. Die eigene Lehre Mohammed's trägt Schuld daran. Während die jüdischen Lehrer vor allen Dingen darauf hielten, den Namen Gottes so wenig wie möglich im Munde zu führen, "Du sollst den Namen des Herrn, Deines Gottes, nicht unnützlich führen; denn der Herr wird den nicht ungestraft lassen, der seinen Namen missbraucht", und die Israeliten hierin so weit gingen, dass der Name Jehovah nur von den Priestern im Tempel ausgesprochen werden durfte, und man für Gott Eloah oder Adonai, d. h. "Herr" im gewöhnlichen Leben, sagte, lehrte die mohammedanische Religion, es ist *verdienstvoll*, den Namen Gottes *so viel als möglich* auszusprechen.

Bei aussergewöhnlichen Versammlungen von Religionsgenossenschaften kann man daher sehen, wie manchmal die Versammelten mit nichts Anderm sich beschäftigen, als wiegend mit dem Körper den Takt zu geben, und jedesmal das Wort "Allah" auszusprechen. Eine Versammlung der religiösen Genossenschaft der Mulei Thaib in Rhadames, der ich dort beiwohnte, behauptete, am selben Abend das Wort "Allah" 70,000 Mal ausgerufen zu haben. Wenn dies nun auch nicht genau dem Worte nach genommen werden muss, denn die Zahlen in grösseren Zusammensetzungen sind überhaupt den Marokkanern ziemlich unbekannte Grössen, so kann ich doch versichern, dass ich sicherlich eine nachhaltige Heiserkeit würde davon getragen haben, wenn ich mit gleicher Regelmässigkeit und Vehemenz eben so oft Allah mitgeschrien hätte.

Allah wird deshalb eigentlich weder geliebt, noch gefürchtet und kaum verehrt, denn wenn auch das Chotba-Gebet Freitags wie die täglichen Gebete an Gott gerichtet sind, so wendet sich doch der Marokkaner, um irgend eine Gunst zu erlangen, um irgend etwas durchzusetzen, an irgend Jemand sonst, nur nicht an Gott.

Wie hat es aber auch anders sein können? Es liegt dem Menschen so nahe, dass er das, was er immer zur Hand hat, was er täglich braucht, anfängt nicht zu beachten, und die Nichtbeachtung ist immer der erste Schritt zur Verachtung. Und in Marokko wird das Geringste, das unbedeutendste Geschäft, ja Dinge, die nach den Gesetzen aller Menschen sündhaft sind, um nicht noch mehr zu sagen, mit der Anrufung Gottes "Bi ism' Allah, im Namen Gottes" begonnen. Mit dieser Redensart steht der Marokkaner auf, ergreift seine Kleidungsstücke, falls er sich derselben ausnahmsweise Nachte entledigt hätte, unternimmt Waschungen, betritt die Strasse, geht damit zur Arbeit, prügelt damit seine Lehrlinge durch, ohrfeigt seine Gattin, empfängt damit ein Almosen, erstickt damit seinen Feind, schwört damit einen falschen Eid, betritt damit die Moschee, legt sich damit schlafen, um in der Regel damit auch seinen letzten Hauch von sich zu geben.

Die Vorstellung, welche man sich von Engeln macht, ist im Wesentlichen der der anderen semitischen Lehre nachgebildet. Die Engel haben einen feinen und reinen Körper; sie essen und trinken nicht, sind geschlechtslos und werden als specielle Diener Gottes betrachtet. Die Befehle Gottes, der unumschränkter Gebieter des Weltalls ist, werden durch die Engel vermittelt. So beginnt die 35. Sure[34]: "Lob und Preis sei Gott, dem Schöpfer des Himmels und der Erde, der die Engel zu seinen Boten macht, so da ausgestattet sind mit je zwei, drei und vier Paar Flügeln."

Als vornehmster wird *Gabriel* betrachtet, der manchmal auch als "Geist Gottes" erwähnt ist; *Michael*, der Engel der Offenbarung, *Azariel* der Todesengel, *Israful* der Engel der Auferstehung. Man glaubt sodann an Geister, *Djenun* (Plural von Djin), welche als aus gröberer Materie gemacht gedacht werden und am jüngsten Tage einem Gerichte unterliegen.

[Fußnote 34: Der Koran von Dr. Ullmann. Bielefeld.]

Man kann nicht sagen, dass in Marokko ein *Teufelcultus* bestände, und als ob man sich überhaupt etwas aus dem Teufel mache. Er wird nicht so oft in den Mund genommen, wie Allah, und ist dem zufolge den dortigen Mohammedanern ziemlich zur Nebensache geworden. Wie bei den meisten Völkern, wird auch hier dem Teufel Alles in die Schuhe geschoben und *"Allah rhinal Schitan, Gott verfluche den Teufel!"* kann man täglich hören. Stösst einer aus Versehen an, schneidet sich einer in den Finger, fällt einer zur Erde, zerbricht aus Versehen ein Gefäss, beschmutzt durch eigene Unvorsichtigkeit sein Gewand, so wird unabänderlicherweise der Teufel verflucht. Als eigenthümlich beobachtete ich, dass, sobald *ein Esel* seine musikalischen Töne ausstösst, es zum guten Ton gehört, sich mit Abscheu wegzuwenden und "Gott verfluche den Teufel" auszurufen. Der Teufel wird *Iblis* oder *Schitan* genannt, und nach der Meinung der Mohammedaner wird er deshalb als gefallener Engel angesehen, weil er sich weigerte, Adam anzubeten[35].

[Fußnote 35: An anderen Orten und Surat 2 im Koran: "Darauf sagten wir zu den Engeln: Fallet vor dem Adam nieder, und sie thaten so, nur der hochmüthige Teufel weigerte sich, er war ungläubig."]

Als Lohn wird den Menschen nach dem irdischen Tode ein Aufenthalt entweder im *Paradiese* oder in der *Hölle* zu Theil. Indess kommen die Abgeschiedenen keineswegs sofort dorthin; sondern erst *nach* dem jüngsten Gericht. Höst[36] sagt S. 197, und dieser Glaube ist auch heute noch in Marokko: "Wenn ein Maure gestorben ist, so glauben die Anderen, dass er gleich im Grabe von zwei Engeln befragt wird, die sie Munkir und Nakir nennen; und wenn er dann als ein echter Moslim zu ihrer Zufriedenheit antwortet, so ruhet der Leib ungestört bis zum Gerichtstage; wo nicht, so schlagen sie ihn mit eisernen Keulen an die Schläfe, und er wird von giftigen Thieren gebissen und übel behandelt. *Die Seelen der Märtyrer verbleiben im Halse der grünen Vögel des Paradieses* bis an den Tag des Gerichts; aber die anderen rechtgläubigen Seelen, die durch den Engel Azariel mit Gelindigkeit vom Körper getrennt werden, halten sich um die Gräber herum auf, ob sie gleich gehen könnten, wohin sie wollen. Für diejenigen Seelen hingegen, die verdammt werden, wissen sie keinen Platz, denn weder Himmel noch Erde will sie annehmen."

[Fußnote 36: Nachrichten von Marokko und Fes, Ton G. Höst. Kopenhagen 1781.]

Endlich naht der *jüngste* Tag, dessen Ankunft durch "Zeichen" angekündigt wird. So soll am Abend vorher die Sonne aufgehen, der zwölfte Imam, der Mehedi verkündet aufs Neue und zuletzt den Islam, und Jesus Christus, die Lehre Mohammed's bekennend, erscheint aufs Neue. Nach dem Glauben der Mohammedaner haben sowohl Moses als auch Christus den wahren Islam gepredigt, nur wir Christen und die Juden haben unsere, respective ihre Bücher gefälscht. Die Mohammedaner verweisen auf verschiedene Stellen des Alten und Neuen Testaments, von denen sie glauben, dieselben enthielten eine Weissagung, einen Bezug auf Mohammed.

Die Trompete erschallt, die Sonne wird verfinstert, die Sterne fallen zur Erde, es herrscht Chaos. Ein zweiter Trompetenstoss ertönt, und Alles auf Erden, was Leben hat, stirbt. Ein 40 Jahre anhaltender Regen soll zum neuen Keimen und Leben rufen, und dann werden die Engel Gabriel, Michael und Israful zuerst erweckt (an anderen Koranstellen lässt Mohammed sie nicht sterben, wie überhaupt die grössten Widersprüche herrschen). *Letzterer sammelt die Seelen in seiner Trompete*, und beim letzten Schall entfliegen sie derselben, um den Raum zwischen Erde und Himmel auszufüllen. Die Länge des jüngsten Gerichtstages wird im Koran verschieden, im 30. Capitel zu 1000, im 70. Capitel zu 50,000 Jahren angegeben.

Nachdem die Menschen von den Engeln Munkir und Gabriel gefragt sind, wiegt Gabriel in einer Waage, die so gross ist, dass sie Himmel und Erde zugleich enthalten kann, die Thaten der Menschen. Ueberwiegen die guten Thaten auch nur *Ein Haar* die bösen, so ist der Eingang in das Paradies gesichert. Ein Mohammedaner, der einem andern Unrecht gethan hat, muss übrigens einen Theil seiner guten Thaten demselben abgeben, hat er gar keine, so übernimmt er dafür des Anderen Sünden. Obschon die Verdammung an vielen Stellen als eine *ewige* geschildert wird, so glaubt man doch nach anderen Andeutungen, wenigstens für die Rechtgläubigen auf eine *zeitweise* Strafe rechnen zu können, "nachdem die Haut 1000 Jahre lang zu Kohle verbrannt ist".

Bei der *Auferstehung* sind die Frommen bekleidet mit Leinwand, die Gottlosen erstehen nackt, und jene, welche unrechtmässig Reichthümer erworben haben, werden als Schweine auferstehen; die, welche Zinsen nehmen, werden

Kopf und Füsse verkehrt tragen. Um einer solchen Strafe zu entgehen, leiht man in Marokko nie auf Zinsen, aber man umgeht das unentgeltliche Darleihen dadurch, dass man z.B. 100 Metkal ausleiht, aber gleich zur Bedingung macht, nach so und zo [so] langer Zeit das *verdoppelte* oder *verdreifachte* Capital zurückzubekommen. Nur so konnte ich mir selbst später am Tsadsee vom Mohammedaner Mohammed Sfaxi 200 Maria- Theresia-Thaler verschaffen; es war Bedingung, 400 zurückzuerstatten; Zeit war hierbei nicht angegeben, aber man verlangte Zahlung auf Sicht in Tripolis, und da die Karavane gleich darauf abging nach dieser Stadt und etwa neun Monate Zeit gebrauchte, so konnte der Darleiher gewiss zufrieden sein.—Die ungerechten Richter, die Mörder, Diebe etc., Alle werden in eigenen Gestalten erscheinen, um ihre Strafe anzutreten. Das Gericht wird lange dauern und Gott wird in Person richten, Mohammed wird Fürbitter sein, Adam, Noah, Abraham und Jesus weisen das Amt der Fürbitte von sich. Auch die Engel, die Geister und die Thiere werden zur Rechenschaft gezogen.

Die Auferstandenen haben, um in den für sie bestimmten Aufenthalt zu kommen, die *Siratbrücke* zu passiren, die so fein wie ein Haar und so schneidig wie ein Messer ist; die frommen Seelen kommen mit telegraphischer Geschwindigkeit hinüber, die Gottlosen stürzen in die Tiefe.

Ehe man ins Paradies gelangt, kommt man zu einer *Mauer*, welche Hölle und Paradies trennt. Diese Mauer wird zugleich als neutrales Gebiet betrachtet und dient als Aufenthalt für Solche, die gleichviel Gutes und Böses, oder überhaupt weder Böses noch Gutes gethan haben.

Das mohammedanische *Paradies* mit den rieselnden Bächen von Milch und Honig, den schwarzäugigen Huris, deren

Leib aus duftendem Bisam besteht, dem Weine, der nicht
berauscht, und den 80,000 Sklaven, die jeder Rechtgläubige
zur Verfügung hat, ist hinlänglich bekannt, und der
Marokkaner schmückt sich nach seiner Art die
Versprechungen, die ihm Mohammed im Koran davon
gemacht hat, noch mehr aus. So wird er dort immer seine
Haschischpfeife haben, und der Haschisch wird ihn nicht
schlaftrunken machen; er wird nicht schwarzäugige Huris
als Dienerinnen haben, sondern *blauäugige, blondlockige
Engländerinnen,* welche nach der Meinung der Marokkaner
diesen Vorzug verdienen. Das Paradies befindet sich über
den sieben Himmeln, unmittelbar unter dem Throne Gottes;
was aber räumlich *über* Gott selbst ist, darüber
nachzudenken ist dem Marokkaner nicht erlaubt.

Nach der Beschreibung der die Hölle vom Paradiese
trennenden Mauer sollte man denken, dass dieses letztere
sich auf gleichem Niveau befände mit der Hölle. Aber wie bei
den übrigen semitischen Religionen und wie bei fast allen
Völkern ist mit der *Hölle* der Begriff des "Tiefen,
Unterirdischen" verbunden. Deshalb sagt man auch, die
Bösen *fallen* von der Siratbrücke. Man stellt sich sodann die
Hölle mit sieben Stockwerken vor; im obersten wohnen jene
Mohammedaner, die auf Fürbitte des Herrn Mohammed
nach einigen tausend Jahren Eintritt ins Paradies bekommen
können. Es ist sodann ein Aufenthalt für die Christen, für
die Juden, für Sabäer, Magier, Ungläubige überhaupt
vorhanden. In das unterste Stockwerk werden die Heuchler
kommen, d.h. Solche, die äusserlich eine Religion,
vornehmlich die mohammedanische, bekannten, aber
innerlich nicht daran glaubten. Die Qualen der Hölle
werden eben so erfinderisch beschrieben, wie bei den
übrigen Völkern, so dass es eine wahre Lust ist, sich
daneben den *allbarmherzigen* Gott zu denken, wie er im
Paradiese in seiner ewig *allgütigen* und *allmitleidigen* Natur auf

diese *seine* Geschöpfe hinabschaut, ohne dass es ihm einfällt in seinem unerforschlichen Rathschlusse, die von ihm verhängten und nach seiner Vorherbestimmung (nach der Lehre Mohammed's ist ja Alles vorherbestimmt) erfolgten Qualen zu lindern oder gar zu beendigen.

Feuer spielt natürlich eine Hauptrolle in der Hölle; die Anzüge sind von Feuer, in den Eingeweiden brennt Feuer, Feuer verkohlt die Haut, Feuerschuhe bekleiden die Füsse; ebenso heisses Wasser (22. Cap.). "Es soll auf ihre Köpfe gegossen werden, wodurch sich ihre Eingeweide und ihre Haut auflösen." Genug von den Freuden des mohammedanischen Paradieses und den Leiden der mohammedanischen Hölle.

Unter dem Schutze des Grossscherifs von Uesan, der mir ein unwandelbarer Freund war, wagte ich einst, einem Thaleb, der mit glühenden Farben die Köstlichkeiten des Paradieses der Gläubigen mir ausmalte, zu erwiedern: "wenn aber Ihr Marokkaner Alle Anspruch macht, ins Paradies zu kommen, so will ich lieber nach dem Orte kommen, der den Christen angewiesen wird." Da mein Beschützer zu lachen anfing, lachten Alle pflichtschuldigst über die Abfertigung, die der Thaleb erhalten hatte, mit. Ich konnte mir damals in Uesan eine solche Aeusserung erlauben, weil ich nach den Worten Mohammed's als *übergetretener* Christ den Vortritt vor den übrigen Moslemin hatte. Wenn Mohammed von Vortritt spricht, meint er darunter den in das Paradies.

Folgendes ist die unwandelbare Lehre, wie sie von Gott durch die Propheten den Menschen vermittelt worden ist; sind Juden und Christen später von diesem Islam abgewichen und haben die Bücher verfälscht, so war es die Hauptaufgabe Mohammed's, die reine Lehre wieder herzustellen. Mohammed lässt verschiedene Offenbarungen zu seit der Erschaffung der Welt, und unter den Propheten

giebt es verschiedene Rangstufen. Zu den ersten gehören
Adam, Noah, Abraham, Moses und Jesus. Es kommen
sodann Patriarchen und Propheten, welche vollkommen
heilig und sündlos auf Erden lebten. Nach der Meinung der
Marokkaner giebt es 104 heilige Schriften[37], von denen auf
Adam 10, auf Seth 50, auf Edris oder Enoch 30, auf
Abraham 10, auf Moses 1, auf David 1, auf Jesus 1 und auf
Mohammed 1 kommen. Bis auf die vier letzten sind alle
anderen verloren gegangen, und bis auf das letzte, den
Koran, die drei noch übrig gebliebenen gefälscht. Damit der
Koran nicht gefälscht werde, darf er nur *geschrieben* und in
arabischer Sprache verbreitet werden. Ein gedruckter Koran
ist daher in Marokko schlecht angesehen; gleichwohl
machte ich dem Grossscherif einen solchen sowie ein Altes
und Neues Testament in arabischer Sprache zum Geschenk,
und er nahm sie gern an. Aus demselbsn [demselben]
Grunde, d.h. um den Koran verstehen zu können, müssen
aller *nichtarabischen* Völker Schriftgelehrte Arabisch lernen.
Ein Versuch, den die Marokkaner selbst machten, den Koran
ins *Berberische* zu übersetzen, da die überwiegende Mehrzahl
der Marokkaner Berber sind, scheiterte vollkommen an dem
Fanatismus der arabischen Tholba; die schon übersetzten
Exemplare wurden verbrannt.

[Fußnote 37: Siehe Jackson, Account of Marocco, p.
197.]

Unter den Propheten erkennt Mohammed Jesu den ersten
Platz zu; er glaubt, dass Jesus der Sohn Mariä sei und dass
diese auf wunderbare Weise empfangen habe. Er glaubt
weiter, dass die Juden Jesum nicht kreuzigten, sondern eine
andere Person unterschoben. Die Auferstehung und die
Höllenfahrt werden also vollkommen von den
Mohammedanern geleugnet. Indess glauben sie, dass Jesus
lebendig gen Himmel empor gestiegen sei; und ebenfalls

wird er, wie schon erwähnt, zum jüngsten Gericht zurück
erwartet. —

Ein Haupterforderniss ist das *Gebet*; aber kein Gebet ist
gültig, wenn nicht vorher eine Abwaschung des Körpers,
d.h. eine bestimmte Ceremonie, vorgenommen worden ist.
Man unterscheidet in Marokko wie überhaupt bei den
Mohammedanern die *grosse Abwaschung*, el odho el kebir[38];
die *kleine*, el odho el sserhir; *die Abwaschung mit Sand*, el
timum, und das blosse *Fingiren des Waschens*, el chofin. Diese
Abwaschung wird in verschiedener Weise bei den vier
rechtgläubigen Riten vorgenommen, aber nach einer der
vorgeschriebenen Normen *muss* die Ablution verrichtet
werden. Würde man z.B. zuerst das *linke* Auge auswaschen,
wenn es erforderlich ist, dass vorher das rechte gewaschen
werden soll, dann ist die ganze Ablution *batal*, d.h.
umsonst, und es kann nicht gebetet werden. Würde man
z.B. um den Mund auszuspülen, dies mit der linken statt
mit der vorgeschriebenen rechten Hand thun, so *taugt die
ganze Ablution* nichts. Jeder Körpertheil kommt nach
vorgeschriebener Ordnung an die Reihe, und je nachdem wird
die *rechte* oder *linke* Hand zum Abwaschen benutzt. Die
grosse Abwaschung unterscheidet sich von der kleinen
dadurch, dass man bei jener den *ganzen* Körper einer
Reinigung unterzieht, bei dieser indess nur die Theile des
Körpers abwäscht, welche man, ohne sich der
Kleidungsstücke zu entledigen, einer Wäsche unterziehen
kann. Bei der Waschung mit Sand reibt man sich natürlich
nicht buchstäblich mit Sand ab, sondern legt die Hände auf
den reinen Erdboden und *fingirt* die Waschung. Auch hier
muss streng die *Reihenfolge* der abzuwaschenden Theile inne
gehalten werden. Bei *unreinem* Boden und wenn kein Wasser
vorhanden ist, berührt man irgend einen Gegenstand, eine
Wand, einen Stein, und fingirt dann die Ablution; es ist dies

was man *el chofin* nennt. Malek, der überhaupt duldsamer als die übrigen drei mohammedanischen Gelehrten ist, erlaubt auch das *timum* und *el chofin* da, wo *Wasser* vorhanden ist; deshalb findet man in den meisten marokkanischen Moscheen, namentlich in allen Djemen der Oasen, *Steine*, welche umfasst werden, nach welcher Umfassung sodann die Ablution vor sich geht.

[Fußnote 38: Höst S. 204 sagt: Die grosse Abwaschung heisst Ergasel. Es ist dies ein Irrthum; Ergasel bedeutet jede beliebige Abwaschung, aber keine *religiöse*; wenigstens habe ich in Marokko dies Wort nie in diesem Sinne gebrauchen hören, obschon ich selbst täglich die Ceremonien mitzumachen hatte.]

Das Gebet der Marokkaner ist keineswegs ein solches nach dem Sinne solcher Christen, welche darunter vorzugsweise einen freien Herzenserguss, einen selbständigen Gedankenausfluss, eine aus eigenem Herzen entspringende Bitte an Gott sehen, sondern vielmehr ein bestimmt auswendig Gelerntes, und eine mit *bestimmt* vorgeschriebenen Ceremonien verknüpfte Handlung. Es kann daher bei den Marokkanern nach christlicher Auffassung von keinem eigentlichen Gebet die Rede sein, sondern nur von Gebets*übungen*, von Gebetsceremonien; und so muss man es wohl für alle Mohammedaner auffassen, indem die dabei vorkommenden Ceremonien und Verbeugungen für Alle *bestimmt vorgeschrieben* sind. Fehlt eine dieser Ceremonien, würde man z.B. sich statt nach Mekka nach einer andern Richtung wenden, oder würde man es unterlassen; sich nach der und der Stelle zu Boden zu werfen, so ist das Gebet ungültig; es steigt dann nicht zu Gott auf.

Man unterscheidet das *Morgengebet*, essebah, das *Mittagsgebet*, *eldhohor,* das *Nachmittagsgebet, elassar,* das *Abendgebet, el maghreb,* und das *Nachtgebet, elascha.* Die so häufige Wiederholung der Gebetsübungen ist im Anfange des Islam auf zähen Widerstand gestossen, später gewöhnte man sich daran, so wie sich der Soldat an Disciplin gewöhnt. Und dadurch, dass Mohammed überall das Beten erlaubt, und das Gebet auf der Strasse oder im freien Felde für ebenso verdienstvoll gilt, als das in der Moschee, und vom Gebet im "stillen Kämmerlein" im Koran nirgends die Rede ist, dadurch hat sich nach und nach ein Pharisäismus in die mohammedanische Religion eingeschlichen, der anderen Leuten ganz ungeheuerlich vorkommen muss. Namentlich in Marokko hat sich *unter dem Systeme der Unfehlbarkeit des Sultans* eine entsetzliche Scheinheiligkeit und Heuchelei aller Classen bemächtigt. Der gewöhnlichste Marokkaner versteht es, sich beim Beten derart den Schein der Andacht, der Heiligkeit zu geben, er weiss seiner Stimme derart einen näselnden Ton, einen feierlichen Klang beizulegen, er wendet derart seine Augen gen Himmel und scheint überhaupt so sehr seinen ganzen Körper dem nichtigen, irdischen Dasein zu entrücken, dass man glauben sollte, er zerflösse vor Heiligkeit. Und doch ist er nichts weniger als fromm; die Worte, die er an Allah richtet, versteht er kaum, falls er nicht sehr gebildet ist. Das koranische Arabisch unterscheidet sich vom Neuarabischen und namentlich vom Magrhebinischen eben so sehr, wie das Lateinische von den neueren romanischen Sprachen. Man hält in Marokko darauf, beim Beten *gesehen* zu werden, man hält in Marokko auch darauf, recht *laut die vorgeschriebenen* Worte auszusprechen, damit man ja, falls man übersehen wird, gehört werde. Da es nicht nöthig ist, genau die Zeit des Gebetes inne zu halten, die Gebete aber nachgeholt werden müssen, so trifft man allerorts, auf allen Plätzen, auf allen Strassen, in allen Moscheen Leute, die ihre Gebetsübungen verrichten. Besucht man einen Marokkaner, so kann man sicher sein, dass unter hundert neunundneunzig den Gast einen Augenblick zu warten bitten, "damit ein nachzuholendes Gebet erst verrichtet werde." Man will damit documentiren, dass man fromm sei! Recht eifrige Leute, namentlich Brüder einer religiösen Innung, pflegen ausser den vorgeschriebenen Gebetsceremonien noch andere zu bestimmten Tageszeiten abzuhalten, z. B. vor dem Morgengebet das Morgenrothgebet *Fedjer*; um die Zeit des *Dhaha*, d.h. zwischen dem Morgen- und Mittagsgebete, das Dhahagebet; das *eschefah*- und *uter*-Gebet nach dem *el ascha* etc.

In den Städten wird von den Thürmen der Moschee die Gebetsstunde durch Aufziehen einer weissen am Freitage zum Chotbagebet einer *dunkelblauen* Fahne angekündigt, ausserdem ruft der *Muden* von den Thürmen zum Gebet auf. Auch dieser Aufruf ist bestimmt vorgeschrieben und beginnt nach Osten, um durch Süden, Westen und Norden wieder gen Osten beendigt zu werden. Die Worte lauten: "Gott ist der Grösste, Gott ist der Grösste, ich bezeuge, es giebt nur Einen Gott, ich bezeuge, es giebt nur Einen Gott, Mohammed ist sein Gesandter, Mohammed ist sein Gesandter[39]; kommt zum Gebet, kommt zum Gebet, kommt in den Tempel, kommt in den Tempel, Gott ist der Grösste, Gott ist der Grösste, es giebt nur Einen Gott!"

[Fußnote 39: Vor dem Morgengebet werden die Worte "das Gebet ist besser als der Schlaf" eingeschaltet.]

Das Gebet selbst zerfällt in Anrufung, verschiedene Rikats und Gruss[40] und wird folgendermassen bei den Malekiten abgehalten:

[Fußnote 40: Siehe Ali Bey el Abassi, Voyage en Afrique etc. I, p. 153.]

Die Anrufung: Körper gerade und beide Hände erhoben bis zur Höhe der Ohren, "Gott ist der Grösste!"

Erstes Rikat und erste Position: Aufrecht, die Hände fallen herab, und man sagt das erste Capitel des Koran her. "Lob und Preis dem Weltenherrn, dem Allerbarmer, der da herrschet am Tage des Gerichts. Dir wollen wir dienen, und zu Dir wollen wir flehen, auf dass Du uns führest den rechten Weg, den Weg derer, die Deiner Gnade sich freuen, und nicht den Weg derer, über welche Du zürnest, und nicht den der Irrenden."—Es folgt jetzt ein Koranvers, z.B. "Gott ist der einzige und ewige Gott. Er zeugt nicht und ist nicht gezeugt, und kein Wesen ist ihm gleich."

Zweite Position: Man verbeugt sich, die Hände auf die Knie stützend, und ruft: "Gott ist der Grösste!" Dritte Position, sich wieder aufrichtend: "Gott hört, wenn man ihn lobt." Vierte Position, niederknieend berührt man mit beiden Händen, mit der Stirn und Nasenspitze die Erde und ruft: "Gott ist der Grösste!" Fünfte Position: Man setzt sich auf die zurückliegenden Waden, legt die Hände auf die Schenkel und ruft: "Gott ist der Grösste!" Sechste Position: Man berührt abermals mit Händen, Stirn und Nasenspitze den Boden und ruft: "Gott ist der Grösste!" Siebente Position: Man richtet sich auf und ruft stehend! "Gott ist der Grösste!"

Zweites Rikat: Die ersten sechs Stellungen werden wiederholt, nach der sechsten bleibt man sitzen und spricht: "Die Nachtwachen sind für Gott, wie auch die Gebete und Almosen; Gruss und Friede sei Dir, o Prophet Gottes; Gottes Mitleid und Segen ruhe auf Dir. Heil und Friede komme auf uns und alle Diener Gottes, die gerecht und tugendhaft sind. Ich bezeuge, es giebt nur Einen Gott, ich bezeuge, dass Mohammed sein Diener und Gesandter ist!" Hat das Gebet nur zwei Rikats, so fügt man noch hinzu, indem man in derselben Stellung bleibt und dabei immer den rechten

Zeigefinger kreisförmig bewegt: "Und ich bezeuge, Er war es, der Mohammed zu Sich rief, und ich bezeuge die Existenz des Paradieses, die der Hölle, die des Sirat (Brücke), die der Wage und die des ewigen Glückes, welches denen gewährt werden soll, welche nicht zweifeln und die wahrhaftig Gott aus dem Grabe erwecken wird. O, mein Gott, giesse Deinen Segen auf Mohammed und Mohammed's Nachkommen aus, wie Du Deinen Segen auf Abraham ausgegossen hast; segne Mohammed und die von Mohammed Stammenden, wie Du Abraham und die von Abraham Stammenden gesegnet hast. Die Gnade, das Lob und die Erhebung zum Kuhme sind in Dir und bei Dir."

Der Gruss und Schluss: Man bleibt sitzen, wendet das Gesicht erst links, dann rechts, erhebt etwas die Finger beider auf den Schenkeln ruhenden Hände und ruft: "Friede sei mit Euch!"

Fedjer und Esebah haben zwei, Dhohor und l'Asser vier, Magrheb drei, l'Ascha vier, l'Eschefa und l'Uter drei Rikats. Recht fromme Leute, namentlich solche, die sich gern beten sehen und hören lassen, die sich den Ruf eines "Heiligen" erwerben wollen, machen ausserdem fünf, sechs und noch mehr Rikats.

Der Freitagsgottesdienst, das Chotbagebet, wird in der Regel eine Stunde nach Mittag verrichtet. Nach vorhergegangener Ablution geht Jeder in die Moschee und betet für sich ein aus zwei Rikats bestehendes Gebet und setzt sich. Es dauert nicht lange, so erscheint ein Fakih, besteigt den Mimbr, ein Gerüst, ähnlich einer Treppe, und beginnt mit näselnder Stimme eine Art Predigt *abzulesen*. In seiner Rechten hat er einen langen Stock, aber auch nur in diesem Augenblicke des Treppenbesteigens, denn sobald er dieselbe verlässt, wird der der Moschee zugehörende übrigens werthlose Stock in eine Ecke gestellt. Die Fakihs und Tholba (Schriftgelehrten) der Marokkaner unterscheiden sich keineswegs in der Kleidung von ihren übrigen Glaubensgenossen. Da überhaupt Jeder, der lesen und schreiben kann, *Thaleb*, Jeder, der den Koran lesen und interpretiren kann, *Fakih*, d.h. *Doctor* ist, so halten die Tholba und Fakih, die sich speciell mit der Bedienung der Moscheen befassen, es nicht für nothwendig, sich durch besondere, z.B. *schwarze Tracht* auszuzeichnen; sie würden es auch nicht wagen, da in Marokko sich Jeder wenigstens eben so fromm und von Gott geliebt glaubt, als sein Nächster, *innerlich* sogar Jeder sich wohl für am frömmsten hält. Es mag anderen unbefangenen Menschen dies unglaublich vorkommen, aber die fanatische Dummheit in Marokko ist so gross, dass man der festen Ueberzeugung lebt, jedwede Sünde begehen zu können, wenn man nur mit dem Munde bereut und mit dem Munde durch Gebete seine Reue kund thut.

Wirkliche Gebete, d. h. improvisirte, selbstgemachte, von Herzen kommende Anreden an Gott, meistens Wünsche und Bitten enthaltend, giebt es auch. Erfleht der Marokkaner etwas, so hält er beide Hände zumal offen gen Himmel, als ob er etwas empfangen wollte; auf dieselbe Art wird auch der Segen erfleht. Selbst ein Scherif, d. h. ein Abkömmling Mohammed's, erflehet den Segen für sich oder für die Menge derart, d. h. die Hand offen haltend. Der Mohammedaner würde es als grosse Sünde ansehen, wenn ein Mensch sich vermässe, die Hand umzudrehen, um den Segen zu ertheilen, wie es bei den Christen Sitte ist.

Aber "das Gebet führt nur halbwegs zu Gott, die Fasten fuhren uns vor die Thore seines Palastes und das Almosen verschafft uns Einlass."

Es giebt verschiedene den Mohammedanern vorgeschriebene *Fasttage*, in Marokko werden sie indess nur von aussergewöhnlich fromm sein wollenden Leuten gehalten, jeder aber ist verpflichtet, den ganzen Monat Ramadhan zu fasten: *Bruch wird mit dem Tode bestraft.* Sobald der Neumond von zwei des Lesens und Schreibens kundigen Leuten in einem Orte gesehen worden, ist für *den* Ort der Ramadhan angegangen. Da nun manchmal der Himmel an einigen Stellen bewölkt ist, so treten dort die Fasten einen Tag später ein; da die Marokkaner wie überhaupt die Mohammedaner, *was das Religiöse anbetrifft*, nach Mondsmonaten rechnen, so muss, falls *immer* der Himmel bewölkt bliebe, nach Ablauf von 30 Tagen des vorhergehenden Monats der 31. der erste Tag des Rhamadhan sein.

Von Morgens bis Abends, d.h. sobald man in der Morgen- oder Abenddämmerung einen weissen von einem blauen Faden unterscheiden kann, ist sodann jeder materielle Genuss untersagt. Nicht nur dass man nicht essen, trinken, rauchen oder schnupfen darf, muss auch in dieser Zeit der Umgang mit Frauen, überhaupt jeder Sinnengenuss gemieden werden. Ja in Marokko geht man so weit, das Riechen an eine Blume, das Ergötzen des Auges an einer schönen Landschaft und das Anhören von Musik für Sünde zu erklären. In diesem Monat erhielt Mohammed den Koran vom Himmel, und zwar am 27. des Monats. Diese Nacht wird daher besonders gefeiert. Es giebt Einzelne, die sich derart kasteien, dass sie Tag und Nacht in der Djemma bleiben, sich Nachts nur etwas Brot und Wasser bringen lassen. Solche Heilige nennt man Elatkaf. Man kann sich denken, dass namentlich in der ersten Zeit des Ramadhan, wo der Magen sich noch nicht an eine solche Ordnung gewöhnt hat, diese ganze Lebensweise Einfluss auf das Gemüth des Menschen hat. Streitigkeiten, Processe, Prügeleien und Ehescheidungen sind immer am häufigsten in der ersten Hälfte des Ramadhan.

Der Reiche entbehrt übrigens gar nichts, er führt nur eine umgekehrte Lebensweise; denn Nachts entschädigt er sich durch Essen und Trinken reichlich. Nachts sind überhaupt alle Genüsse erlaubt, indess pflegen manche Schnapstrinker während des Ramadhan sich geistiger Getränke zu enthalten; Opiumesser, Haschisch- und Tabacksraucher können, übrigens ohne dass man Anstoss daran nimmt, ihren Leidenschaften fröhnen. Nachts dürfen auch Hochzeiten im Ramadhan gefeiert werden, obschon auch dies selten vorkommt. Die Moscheen sind um die Zeit hell erleuchtet, die Buden und Gewölbe in den Strassen ebenfalls, die Kaffeehäuser stark besucht; überall hört man ausgelassenen Lärm, und besonders in der Nacht des 27. Ramadhan.

Bricht einer aus Versehen den Ramadhan, d.h. er wäre z.B. ins Wasser gefallen und hätte dabei einen Schluck Wasser getrunken, so muss er nachfasten. Es brauchen den Ramadhan nicht zu halten schwangere Frauen, solche, die säugen, Kinder unter 13 Jahren, alte Leute, Kranke und Reisende. Ebenfalls ausgenommen sind die Wahnsinnigen. Kranke und Reisende sind verpflichtet, die Fasten nachzuholen, was aber in der Regel unterbleibt. Früher wurde der Anfang und das Ende der täglichen Fasten durch Hornsignale von den Thürmen der Djemma dem Volke mitgetheilt, heute geschieht dies in den meisten marokkanischen Städten wie im Orient durch einen Kanonenschuss.

Im zweiten Capitel des Koran heisst es an verschiedenen Stellen, wo vom Almosen die Rede ist: "O, Ihr Gläubigen, gebet Almosen von den Gütern, die Ihr erwerbet, und von dem, was wir aus der Erde Schooss wachsen lassen; suchet aber nicht das Schlechteste zum Almosen aus, solches, was Ihr wohl selbst nicht annehmet, es sei denn, Ihr werdet getäuscht." Und etwas weiter hin: "Machet Ihr Eure Almosen bekannt, so ist's gut, doch wenn Ihr das, was Ihr den Armen gebet, verheimlicht, so ist es besser; dies wird Euch von allem Bösen befreien. Gott kennt, was Ihr thut! Was Ihr den Armen Gutes thut, wird Euch einst belohnt etc." Diese und sehr viele andere Stellen des Koran (fast in jedem Capitel ist die Rede davon) zeigen, wie grosses Gewicht Mohammed auf die Mildthätigkeit legte, und wenn der unparteiische Mensch auch Vieles in der Lehre Mohammed's findet, was gegen die allgemein von civilisirten Völkern angenommenen Sitten verstösst, so muss man ihm dies hingegen hoch anrechnen. Norm ist in Marokko, den zehnten Theil aller der Güter den Armen abzugeben, welche von Ländereien hervorgebracht, oder aus Waaren erlöst sind, die man über ein Jahr im Besitz hat. Viehheerden gehören ebenfalls hierher. Dieser Zehnte wird vom Sultan von Marokko eingefordert. Die Armen bekommen nichts davon, wenn nicht dahin zu rechnen ist, dass der Sultan den Schürfa (Scherifen) von Tafilet und Mekka jährlich Geschenke macht, aber diese Schürfa sind keineswegs hülfsbedürftig. Man nennt diese Almosen *el-aschor*. Eine andere Art Almosen wird *Sakat* genannt und besteht darin, dass man am ersten Tage des Monats Schual am Feste des *aid el sserir* vor Sonnenaufgang den Armen je nach seinen Kräften Gerste, Weizen, Datteln etc. zum Geschenk macht, damit auch sie das Fest würdig begehen können. Die gewöhnliche Art, Almosen zu geben, *Ssadakat* genannt, besteht, wie bei uns, in täglichen Gaben, die man Hülfsbedürftigen und Bettlern giebt, welche den Vorübergehenden im Namen irgend eines Heiligen anrufen, oder auch selbst von Haus zu Haus gehen.

Das letzte Erforderniss des Islam, *das Pilgern nach Mekka*, ist nicht unumgänglich nothwendig und wird in Marokko im Ganzen selten ausgeführt. Die Pilger bekommen nach vollführter Wallfahrt den Titel *el Hadj*, d.h. Pilger, und sind dann sehr geachtet. Man kann übrigens für Geld einen Andern für sich pilgern lassen; so lassen die Sultane von Marokko stets für sich einen andern Mann nach Mekka wallfahrten. Stirbt ein reicher Mann, ehe er Mekka gesehen, so miethen die Nachkommen bisweilen einen Mann, der nachträglich das Geschäft für Geld besorgen muss. Manchmal bemächtigt sich unter diesem Vorwande der Kaid oder Bascha eines grossen Theils der Hinterlassenschaft eines reichen Mannes, um von *Amtswegen* das nachträgliche Pilgern besorgen zu lassen.

Die grossen *Karawanen*, welche ehemals von Fes aus nach Mekka fortzogen, haben jetzt ganz aufgehört, nur in Tafilet sammelt sich noch ein Häuflein, um den weiten beschwerlichen Marsch durch die Sahara, wobei fast immer die Hälfte zu Grunde geht (ein solcher Tod auf der Pilgerschaft ist aber sehr verdienstvoll und verschafft directen Eintritt ins Paradies), zurückzulegen. Jetzt fahren die meisten Marokkaner mit Dampfschiffen nach Djedda, und allmälig gewöhnt man sich daran, eine solche Wallfahrt mit Dampf für eben so heilig und verdienstvoll zu halten, als eine zu Fuss zurückgelegte. Es würde hier zu weit führen, die endlosen Ceremonien einer solchen Wallfahrt zu beschreiben, uns genüge diese kurze Auseinandersetzung. Wir wollen noch weiter in Marokko selbst die Entwickelung der mohammedanischen Religion verfolgen.

Was die *religiösen Festtage*, die Feiertage Marokko's, anbetrifft, so gelten im Allgemeinen dieselben Regeln, wie in den übrigen mohammedanischen Ländern. Indess ist nirgends Zwang, irgendwie an einem Feiertage die Arbeit einzustellen, oder Handel und Wandel zu beschränken. So sehen wir namentlich, dass Freitags, welcher Tag bei dem Mohammedaner dem Sabath der Juden, dem Sonntage der

Christen entspricht, Niemand daran denkt, irgend wie seine Arbeit einzustellen, seinen Verkaufsladen zu schliessen, oder sonst seine tagtägliche Beschäftigung zu unterlassen. Nur während der Zeit des Chotbagebetes liegt Alles still in den Städten, weil jeder Städter aus *eigenem Antriebe*[41], dann auch weil das Gesetz es erheischt, diesem Gebete in der Djemma beiwohnt.

[Fußnote 41: Aus eigenem Antriebe, d.h. wer ohne Grund Freitags das Chotbagebet zweimal hinter einander versäumt, muss der Djemma, zu der er gehört, Strafe zahlen; dies gilt natürlich nur für Städter.]

Die Feste religiöser Art, welche in Marokko gefeiert werden, sind im Monat Rebi-el-ual das Geburtsfest Mohammed's, *Mulud* genannt, am 12. des genannten Monats. Dies Fest dauert sieben Tage, aber nur der erste Tag wird durch einen besondern Gottesdienst in der Djemma gefeiert. Gefastet wird nicht, aber viel Musik gemacht, Pulver verschwendet und Phantasia geritten.

Das kleine Fest, *aid el sserir*, beendigt den Fastenmonat Ramadhan; es findet vom 1. bis zum 7. Schual statt. Bei diesem Feste werden, wie schon erwähnt, grosse Almosen gegeben, und man hält sodann ein grosses öffentliches Gebet im Freien. Zu dem Ende hat jede Stadt in Marokko ausserhalb des Weichbildes einen gemauerten, weiss angekalkten Gebetsplatz, *Emssala* genannt. Eine 5 bis 6 Fuss hohe crenelirte Mauer, 20 Schritt lang, hat in der Mitte einen steinernen *Mimbr*, d. h. eine Treppe, die für den Fakih, der die Predigt hält, bestimmt ist. Darf man Ali Bey Glauben schenken, so wohnte er einem solchen Gottesdienste bei, wo zu gleicher Zeit 250,000 Menschen sich vor Gott zur Erde beugten; es war dies in Fes zur Zeit der Regierung des Sultans Sliman. Ich wohnte in Uesan einem solchen religiösen Feste zweimal bei; der Grossscherif, Sidi-el-Hadj Abd- es-Ssalam, war die Hauptperson dabei; im Ganzen mochten 20,000 Menschen anwesend sein. Nach der Predigt und nach dem Gebete war ein grosses *lab-el-barudh*, d. h. ein *Pferdewettrennen* mit Flintenschüssen. Dies Fest findet am 1. Schual statt; die übrigen sechs Tage zeichnen sich nur dadurch aus, dass man aussergewöhnlich grosse Quantitäten Nahrung zu sich nimmt und dem süssen Nichtsthun huldigt.

Am 10. Dulhaja ist das grosse Fest oder *aid el kebir* zur Erinnerung des Opfers Abraham's; zugleich ist es jetzt für die, welche nicht nach Mekka pilgern, eine Mitfeier des dort stattfindenden grossen Festes. Dasselbe dauert drei Tage. Man verrichtet zuerst sein Gebet in der Moschee und geht sodann nach Hause, um ein Schaf zu opfern, d. h. zu schlachten und zu verspeisen. In nicht reichen Familien hält man für genügend, ein Schaf für Alle zu schlachten, in reichen Familien aber opfert jedes männliche Mitglied ein Thier. Der ganz arme Mann holt sich sein Viertel bei dem Reichen, kurz, an dem Tage ist Niemand ohne Fleischkost in Marokko. Höst meint, dass an jenem Tage in Fes 40,000, in Maraksch 20,000 Schafe geschlachtet werden, und nach der Zahl zu urtheilen, die in Uesan geopfert wurden (Sidi-el-Hadj Abd-es-Ssalam z. B. liess von einem seiner Duar 500 Schafe zum Opfern bloss für seinen Haushalt nach Uesan kommen), möchte ich glauben, dass jene Zahlen eher zu niedrig als zu hoch gegriffen seien. An diesem Tage werden dem Sultan ebenfalls grosse Geschenke gemacht, von jeder Stadt und jeder Ortschaft. Die beiden folgenden Tage zeichnen sich ebenfalls durch Schmausereien aus, und Unverdaulichkeit, allgemeines Kranksein und Unfähigkeit, irgend etwas zu thun, sind immer Folge dieser Feier, namentlich für solche, die so wenig an animalische Kost gewöhnt sind, wie die Marokkaner.

Ein halb religiöses, halb weltliches Fest ist das *aid el tholba*, das Fest der Schriftgelehrten. Es findet im Frühjahr zur Zeit der Tag- und Nachtgleiche statt; sämmtliche Tholba und Fakih ziehen zur Stadt hinaus und lagern während einer Woche unter Zelten. Obschon Koranlesen und Beten der ursprüngliche Zweck dabei sein soll, konnte ich davon in der heiligen Stadt Uesan, aber vielleicht gerade *weil* Uesan eine heilige Stadt ist, nichts merken; im Gegentheil, bei Tage beschäftigten sich die Doctoren und Schriftgelehrten damit, Almosen zu empfangen in Gestalt von Geld, Thee, Zucker, Lebensmitteln aller Art und leckeren Gerichten, welche die andächtigen Frauen aus der Stadt heraussandten. Inzwischen wurde enorm gegessen, und wenn Abends profane Blicke der Bauern aus der Umgegend nicht zu befürchten waren, gab man sich fleissig dem Wein und Schnaps hin. War am andern Morgen ein Doctor oder Schriftgelehrter durch Trunkenheit oder Katzenjammer unfähig, sich irgend wie vernünftig mit Almosen bringenden Leuten aus dem Gebirge und der fernen Umgegend zu unterhalten, so *wuchs sein Ruf*, man glaubte, er habe sich durch Nachtwachen derart in einen überreizten und heiligen Zustand versetzt, dass er dem gewöhnlichen Erdenleben entrückt sei.

Wir haben oben bemerkt, dass in Marokko nur rechtgläubige Mohammedaner malekitischen Bekenntnisses sind, denn die wenigen *Choms* (eine nicht den vier orthodoxen Secten huldigende fünfte Partei) im Gebirge sind kaum erwähnenswerth. Aber in dieser malekitischen Sekte haben sich nun wieder zahlreiche *religiöse Genossenschaften* gebildet, religiöse Innungen, so dass man fast sagen kann, ein jeder Marokkaner gehört einer solchen an.

In gewisser Beziehung haben solche religiöse Verbindungen Aehnlichkeit mit den christlichen, besonders insofern, als ihnen speciell eine gewisse Verpflichtung obliegt, gewisse Privatgesetze gemein sind, Viele noch besondere additionelle Gebete verrichten, gewisse Fasten halten, mancher Speise insbesondere sich enthalten. Sie unterscheiden sich aber am deutlichsten von christlich-religiösen Genossenschaften dadurch, dass jedes Mitglied einer solchen Innung[42] verheirathet ist, weil Mohammed das Heirathen an und für sich als verdienstlich und gut hinstellt. Leute unter den Mohammedanern, die nicht verheirathet sind, werden daher unter allen Umständen verächtlich angesehen.

[Fußnote 42: Mir wurde in ganz Marokko nur von einer religiösen Genossenschaft Kunde gegeben, deren Mitglieder *unverheiratet* sein mussten, diese nannten sich *Fokra el mulei Abd Allah el Scherif* in Uesan. Diese Brüderschaft war äusserst schwach, die Mitglieder waren alle gelehrt und (dem Anscheine nach) sittenreine Leute. *Leo*, Bd. I, S. 251, Ausgabe von Loosbach, spricht aber von den sogenannten Romiti (Marabuten), welche ebenfalls nicht heirathen dürfen, aber deren Lebenswandel nach seiner Beschreibung eben nicht sehr erfreulich und tugendhaft gewesen sein soll.]

Die verschiedenen religiösen Genossenschaften zu beschreiben werde ich andernorts Gelegenheit haben, hier genüge, dass die vornehmste religiöse Innung die der *Muley Thaib* in Uesan ist, die ausgebreitetste im ganzen Nordwesten von Afrika. Es kommt sodann die Corporation der *Sidi Hammed ben Nasser* mit dem Centralsitze von Tamagrut in der Draa-Oase; die der *Sidi Abd-es-Ssalam-ben-Mschisch* mit der Hauptstadt Sauya, im Djebel Habib, südöstlich von Tanger; die von *Sidi Mussa* in Karsas, und viele andere. Ohne religiöses Centrum, Sauya[43], sodann ist der Orden der *Aissauin*, d. h. der Jesuitenorden, zu erwähnen. Da wir gleich auf letztere etwas näher eingehen wollen, erwähne ich nur, dass alle übrigen religiösen Genossenschaften als alleinigen Zweck haben, *sich die Menschen zu unterwerfen und dieselben auszubeuten.* Indem sie vorgeben, dass wer ihrem Orden beitrete, d. h. die und die Ceremonie mitmache, dies oder jenes Gebet ausserdem verrichte, an die Fürbitte dieses oder jenes Heiligen besonders glaube, den oder jenen Festtag extra halte und, worauf es besonders ankommt, freiwillige oder bestimmte Gaben der Sauya oder dem Oberhaupte darbiete, suchen sie sich mehr oder minder der Herrschaft über die Geldbeutel und damit über die Leute selbst zu bemächtigen. Aeusserlich unterscheiden sich die Genossen einer religiösen Innung von denen einer andern nicht, höchstens findet man einen Unterschied im Rosenkranz. Die Mohammedaner haben mit den Katholiken gemein die Hantirung eines Rosenkranzes, der aus hundert Perlen besteht. Die Mohammedaner beten freilich nicht bei jeder der Hand entgleitenden Kugel ein Ave oder Paternoster, sondern rufen bloss Gott an (es ist vorhin gesagt, wie verdienstvoll es ist, den Namen Gottes auszusprechen), bei jeder Perle z. B. "Gott ist gross" oder "Gott ist allbarmherzig" etc. Als Unterschied von übrigen religiösen Orden haben die Brüder des Mulei Thaib einen grossen Messingring am Rosenkranz, die des Sidi Hussa in Karsas eine grosse Perle von Bernstein, und andere ähnliche Abzeichen.

[Fußnote 43: Das Wort *Sauya* bedeutet Kloster, Pilgerort, Schule, Asyl zusammengenommen. Da aber, wie schon gesagt, die Mitglieder einer religiösen Genossenschaft fast immer verheirathet sind, so hat eine Sauya ein ganz anderes Aussehen als ein Kloster. Wichtigkeit haben Sauya besonders, wenn sie Centralstelle eines religiösen Ordens sind, wenn sie todte oder lebendige Heilige haben, wenn sie durch

Tradition ein unverletzliches Asylrecht besitzen. Letzteres wird aber dennoch manchmal durch die *Unfehlbarkeit* irgend eines Sultans, *dem ja keine Ueberlieferung heilig ist*, gebrochen.]

Die vorhin erwähnten *Aissauin* oder Brüder vom Orden Jesu (Aissa heisst Jesus) sind eine der merkwürdigsten Verbindungen. Sie haben kein bestimmtes *lebendes* Oberhaupt, keine bestimmten Ordensregeln, keine Sauya, sie leben nur vom Aberglauben und dadurch, dass sie die Leichtgläubigkeit ihrer Mitmenschen täuschen. Ihren Namen haben sie vom Propheten Jesus angenommen, den sie auch als geistiges, unsichtbares Oberhaupt anerkennen, und sie behaupten auch, ihre Wunderkraft von ihm ererbt zu haben. Sie fussen dabei auf die Worte Mohammed's im Koran, "dass ihm (d. h. Mohammed) die Gabe, Wunder zu thun, nicht verliehen gewesen sei, dass aber Jesus sie gehabt habe." Die Aissauin sind sehr zahlreich, und nicht nur in Marokko zu finden, sondern in der ganzen mohammedanischen Welt.

Manchmal sind die Kunststücke, welche ihre wunderthätige Heiligkeit darthun sollen, sehr einfacher Art, z. B. dass sie einen Scorpion in die Hand nehmen, Schlangen auf dem Körper herumkriechen lassen; manchmal aber erregt es Entsetzen, wenn man sieht, wie diese Leute Schlangen lebendig verzehren, zerhackte Nägel, gestossenes Glas, scharfkantige Steine und glühende Kohlen hinunterschlucken, wie sie unter Anrufung von "Gott und Jesus" ihren Körper wund schlagen, dass er blutrünstig wird (ähnlich wie die Flagellanten der Christen etc.), und ausserdem nicht nur gegen ihren *eigenen* Körper Verbrechen begehen, sondern oft *öffentlich* und *ungestraft* gegen die Sittlichkeit mit anderen Menschen und Thieren sich versündigen, dass dergleichen in anderen Ländern als

Wahnsinn bezeichnet, oder wollte man es berichten, als erlogen betrachtet würde. Ich unterlasse es deshalb, Beispiele ihrer religiösen Tugend, die ich selbst gesehen, anzuführen, verweise dafür auf Leo Africanus I, S. 253 oder Lempriere's Reise durch Marokko und auf fast alle anderen Schriftsteller, welche über Marokko berichtet haben.

Wie in der christlichen Kirche, so hat sich auch im Mohammedanismus ein *Heiligenstand* entwickelt und namentlich in Marokko steht derselbe in Blüthe. Die mohammedanische Religion spricht aber nicht durch ein bestimmtes Organ, wie z. B. bei den Christen durch den Papst, heilig; ein solches hat die gesammte mohammedanische Religion überhaupt nicht, sondern in einzelnen mohammedanischen Ländern, wie Marokko, wo der Sultan Papst, der Papst Sultan ist, besorgt es das ganze Volk, welches nie Heilige genug haben kann. Die mohammedanische Religion hat nun den Vortheil, dass Menschen schon bei Lebzeiten heilig gehalten oder gesprochen werden, und da jeder Mohammedaner heirathet, *so ist die Erblichkeit in das Heiligsein gekommen*, d. h. die Nachkommen eines solchen Heiligen werden auch als heilig betrachtet. Ja, im Laufe der Jahrhunderte hat sich dies so eigenthümlich herausgestaltet, dass die Heiligkeit nicht nur erblich, sondern *wachsend* geworden ist, derart, dass der Nachkomme eines Heiligen stets für heiliger gehalten wird, als er selbst. So sehen wir, dass z. B. in Uesan der directeste Sprössling Mohammed's jetzt für viel heiliger und unfehlbarer gehalten wird, als Mohammed selbst.

Wenn meistens bei Christen und anderen der Glaube obwaltet, es sei um Mohammedaner zu werden, unumgänglich die Beschneidung nothwendig, so ist dies irrthümlich. Im Koran ist für den Moslim die Beschneidung nicht gesetzlich gemacht, und so giebt es denn, namentlich unter den Berberstämmen Marokko's, verschiedene, welche *nie die Beschneidung bei sich eingeführt haben*. Trotzdem zweifelt Niemand an dem Islam dieser Stämme. Ueberdies wird die Circumcision erst im siebenten oder achten Lebensjahr vorgenommen, und falls die Beschneidung *wesentlich* zum Islam gehörte, wären sodann Kinder, die jenes Alter nicht hätten, keine Mohammedaner. Es werden nur Knaben in Marokko beschnitten.

Ziehen wir schliesslich einen Vergleich, so finden wir, dass gleiche Lehren und gleicher Glaube auf das Volk dieselbe Wirkung haben. Die *Unfehlbarkeit eines Einzelnen*, die in Marokko schon seit der Regierung des Sultans Yussuf Ben Taschfin's besteht, hat die grenzenloseste Dummheit des Volkes, den kolossalsten Aberglauben, die grösste Scheinheiligkeit und den Ruin der Nation und des Landes zur Folge gehabt. So hat auch in der jüdischen, der ersten semitischen Religion, die Unfehlbarkeit der Bundeslade, des Hohenpriesters, Jerusalems, d. h. das starre, eiserne Festhalten eines überlebten Grundsatzes Scheinheiligkeit, Aberglauben, Heuchelei, Selbstüberschätzung und dann den Ruin des Volkes zur Folge gehabt. Und bei den Christen sehen wir, dass das feste Anklammern an abgelebte Ideen, das Wiederaufrichten vorweltlicher Lehren, der eingebildete Wahn, den allein seligmachenden Glauben zu besitzen, oder die allein unfehlbare Oberkirchenbehörde zu sein, schliesslich zur "Unfehlbarkeit" eines einzelnen Menschen selbst führte.

5. Krankheiten und deren Behandlung.

Eine der ersten Ursachen, weshalb die Bevölkerung in Marokko so wenig zunehmend ist, vielmehr stationär bleibt, sind die vielen im Lande herrschenden Krankheiten, und die schlechte und unrationelle Behandlung derselben. Ein Land, dessen Bewohner eben nur "Jenseits-Candidaten" sind, falls es sich um Unglücksfälle handelt, die ihr gewöhnlicher durch die mohammedanische Religion erstickter Geist nicht ergründen kann, das Volk eines solches Land *muss* zu Grunde gehen. Und in Marokko wird eine jede Krankheit als eine Heimsuchung "Allah's" bezeichnet, und die besten Mittel dagegen sind "Gebetsübungen" und "Amulette."

Von den Lehren der grossen Doctoren, welche einst in Spanien und Marokko gelebt, ist heut zu Tage keine Spur mehr vorhanden. Man müsste ihre Werke herausholen aus den Bibliotheken Fes' oder Uesan's, um nur den Namen derselben zu erfahren.

Kein marokkanischer Arzt, geschweige ein gewöhnlicher Marokkaner weiss, dass Abu-el-Kassem-Calif-ben-Abbes (Albucasis) ihr Landsmann ist, dass er der Erfinder der Lithotomie[44] war.

> [Fußnote 44: Portal, Histoire de Panatomie et de la chirurgie.]

Der im Dienste des marokkanischen Sultans (Yussuf [Yussuf] ben Taschfin gewesene Arzt Aven-Zoar (Abu-Meruan-ben-Abd-el-Malek-b-Sohr), der es wagte gegen die Vorurtheile seiner Zeit, Chirurgie und Medicin zu vereinigen, welcher zuerst die Idee der Bronchotomie hatte, ist in Marokko verschollen. Weder der ältere noch jüngere

(Aven-Zoar's Sohn), der gleichfalls Arzt war, sind auch nur dem Namen nach bekannt. Verschollen ist der noch berühmtere Arzt und Philosoph Averoës (Abu-Uld-Mohammed-ben-Rosch), ein Schüler des älteren Aven-Zoar, welcher unter des Sultans Almansor Regierung nach Marokko berufen wurde und dort starb. Kein Grabstein, kein Andenken solch berühmter Männer ist im Lande zu finden, und wenn die Marokkaner kein Gedächtniss haben für so berühmte Männer, welche einst unter ihnen lebten, wie ist es da zu verwundern, dass auch von anderen minder berühmten jede Spur ausgelöscht ist.

Die heutigen Aerzte von Marokko verdienen in jeder Beziehung die untergeordnete Stellung, die sie einnehmen. Nur dann stehen sie in Ansehen, wenn sie zu gleicher Zeit Tholba, d. h. Schriftgelehrte oder Faki, d. h. Doctoren der Theologie sind. Und noch höher ist ihr Einfluss und ihr Ruf verbreitet, wenn sie zugleich Schürfa, d. h. Abkömmlinge Mohammed's sind. In dieser Eigenschaft liegt zugleich, der Meinung des Marokkaners nach, ärztliche Natur. Und so sieht man denn auch häufig genug Leute zu einem Scherif kommen, um seine Hülfe gegen irgend eine Krankheit zu erflehen, sei es nun, dass diese in einem Gebete oder Segen, in einem Amulet, oder geschriebenen geheimnissvollen Zaubersprüche, oder auch in wirklicher medicinischer Substanz besteht.

Solche Leute, die sich nur mit Ausübung innerer Heilkunde beschäftigen, ohne Thaleb, Faki oder Scherif zu sein, giebt es daher sehr wenige in Marokko, eher schon stösst man auf Chirurgen von Profession, die es durch Uebung in irgend einem Zweige der Wundarzneikunde zu einem mehr oder weniger verdienten Rufe gebracht haben.

Meinen grossen ärztlichen Ruf in Marokko verdankte ich denn auch nicht dem Umstände, dass ich Medicin studirt hatte, oder Militärarzt des Sultans, später sogar dessen Leibarzt war, sondern es hatte das seinen Grund darin, dass ich vorher Christ gewesen war. Nach dem Glauben der Mohammedaner ist Jesus der grösste Arzt gewesen, und sie meinen, er habe den Christen eine Menge wunderthätiger Heilmittel hinterlassen. So wurden denn oft zu mir die verzweifeltesten Fälle gebracht. "Der Sohn des Jesus (uld ben Aissa) wird uns schon helfen können," meinten sie. Ebenso giebt es nirgends eigentliche Apotheken oder Pharmacien. Der Arzt bereitet immer selbst seine Arzneien und giebt sie dann dem Kranken. Ist er unbekannt und die erkrankte Persönlichkeit eine einflussreiche, so muss er unabänderlich von der Arznei vorher kosten, oft sogar die Hälfte geniessen. So hatte ich die Unannehmlichkeit, mich eines Tages mit dem Bascha von Fes, Ben-Thaleb purgiren zu müssen. Derselbe hatte ein Abführungsmittel verlangt, ich brachte ihm eine Schale mit aufgelöstem Bittersalz, aber um sicher zu sein nicht vergiftet zu werden, musste ich die Hälfte vor seinen Augen austrinken; vorher davon unterrichtet, hatte ich die Dose stark genug gemacht, um für uns beide eine Wirkung zu erzielen, im entgegengesetzten Falle würde mein Ruf gelitten haben.

Indem wir hier nur die am häufigsten in Marokko vorkommenden Krankheiten vorführen, beginnen wir mit der, welche am verbreitetsten ist, so verallgemeinert, dass heute fast keine Familie in Marokko nördlich vom Atlas existirt, welche von dieser Krankheit unberührt geblieben wäre: Syphilis.

Unter Syphilis verstehen die Marokkaner vom Ulcus syphiliticum an alle jene Krankheiten, welche wir als Syphilis universalis, constitutionelle Syphilis und ihre Producte bezeichnen. Der Marokkaner nennt diese Krankheit "die grosse," Mrd-el-kebir, oder die

"Frauenkrankheit," Mrd-el-nssauïn. Einzelne Formen, z.B. das Ulcus syphiliticum nennt er Grah, ohne aber diese, wie andere syphilitische Erscheinungen, z.B. Bubonen, Ulcerationen im Schlunde, Ausschläge herpetischer Art, für Syphilis zu halten; ebensowenig rechnet der Marokkaner zum Mrd-el-kebir die Krankheiten der Harnröhre und Scheide. Also unseren secundären und tertiären Erscheinungen entspricht das Mrd-el- kebir, um so mehr tritt dies heraus, als selbst nicht sichtbare, sondern nur fühlbare Erscheinungen, die nächtlichen Knochenschmerzen (satar) von dem Marokkaner zum Mrd-el-kebir gerechnet werden.

Es giebt in der That fast kein Individuum in Marokko, das sein Leben ohne diese Krankheit zubrächte. Leo[45] schon meint, dass nicht der zehnte Theil der Einwohner der Berberei dieser Seuche entgehe. Leo behauptet ferner, diese Krankheit sei ehedem nicht in Afrika bekannt gewesen, selbst nicht dem Namen nach; er sagt: "sie fing dort zu der Zeit, als König Ferdinand (der Katholische) die Juden aus Spanien verjagt hatte, an; viele von denselben waren angesiechet, und das Gift steckte die wollüstigen Mauren, die mit Jüdinnen nach ihrer Ankunft in Afrika zu vertraut umgingen, auch an, und griff nach und nach so um sich, dass wohl keine Familie in der Berberei gefunden wird, die das Uebel nicht gehabt hätte, oder noch hätte. Sie halten es für unleugbar, dass es aus Spanien herkomme, und nennen es folglich auch die spanische Krankheit." Wie dem nun auch sein mag, ob diese Krankheit in Marokko erst nach der Judenvertreibung aus Spanien bekannt wurde, oder schon *vorher* grassirte, heute ist sie unter dem Namen "spanische Krankheit" in Marokko *nicht* bekannt. Aber Alle, die in Marokko gewesen sind, constatiren das *allgemeine* Verkommen. So sagt Jackson in seinem Account p. 190: "they call it the *great disease* and it had now spread itself into so many varieties, that I am persuaded, there is scarcely a moor in Barbary who has not more or less of the virus in his blood."

[Fußnote 45: Leo Africanus, Uebersetzung von Lorsbach.]

Es giebt wohl keine Form der syphilitischen Krankheit, welche in Marokko unbekannt wäre, und da sie keine gründlichen Heilverfahren dagegen in Anwendung bringen, so wird dies Uebel erblich durch ganze Triben fortgesetzt. Häufig genug hört man ein Individuum sagen, "mein Vater war ganz gesund, und ohne Ursache bin ich vom Mrd-el-kebir befallen," forscht man aber nach, so erfahrt man bald, dass mütterlicherseits oder von grosselterlicher Seite her die Krankheit existirte und bei den Eltern nur latent war oder so schwach auftrat, dass sie nicht beachtet wurde.

Als Mittel gegen den Mrd-el-kebir wenden die Marokkaner mit bestem Erfolg die heissen Schwefelquellen von Ain-Sidi-Yussuf an. Da ich nicht selbst jenes bei Fes gelegene, wahrscheinlich das zu den Römerzeiten schon unter dem Namen Aquae Dacicae bekannte Bad besucht habe, so kann ich weder über die Temperatur noch über die Bestandtheile desselben berichten. Nach den Aussagen der Araber ist aber unzweifelhaft Schwefel Hauptbestandteil und ist das Wasser so heiss, dass darin Badende das Bassin, welches die eigentliche Quelle enthält, nicht betreten können, dort soll das Wasser fast siedend sein. Die Badebassins befinden sich in einiger Entfernung davon, nachdem das Wasser auf Umwegen eine Abkühlung erhalten hat. Die das Wasser Gebrauchenden baden in grossen gemeinschaftlichen Bassins, Frauen von den Männern getrennt.

Eine Kur dauert mit täglichem Baden, wobei mau oft

stundenlang im Bassin hockt, so lange bis man geheilt ist, oder die Unwirksamkeit glaubt erprobt zu haben. Jahrelanges Baden ist nichts Seltenes, und weniger als eine dreimonatelange Kur wird wohl nie versucht. Die Marokkaner trinken das nach faulen Eiern riechende Wasser nicht. Man kann sich denken, welche Vollheit immer in Ain-Sidi-Yussuf ist, indess campiren alle Leute, für Badeeinrichtung ist nämlich gar nicht gesorgt und auf einem wöchentlich Einmal abgehaltenen Markte ebendaselbst, werden die Lebensmittel und Vorräthe eingekauft. Eine besondere Diät wird bei der Kur nicht beobachtet, was bei der einfachen marokkanischen Kost auch nicht nothwendig ist.

Vom Gebrauche dieser Bäder habe ich die überraschendsten Erfolge gesehen, manchmal nach kurzem (d.h. nach 5-6monatlichem, täglichem, meist zweimaligem Baden, wobei die Leute behaupteten, jedesmal zwei Stunden im Bade zugebracht zu haben), manchmal nach längerem Gebrauche. Indess ist dies Bad wie alle Schwefelbäder kein specifisches Mittel und nicht nur kamen oft genug Rückfalle, Wiederausbruch der Syphilis vor, sondern sehr oft zeigt sich das Bad vollkommen wirkungslos. Der Marokkaner sagt natürlich nie, dass das Wasser des Bades die Heilung bewirkt: Sidi Yussuf oder dessen Segen bewirken die Genesung.

Mercur wird äusserst selten gebraucht, und fast nur in den Städten. Man kennt dort, wo europäische Apotheken sind, die einfache Mercurialsalbe und macht örtliche Einreibungen. Auch Juden in den Städten des *inneren* Landes präpariren und verkaufen Ung. mercuriale cinerum. Am häufigsten wird das Quecksilber angewandt, indem man es in seiner wahren Gestalt in eine stark erhitzte Pfanne schüttet und dann die Quecksilberdämpfe einathmet. Aber wenn auch manchmal sowohl von den örtlichen Einreibungen, wie von den Inhalationen Besserung erfolgt, so unterliegen dann aber die Meisten den Folgen der Mercurialvergiftung. Jod und seine Verbindungen sind gänzlich unbekannt. Am gebräuchlichsten ist noch die Sarsaparilla, nicht nur das Decoct der Wurzel, sondern auch diese selbst im pulverisirten Zustande wird genossen. Aber nur Wenige in Marokko sind im Stande, eine durchgreifende Kur mit diesem für dortige Verhältnisse recht kostspieligen Medicament, welches die Portugiesen importiren, machen zu können. Man hält sodann ausserordentlich viel auf Ortsveränderung, Diät und Schwitzen, d.h. Ortsveränderung wird nur insofern gepriesen, als die Leute dabei in heissere Gegenden gehen, meist südlich vom Atlas. Die dann erfolgende grössere Transpiration soll manchmal Heilung bewirken. Entziehung der Nahrung bringt indess nach den Aussagen der Marokkaner nur Stillstand der Krankheit herbei. Jackson erzählt, dass zur Zeit, als er in Agadir war, der dortige Bascha, Namens Hayane, seine schwarzen Soldaten dadurch von der Krankheit heilte, dass er sie schwere Lasten bergauf tragen liess, welches eine mächtige Schweissbildung hervorbrachte. Innerlich giebt man an einigen Orten auch eine Abkochung der Rinde von Coloquinthen (Cucumis colocynthis). Dieses drastische Purgirmittel soll das Gift des Mrd-el-kebir aus dem Körper entfernen, aber nie habe ich gehört, dass es irgend gewirkt hätte.

Ebenfalls giebt man diese Decoction gegen blennorrhoïsche Affectionen, in der Regel aber werden diese durch eine Abkochung von Melonenkernen behandelt, welches unschuldige Mittel innerlich gegeben wird. Injectionen bei dieser Krankheit werden nie angewandt. Es braucht kaum gesagt zu werden, dass nebenher Amulette und Zaubersprüche hier wie bei *allen* Krankheiten in

Anwendung sind. Kleine Zettelchen mit Koran- oder anderen Sprüchen werden in die Kleidungsstücke oder in kleine lederne Säckchen genäht und diese umgehangen, oder ein solches beschriebenes Papierchen wird in einer Tasse mit Wasser abgewaschen und dies dem Patienten zu trinken gegeben, oder endlich das Amulet selbst wird als Medicin hinabgeschluckt; man denke sich, welche Wirkung es haben muss, wenn der Kranke einen Koran- Spruch gegessen hat.

Fälle von constitutioneller Syphilis, die ich selbst behandelte mittelst Jodkali und Mercur, hatten die überraschendsten Erfolge. Aeusserlich wandte ich die Inunctions-Kur, innerlich Jodkali an, mit 0,5 anfangend, bis zu 3 oder 4 Gr. auf einmal täglich, in Wasser gelöst, gegeben. Aus Mangel an Medicamenten musste ich indess auch bald zu den Amuletten greifen.

Intermittirende Fieber[16] kommen in den Niederungen längs der Flüsse, in den sumpfigen Ebenen beständig und zu jeder Jahreszeit vor. Der Marokkaner wird ebenso gut davon befallen wie der Europäer, und das krankhafte Aussehen von Kindern und Frauen der Rharb-Provinzen deuten genug an, dass diese hauptsächlich dieser Krankheit unterliegen. Der Grund liegt darin, dass der Mann durch häufigen Ortswechsel seine Gesundheit leichter wieder herstellen kann. Meist ist das Fieber das gewöhnliche, alle 48 Stunden auftretende, sehr häufig beobachtet man auch Febr. quartanae, und die damit Behafteten werden ihr Fieber fast nie wieder los. Man kennt in Marokko den Segen des Chinin nicht, das erste Mittel, zu dem man greift (ausser den Amuletten und Zaubersprüchen), ist eine starke Purganz, die aber natürlich keine Heilung bewirkt. In den marokkanischen Städten, namentlich in den Hafenstädten, hat man in letzterer Zeit angefangen trotz des hohen Preises Chinin zu kaufen.

[Fußnote 46: Fieber: el Homma.]

Weit verbreitet sind Leberleiden und Gelbsucht[47], gegen welche man das Kraut des Kümmel (Cuminum cyminum L.) anwendet, arabisch Schemssuria genannt; als gerühmtes Mittel wird dagegen auch Schih (Art. odorif.) genommen. Häufige Magenbeschwerden, Folgen grosser Unmässigkeiten, die namentlich nach den Festlichkeiten beobachtet werden, und alle die Krankheiten, wie Rheumatismus, Gicht, Kopfschmerz[48], halbseitiger Kopfschmerz, der oft beobachtet wird, alle Arten von Entzündungen, versucht man durch äusserliches Bestreichen mit heissem Eisen zu heilen. Gegen Durchfall, Ruhr, Dysenterie wendet man Gummi arabicum, in Substanz gegessen, dann eine Pflanze "Kebbar" (Capparis spinosa) an, deren Holz gestampft und abgekocht wird, endlich auch rohes Opium.

[Fußnote 47: Gelbsucht, Bu-Sfor, d.h. wörtlich: Vater des Gelben.]

[Fußnote 48: Alle diese Krankheiten, welche bei uns mit Schmerz endigen (arabisch udja), drückt der Marokkaner ebenso aus, z.B. Kopfschmerz udja el ras u.s.w.]

Es ist unglaublich, wie besondere Freunde die Marokkaner von der Feuerkur, überhaupt von allen recht schmerzhaften Heilverfahren sind. In Fes giebt es daher auch eigene Special-Feuerärzte. Man sieht sie auf der Hauptstrasse, welche Neu-Fes mit Alt-Fes verbindet, auf dem Boden hocken. Vor sich haben sie einen kleinen eisernen Topf mit einem Rost darin, worauf sich ein gut unterhaltenes Kohlenfeuer befindet. Nebenan steht ein Körbchen mit Holzkohlen, daneben liegt auch ein Ziegenschlauch, der zum Anblasen dient. Ein Kranker erscheint, er hat Nachts ohne Zelt zubringen müssen, es hat geregnet, und Folge davon war, dass er sich einen Hexenschuss geholt. Er präsentirt sich beim berühmten Feuerdoctor Si-Edris, um so berühmter, da er lesen kann, Thaleb ist: ein dicker neben ihm liegender Foliant, einziges Buch, das er besitzt, bezeugt es. Trotzdem Doctor Si-Edris nur das eine Buch besitzt, hat er es, obschon er sechzig Jahre alt ist, noch nicht ganz durchgelesen. Ist es so schwer zu verstehen? Keineswegs! Aber das hat seine Gründe, erstens hat Doctor Edris es im Lesen keineswegs zu einer grossen Fertigkeit gebracht, er verfährt dabei so rasch wie bei uns ein sechs- oder siebenjähriges Kind, sodann ist der Inhalt des Buches, wenn auch für den Mohammedaner sehr gewichtig und zu wissen nothwendig, doch äusserst langweilig. Das Buch enthält nämlich von hinten bis vorn nichts Anderes als die Phrase: "Lah illaha il Allah Mohammed resul ul Lah", oder: "es giebt mir einen Gott und Mohammed ist sein Gesandter"[49].

[Fußnote 49: Als die Spanier die Stadt Tetuan einnahmen, fiel ihnen ein Buch in die Hand, welches von Anfang bis Ende nur die Worte "Gottlob", "Hamd-al-Lahi" enthielt.]

Mittlerweile hat unser Specialarzt mehrere Eisenstäbe, zwei Fuss lang und mit sonderbaren Knöpfen, Haken und anderen Formen am heisszumachenden Ende versehen, in das vor ihm stehende Feuer geschoben. Mit dem Schlauche facht er die Gluth besser an, endlich ist das Eisen weiss. Der Kranke hat sich unterdessen auf den Bauch gelegt, seine Kleidungsstücke in die Höhe schiebend, und die Vorbeigehenden, welche sehen, dass einer "das Feuer bekommen" soll, bilden einen dichten Haufen. Der wichtige Augenblick ist da, der Doctor ergreift ein Eisen und mit dem Ausrufe "Bi ism Allah" macht er bedächtig mit demselben auf dem Rücken und der Kreuzgegend einige Striche, es zischt und ein unangenehmer Geruch von verbrannter Haut zieht den Umstehenden in die Nase. Der Patient zeigt bei dieser Operation, welche Si-Edris mit wundervoller Langsamkeit vornimmt, weil er glaubt zu grosse Eile schade seinem Ansehen, die grösste Ausdauer und Standhaftigkeit, er beisst die Zähne zusammen und allein die stark ausbrechenden Schweisstropfen verrathen seinen Schmerz.

Wie vernichtet bleibt er nach beendeter Operation eine Zeit lang auf dem Boden liegen, aber keine Klage berührt das Ohr der Umstehenden, die den Rosenkranz durch die Finger laufen lassen und mit den Lippen Gott und Mohammed preisen. Aber was geschieht? Der Patient, der wohlhabend sein muss, dreht seinen Kopf: "Si-Edris, Si-Edris," ruft er. —"Malk, was willst du?" ist die kurze Antwort des berühmten Arztes.—"Masal-en-nar, noch ein Feuer!—" "Mlech attini haki, gut, gieb mir mein Honorar",[50] erwiedert der Doctor. Unter Seufzen und Aechzen holt der Kranke aus irgend einer Falte eines Kleides eine Mosona (ungefähr einen viertel Groschen), reicht sie dem Doctor und die Feuerkur beginnt aufs Neue. Si-Edris lässt sich wie alle marokkanischen Aerzte immer im Voraus sein Honorar zahlen; sein grosser Ruf hat ihn übrigens übermüthig gemacht, er lässt nicht mit sich dingen. Während alle anderen Aerzte und auch die Feuerdoctoren, immer mit sich handeln lassen, thut dies Si-Edris nicht, von dem festen Preise: für ein einmaliges Feuer eine Mosona zu nehmen, ist er seit Jahren nicht herabgekommen.

[Fußnote 50: Wörtlich: gieb mir mein Recht.]

Der grosse Ruf, dessen sich als Heilmittel in Marokko das Feuer erfreut, liegt eben darin, dass in vielen Fällen recht gute Erfolge erzielt werden.

Aber welche Revolution brachte ich unter Fes' Aerzte, als

sich auf ein Mal das Gerücht verbreitete, ich habe "en-nar-bird" *kaltes Feuer* und der Segen des kalten Feuers sei bedeutend grösser. Ich fürchtete, da, alle Patienten zu mir kamen, um sich mit *kaltem Feuer*[51] brennen zu lassen, dass meine Collegen irgend etwas gegen mich unternehmen würden, und obschon ich noch Vorrath von *Höllenstein* hatte, gab ich vor, das kalte Feuer sei zu Ende, und schickte von da an alle Kranke, die sich brennen lassen wollten, zu meinen würdigen Collegen.

[Fußnote 51: Lapis infernalis.]

Ebenso erzielte ich später mit spanischem Fliegenpflaster wenn nicht Erfolge, so doch das grösste Renommé. Der Marokkaner liebt es sich selbst zu quälen mit starken Mitteln, und wenn ein Zugpflaster nach vierundzwanzigstündigem Liegen auf dem Rücken, auf dem Bauche oder auf dem Kopfe (der Marokkaner trägt den Kopf ganz glatt rasirt) eine mächtige mit Wasser gefüllte Blase bildete, war er zufrieden, einerlei ob er geheilt war oder nicht. Merkwürdig genug, obschon überall in Marokko die spanische Fliege[52] käuflich zu haben ist, so kennt der Marokkaner die *guten* medicinischen Eigenschaften derselben nicht. Sie dient nur dazu Begierden anzustacheln, indem Cantharidenpulver mit anderen Gewürzen und Haschisch durch Honig oder Zucker zu einer Paste verbunden wird, Madjun genannt, welche sie angeblich gegen Impotenz einnehmen oder auch um die Potenz zu erhöhen. Es ist wohl kaum nöthig zu sagen, welch' entsetzliche Folgen oft aus dem Genuss dieses Madjun entspringen.

[Fußnote 52: In den sumpfigen Niederungen von L'Areisch kommt die spanische Fliege häufig vor.]

Lungenkrankheiten, namentlich Tuberculose sind in Marokko fast ganz unbekannt, leichtere Affectionen dieser

Art werden nur durch Amulette geheilt, d.h. man lässt die Natur walten.

Ein allgemeines Uebel ist noch Wassersucht in ihren verschiedenen Vorkommnissen. Die Ursache dazu liegt wohl zum Theil in der mangelhaften Kleidung, wo bei plötzlich eintretender Kälte oder schnell wechselnder Witterung, die Hautausdünstungen nicht mehr regelrecht vor sich gehen können und Unterdrückung des Schweisses stattfindet. Zum Theil ist, und dies gilt namentlich von den Städtern, durch die vielen heissen Bäder die Haut äusserst empfindlich geworden. Syphilitische Einflüsse mögen zur Häufigkeit der Hydropsie auch noch mit beitragen. Viele Eingeborene schreiben auch einer bestimmten Oertlichkeit und deren Trinkwasser die Ursache zu; so steht das Trinkwasser von Tanger im Rufe, Wassersucht zu erzeugen, ob mit Recht, lasse ich dahin gestellt sein. Vernünftig genug wendet man in diesem Falle Purgantien an, ohne indess allein mit diesen eine Heilung herbeiführen zu können. Diuretica sind nicht gebräuchlich. Ebensowenig ist die Paracentese bekannt.

Eine Abzapfung, die ich in Tafilet bei einer alten Frau mit einer gewöhnlichen Schusterahle und eigends dazu angefertigten Cannule aus Blech machte, hatte den besten Erfolg: mehrere Moschee-Eimer Flüssigkeit würden abgezapft, und ich galt als der erste Arzt der Welt. Als ich ein Jahr später den Ort wieder besuchte, hatte indess eine neue Wasseransammlung die Frau getödtet. Da die Einwohner aber nur Gedächtniss für den augenblicklichen, für sie überraschenden Erfolg bewahrt zu haben schienen, so war ich dort nach wie vor als ein wahrer Wunderdoctor von Kranken aller Art überlaufen, so dass ich wirklich froh war, als ich dem Orte für immer Lebewohl sagen konnte.

Die levantische Pest, die in früherer Zeit oft genug in Marokko auftrat, wahrscheinlich eingeschleppt durch die Mekka-Pilger, und welche der Marokkaner mit dem bezeichnenden Worte "er ist befallen", oder "davon betroffen" "medrub" ausdrückt, scheint jetzt seit Langem nicht mehr beobachtet worden zu sein. Die letzte bedeutende durchs ganze Land verbreitete Pest war im Jahre 1799, im April dieses Jahres starben daran zuerst Leute in Fes und die Krankheit soll derart gewüthet haben, dass allein in dieser Stadt 65000(?) Menschen, wenn man Jackson trauen darf, gestorben sind. Wenn aber eine solche Seuche auftritt, erniedrigt sich der dünkelhafte Mohammedaner soweit, dass er demüthig den "Rabiner" bittet, in den Medressen der Juden öffentliche Gebete zum Aufhören der Krankheit abzuhalten, und gemeinsam durchziehen Mohammedaner und Juden die Strassen, um Gott und die Heiligen um Schonung zu bitten. Der Jude muss hinterher allerdings büssen, der glaubensstolze Mohammedaner erinnert sich, dass er sich so weit erniedrigte, mit Juden gemeinschaftliche Sache gemacht zu haben, und wehe dem Juden, der sich dann unter Mohammedaner wagt. Mittel sind keine in

Gebrauch, man kennt nur das resignirte Sichdreingeben.

Merkwürdigerweise kommt Typhus nur selten und an bestimmte Oertlichkeiten gebunden, Hundswuth aber nie vor. Typhus, Ruhr, Dysenterien, die der Marokkaner kaum von einander unterscheidet, werden stets mit Olivenöl, innerlich getrunken, behandelt. Fehlt das Oel, so wird es durch ungesalzene flüssige Butter ersetzt. Man zwingt den Kranken, Oel hinabzutrinken bis zu zwei Flaschen des Tags. Wirklich habe ich nach diesem Mittel manchmal Heilung eintreten sehen; wage aber nicht zu sagen, ob es die Natur oder das Oel waren, welche Heilung bewerkstelligt hatten.

Dass die Hundswuth bei den Hunden in Marokko noch nie beobachtet worden, ist wieder eine Bestätigung, dass rohes Fleisch fressende Hunde nicht spontan von dieser Krankheit befallen werden.

In neuerer Zeit ist mehrfach Cholera in Marokko beobachtet worden, so noch im Jahre 1860, wo sie in verschiedenen Städten des Innern zahlreiche Opfer forderte. Der Marokkaner hat keinen Namen für diese Krankheit und man sagte mir, es sei eine Art vom medrub (Pest). Man begnügt sich damit, sobald man von der Krankheit befallen ist, zu sagen: "Gott ist der Grösste" oder "es stand geschrieben".

Gemüths- und Geisteskrankheiten kommen in Marokko selten vor: im ganzen Lande ist nur ein Gebäude, um Tobsüchtige aufzunehmen. Leichte Fälle von Gemüthskranken lässt man frei umherlaufen, sie werden als Heilige verehrt. Und die Tobsüchtigen, d.h. solche, welche ihre Mitmenschen schädigen, werden, sind sie in oder in der Nähe der Hauptstadt in ein eigenes Gebäude in Fes eingesperrt, von einer medicinischen Behandlung ist aber nicht die Rede; das Haus ist weiter nichts als ein Gefängniss für jene Unglücklichen.

Die durchnarbten Gesichter der Marokkaner allein geben hinlänglich Zeugniss, wie mächtig in diesem Lande zu Zeiten die Blattern (Djidri genannt) herrschen. Für diese hat man nur Amulette in Gebrauch.

Prophylaktisch übrigens kennen die Marokkaner die Kuhpockenimpfung, welche Heilart, wie die Marokkaner behaupten, ihre arabischen Vorfahren schon von ihrer Heimathsinsel mit hergebracht haben. Die Vaccination wird leider in Marokko gar nicht regelmässig vorgenommen, der Mohammedaner ist viel zu sehr Fatalist, als dass er, ohne dazu gezwungen zu sein, aus freiem Antriebe zu einem solchen Schutzmittel greifen sollte. In den arabischen Triben, wo man vaccinirt, wird folgendes Verfahren angewandt: Mit einer geschärften Kante eines Feuersteins werden die Zwischenräume der Finger an deren Wurzeln geritzt, gewöhnlich nimmt man nur die rechte Hand, weil die linke an und für sich als unrein gilt. Die Lymphe wird direct von der Kuh genommen, und man hat Acht, dieselbe wohl einzureiben. Uebertragen der Lymphe von dem Menschen auf den Menschen kennt man nicht.

Wie in früheren Jahren die Pest öfter in Marokko und zwar bedeutend allgemeiner auftrat, so auch der Aussatz. Lepra orientalis, bekannt in Marokko unter dem Namen Djidam, kommt in den nördlichen Theilen von Marokko fast gar nicht vor. Allerdings begegnet man in Fes, Mikenes und anderen nördlichen Städten Leuten mit Elephantiasis; ob aber diese Krankheit immer Folge des Aussatzes ist, wage ich nicht zu behaupten. Die mit Elephantiasis Behafteten leben überdies nicht abgesondert von der übrigen Menschheit, sondern verheirathen sich mit Gesunden. Meistens aber wird dann beobachtet, dass von den Kindern einer solchen Ehe, eines oder das andere angeborene Elephantiasis besitzt.

Die Leprösen dürfen aber nur unter sich heirathen, sie dürfen keine Stadt bewohnen, sondern müssen sich immer im Freien aufhalten.[53] Da Niemand etwas von ihnen kaufen würde, treiben sie kein Handwerk oder Gewerbe, sie leben von den Almosen ihrer Mitmenschen. Man findet sie einzeln oder in Familien am Wege, schon von Weitem rufen sie dem Vorbeikommenden "Medjdum", d.h. ein mit Aussatz Behafteter, zu, stellen ein Tellerchen an den Weg und das Almosen in Geld oder in Lebensmitteln wird hinein geworfen. Einzelne grössere aussätzige Familien besitzen sogar Heerden und ackern.

[Fußnote 53: Bei der Stadt Marokko ist ein eigenes Dorf für Aussätzige und die Insassen dieses Dorfes heirathen freilich nur unter sich, im Verkehr haben sie übrigens die grösste Freiheit mit den übrigen Bewohnern.]

Was das Aeussere dieser ausgestossenen Menschen anbetrifft, so zeigen sie manchmal über den ganzen Körper die widerlichsten weissen Flecke, anderen fehlen einige Partien, die Nase, die Ohren, Augen, noch andere zeigen Jauchen absondernde Wunden, von wulstiger und verdickter Haut umgeben, Krusten und hart anzufühlende Beulen bedecken oft den ganzen Körper. Oft aber ist bei einem Aussätzigen von alle dem nichts zu sehen, man bemerkt keine einzige der angegebenen Erscheinungen, er hat äusserlich vollkommen das Aussehen eines gesunden Menschen.

Nach der Meinung der Marokkaner verursacht der Genuss des Arganöls (Oel vom Baume des Elaeodendron Argan, der auf den westlichen Abhängen des grossen Atlas wächst) diese Krankheit oder begünstigt dieselbe. Ob dies der Fall ist, wage ich nicht zu bestätigen. Die in Mogador und Asfi lebenden Europäer haben nichts von einer solchen Wirkung dieses Oels gemerkt; und was dagegen spricht, ist das, dass in der Provinz Abda und Schiadma, wo doch hauptsächlich der Arganbaum wächst, gar keine Lepröse anzutreffen sind, während andererseits in Haha, wo ebenfalls der Argan vorkommt, die meisten Aussätzigen anzutreffen sind. Auffallend ist, dass die Kranken als Linderung ihrer Schmerzen innerlich einen Absud der Arganblätter nehmen, und auch äusserlich auf offene Wunden zerstampfte Arganblätter legen. Ein Teig aus Henne-Blättern[54] mit Erde gemischt wird ebenfalls zu Verband bei den offenen Geschwüren gebraucht.

[Fußnote 54: Lawsonia inermis, L.]

Krätze kommt überall vor, aber weniger, als man bei dem entsetzlichen Schmutze, an dem diese Völker Gefallen finden, denken sollte. Aus Krätze wird nicht viel Wesen gemacht, und Heilung wird erzielt durch kräftige Einreibung von brauner Schmierseife und Sand; Schmierseife wird überall in Marokko fabricirt, zu halben Theilen von beiden eingerieben, habe ich selbst Heilung bei verschiedenen Fällen erfolgen sehen.

Eine ungleich widerlichere Krankheit und äusserst verbreitet ist der Kopfgrind. Meistens sind die Knaben damit behaftet, im Alter von zwanzig Jahren verliert er sich von selbst. Ob die Tinea in Marokko Folge des Rasirens ist (jeder männliche Marokkaner trägt den Kopf von frühester Jugend an, rasirt), ist wohl anzunehmen. Der Reiz, der dadurch entsteht bei ganz jungen Kindern, monatlich und noch öfter mit halbscharfem Messer die Haare dicht über der Wurzel zu entfernen, oft abzureissen, kann wohl Veranlassung zu einer solchen Krankheit geben. Bei den Mädchen beobachtet man Grind sehr selten. Man braucht gegen diese Krankheit gar nichts, und sie ist so allgemein, dass Niemand in der Gesellschaft eines Grindigen Abscheu oder Ekel empfindet. Nach dem zwanzigsten Jahre sind die Meisten der Mühe, ihren Kopf zu rasiren, überhoben, da die Krankheit im Kindesalter sie ihrer sämmtlichen Haare beraubt hat.

Von Parasiten kommen nur Kopf- und Kleiderläuse vor, beide haften an jeder Frau, während die männliche Bevölkerung nur den Pediculus vestimenti[55] cultivirt, da sie in der Regel kein Kopfhaar hat, diejenige männliche Jugend indess, welche einen Zopf trägt, hat auch Kopfläuse. Der Pedic. pubis ist nirgends anzutreffen, weil sich Alle, sowohl die männliche als die weibliche Bevölkerung, diejenigen Partien des Körpers, wo derselbe vorzukommen pflegt, rasirt erhalten.

[Fußnote 55: Von dem Pedic. vestimenti existiren in Marokko mehrere Arten.]

Wurmkrankheiten sind selbstverständlich auch im Lande. Obschon die Lebensweise und Nahrung sehr förderlich für diese Entozoen sein muss, hört man doch selten darüber klagen. Spul- und Madenwürmer, eine häufige Erscheinung, werden behandelt durch eine Abkochung von Sater (Thymian[56]) und Kelil (Rosmarin[57]), denen noch andere starkduftende Kräuter zugesetzt werden. Aber auch durch eine Decoction der Wurzel der Rtemwurzel (Genista Saharae). Genannte beide bilden indess Hauptbestandteile. Taenia Solium, der auch vorkommt, wird (nach den Aussagen der marokkanischen Collegen) erfolgreich derart behandelt, dass man zuerst eine Portion Haschisch (Cannabis ind.) geniesst und später, wenn der Wurm berauscht ist, ihn durch irgend ein Purgirmittel abtreibt. Als Dose wurde angegeben ein Esslöffel voll pulverisirten und gedorrten Haschichkrautes [Haschischkrautes] [58], und als Abführungsmittel haben sie eine Zusammensetzung aus Sennesblättern (wächst wild im südlichen Marokko), Schwefel und Aloës, welches innerlich gegeben wird. Der Guineawurm kommt äusserst selten vor, und dann nur von

Schwarzen aus dem Süden eingeschleppt. Die Behandlung desselben, sowie sie von den Schwarzen in Centralafrika practicirt wird, ist in Marokko nicht bekannt.

[Fußnote 56: Thymus hyrtus, Willd.]

[Fußnote 57: Rosmarinus offic.]

[Fußnote 58: Allerdings eine starke Dosis.]

Nicht nur der ungeheure Schmutz, in dem sich alle nordafrikanischen Völker gefallen, sondern auch Oertlichkeiten und Klima haben Augenkrankheiten von je her in Marokko begünstigt. Und je mehr man nach dem Süden kommt, desto häufiger werden dieselben, bis man in den Oasen der grossen Sahara die Bevölkerung derart von Augenleiden aller Art afficirt findet, dass ein Individuum mit beiden gesunden Augen schon zu *Ausnahmen* gehört. Wie der Staub auch sein mag, ob ihn der Gebli oder Samum aufwirbelt, ob er im Norden mehr mit animalischen oder vegetabilischen Atomen, im Süden des Atlas mit anorganischen, mikroskopisch kleinen Theilen geschwängert ist, immer wirkt er gleich schädlich auf die Augen.

Es hat dies zur Folge, dass Hornhautkrankheiten alltägliche Erscheinungen sind. Chronische Hornhautentzündung nennt der Marokkaner Bu Tillis, d.h. den Vater des Schleiers. Manchmal heilen sie derartige Fälle im Entstehen dadurch, dass sie Feuer im Nacken, an den Schläfen, hinter den Ohren örtlich anwenden. Meist aber enden alle Augenkrankheiten mit Erblinden. Citronensaft und Wasser gemischt und in die Augen geträufelt, wird häufig genug angewandt. Auch Antimon (Kohöl) ist in vielen Gegenden Gebrauch; es wird dies im Atlas gefundene Metall, dessen sich alle Frauen nicht nur Marokko's, sondern ganz

Nordafrika's als Schönheitsmittel bedienen, und das auch unsere Theaterdamen, um den Glanz der Augen zu erhöhen, anwenden, oft mit Erfolg gebraucht. Man bestreicht mit Kohöl die Augenlider, mittelst eines feinen Holzspatels und unzweifelhaft hat dies Mittel gute Präservativeigenschaften bei dort herrschenden Augenkrankheiten. Als Arzneimittel wird es deshalb auch vielfach von den Männern gebraucht. Die Wirksamkeit des Spiesglanzes als Präservativmittel erhellt schon daraus, dass bei weitem mehr Männer von Augenkrankheiten betroffen werden als Frauen. Als äusserstes Mittel gegen Augenkrankheiten[59] führe ich noch an, dass in einigen Orten pulverisirter Pfeffer in die Augen geblasen wird.

[Fußnote 59: Ich bediene mich dieses allgemeinen Ausdrucks, da der Marokkaner nicht unterscheidet, ob die Hornhaut, die Lider, der Augapfel, die Liderhaut etc. erkrankt ist, sondern alles dies Augenkrankheit, Mrd- el- aiun, nennt.]

Von inneren Mitteln gegen Augenkrankheiten ist natürlich keine Spur vorhanden, als ich einige Male versuchte durch Calomel, innerlich gegeben, oder durch Purgantien Ableitungen herbeizuführen, wurde mir ernstlich gesagt, mit solchen Mitteln aufzuhören: "nicht der Bauch sei erkrankt, sondern die Augen".

Schwarzer und grauer Staar sind unter einer Bevölkerung, bei der fast jedes Individuum augenkrank ist, nichts Seltenes, und merkwürdig genug, giebt es in Marokko einige Familien, die sich damit beschäftigen, Staaroperationen und zwar mit Erfolg auszuüben. Diese Familien sind vorzugsweise auf dem *grossen* Atlas ansässig, die Fähigkeit den Staar zu stechen geht vom Vater auf den Sohn über, der natürlich bei jenem in die Lehre geht. Die beiden Doctoren-Staarstecher, die ich kennen lernte, waren

Berber ihrer Abkunft nach. Ohne sich mit anderen Krankheiten zu beschäftigen, verschmähten sie es sogar, andere Augenkrankheiten als Staarerblindungen in Behandlung zu nehmen. Sie machten für dortige Verhältnisse gute Geschäfte und man würde sie wirklich als gute Specialärzte haben hinstellen können, wenn sie die Fähigkeit gehabt hätten, irgend wie eine Diagnose zu stellen, geschweige von einer Prognose zu reden. Aber da kam es oft genug vor, dass irgend eine andere Krankheit der inneren Theile des Auges, wohl gar Gutta serena mit Gutta opaca verwechselt wurde. Da ich nicht selbst der Operation eines Staares beigewohnt habe, so kann ich nur anführen, dass mittelst eines glattgeschliffenen nadelförmigen Instruments der Einstich, nach Aussage der Staardoctoren, *seitwärts* gemacht wird, dass nach der Beschreibung sodann die Linse zerstückelt wird, um später resorbirt zu werden. Eine Extraction oder Depression der Linse war offenbar diesen Leuten nicht bekannt.

Sehen wir, wenn es auf eine chirurgische Operation ankommt, wie bei der Staarstechung, die Heilkunde auf einer bedeutend höheren Stufe als bei *inneren* Krankheiten, so ist das im Allgemeinen in der Chirurgie auch der Fall. Es ist dies auch ganz natürlich. Bei Verwundungen, bei äusseren Verletzungen kennt auch der gewöhnliche Mensch gemeiniglich die *Ursache*, er kann es dann bedeutend leichter unternehmen, eine Heilung zu versuchen. Und nicht nur in ganz uncivilisirten Ländern, oder in halbcivilisirten wie Marokko, auch in den am weitesten in der Cultur vorgeschrittenen findet man, dass die Chirurgie auf einer höheren Stufe steht als die Heilkunde innerer Krankheiten.

Reine Hiebwunden, die durch das fast überall geübte Faustrecht so häufig unter den Bewohnern Marokko's vorkommen, werden entweder mit einem Teig verbunden, der aus Henne (Lawsonia inermis) und Chobis (Malva parviflora) geknetet wird, oder man verbindet die Wunden mit geschmolzener salzloser Butter, in welche vorher, sobald die Butter siedend ist, ein Säckchen mit Schih (Artemisia odorif.) getaucht worden ist. Hierdurch bekommt die Butter einen starken aromatischen Gehalt, nimmt einen fast Kölnischem Wasser gleichenden Geruch an, der später selbst nicht vom übelstriechenden Eiter verdrängt wird. Wunden auf diese Art behandelt, nehmen fast immer einen guten Verlauf. In vielen Gegenden verbindet man die Wunden mit Rinderkoth, namentlich nomadisirende Stämme glauben an die Heilkraft der verdauten Kräuter.

Verwundungen, welche die Knochen verletzen, einerlei ob sie durch Kugeln oder Hiebwunden herrühren, werden auf gleiche Art rationell behandelt. Ist eine vollkommene Knochenzerschmetterung vorhanden, so wird ein *fester* Verband angelegt, um die Heilung der zerschmetterten Knochen mittels Callusbildung herbeizuführen. Man kümmert sich nicht um Herausziehen der Knochensplitter oder Kugelstücken[60], so schnell wie möglich wird der Verband angelegt. Eine aus Ziegen- oder Schafleder bestehende Binde, die ihren Halt durch kleine Rohrstäbchen, die hineingenäht werden, bekommt, wird um die verletzten Theile gelegt und das Ganze dann mit Thon umkleistert. Ein solcher Verband soll nach den Regeln der dortigen Chirurgie 28 Tage liegen bleiben. Das einzige Misslingen bei diesem Verbande liegt darin, dass nicht gehörig für Eiterabfluss gesorgt wird, und dadurch für den Patienten oft missliche Zustände eintreten.

[Fußnote 60: Man ladet meistens mit zerhacktem Blei.]

Fracturen werden ebenfalls durch festen Verband geheilt, ohne dass man aber vorher einrichtet. Natürlich werden dabei meist schiefe Heilungen erzielt, und oftmals sieht man

Röhrenknochen die Weichtheile durchbohren, und es entstehen dann für immer offene Wunden. Nie fällt es ein irgend wie zu amputiren. Der Marokkaner hält das für sündhaft. Die durch die Gerechtigkeit abgehauenen Hände oder Füsse werden sorgfältig vergraben, weil sie sonst am Auferstehungstage fehlen könnten, und die Stümpfe werden in siedende Butter oder kochendes Oel getaucht, um die Blutung zu stillen. Verrenkungen einrichten kennt man nicht, so dass gewöhnliche Folge eine schmerzhafte Entzündung mit oft bösem Ausgang ist. Natürlich ist selbst bei schwersten Verwundungen von einer inneren Behandlung nie die Rede, aber Amulette, Zaubersprüche u. dergl. m. sind auch hier an der Tagesordnung.

Was die Geburtshülfe anbetrifft, so ist es schwer darüber nur das Geringste anzugeben, da nur Frauen als Beistand geduldet werden. Die Wendung sowie die Zange sind unbekannt, einzelne Praktiken, die mir erzählt wurden, sind zu abgeschmackt, als dass ich sie hier wiedergeben sollte. Nur so viel kann ich bezeugen, dass einst meine Hauswirthin in einer kleinen Oase der Wüste, Nachts mit einem Kinde niederkam und am andern Morgen trotzdem ihre gewöhnliche Beschäftigung verrichtete.

6. Uesan el Dar Demona.

Es giebt Bücher genug, die über Marokko handeln, und keine Geographie älteren oder neueren Ursprungs unterlässt es, irgend ein Capitel diesem Reiche zu widmen; aber wie Afrika im Allgemeinen noch heute ein Terra incognita für uns ist, so ist von all den Staaten, welche an den Küsten liegen, namentlich an den Küsten des Mittelmeers, kein Land so wenig bekannt wie Marokko und von allen Städten in Marokko ist Uesan die unbekannteste. So sehen wir denn auch, dass ein Hemsö, Ali Bey, Richardson und Renou nur ganz oberflächlich des Ortes Uesan im Vorübergehen erwähnen.

Ali Bey verlegt Uesan auf den 24° 42' 29" N. Br. und 7° 55' 10" L. von Paris, Renou, der die Breite gelten lässt, glaubt aber Uesan die Länge von 7° 58' geben zu müssen. Dieselbe Position finden wir auch auf Petermanns trefflichen Karten von Marokko[61]. Bis genauere Messungen an Ort und Stelle angestellt sind, können wir uns auch einstweilen recht gut daran halten. Die Stadt Uesan liegt etwa 900 Fuss über dem Meeresspiegel, erfreut sich also unter diesen Breiten eines äusserst günstigen Klimas.

[Fußnote 61: Mittheilungen, Jahrg. 1865.]

Vortheilhafter wird die Lage noch dadurch, dass die Stadt am Fusse des mächtigen und zweigipfligen Berges Bu-Hellöl aufgebaut ist. Dieser herrliche Berg, dessen ganze Nordseite von der Stadt an bis zum Gipfel zum Theil mit Oliven, zum Theil mit immergrünen Eichen und Wachholder bewaldet ist, hält wirksam die heissen Südwinde ab, während er zugleich den regentragenden Nord- und Nordwestwinden einen Damm entgegensetzt.

Der ganze Gebirgscomplex, der sich um Uesan herumzieht, steht im innigen Zusammenhange mit dem sogenannten kleinen Atlas. Ersteigt man den Bu- Hellöl, so sieht man über die Rharbebenen hinweg die blauen Fluthen des atlantischen Oceans, während andererseits nach Norden und Osten der Blick eine vollkommen zusammenhängende Gebirgslandschaft vor sich hat bis zu den zackigen Berggipfeln, der Habib, der Srual, der Schischauun und in erster Nähe der Erhona.

Es scheint, dass Uesan von einem Nachkommen Mulei Edris, Namens Mulei Abd- Allah Scherif, etwa um das Jahr 900 n. Chr. als Sauya gestiftet wurde. Da nun Edris der Gründer der Stadt Fes als der directeste Nachkömmling des Propheten angesehen wird, so ist seine männliche Nachfolge in erster Linie noch heute in demselben Ansehen. Aus diesem Grunde sind die Schürfa von Uesan, d.h. die Edrisiten, bedeutend heiliger gehalten als die übrigen von Mulei Ali stammenden, wozu die Familie des Sultans gehört.

Dennoch haben aber diese Vorrechte genug, und was der kaiserlichen Familie an Heiligkeit directer Abkunft abgeht, ersetzt sie eben dadurch dass sie die regierende ist. Bei den Mohammedanern nun ist aber das Heiligsein ganz anders als bei uns Christen.

Mein seltsamer Anzug, halb christlich, halb mohammedanisch, hatte rasch einen Haufen Neugieriger herbeigezogen, mein Begleiter und ich wurden umdrängt und befragt, wer ich sei, was ich wolle, woher ich komme, wohin ich wolle u. dergl. unverschämte Fragen mehr. Es ist vollkommen falsch, wenn man glaubt der Mohammedaner sei schweigsam, ernst und nicht neugierig; in Afrika habe ich überall das Gegentheil erfahren. Manchmal freilich mag der Vornehme, der Mann vom "grossen Zelte," sich gegen Christen so zurückhaltend benehmen, aber nie gegen seines

Gleichen. Und man erinnere sich, dass ich als Mohammedaner reiste.

Nachdem die Neugier befriedigt und nachdem namentlich die Menge beruhigt war über meinen Glauben, d.h. nachdem ich auf ihre Aufforderungen zum "Bezeugen" mehrere Male "es giebt nur Einen Gott und Mohammed ist sein Gesandter" geantwortet hatte, sagten sie aus, "Sidi" befände sich mit den Schürfa und Tholba im Rharsa es Ssultan, so hiess man Garten und Gartenhaus des Grossscherifs.

Man kann sich denken, mit welcher Spannung ich der ersten Zusammenkunft mit diesem Manne, der in den Augen der meisten Marokkaner höher als Gott, ja höher als der Prophet gehalten wird, entgegen sah.

Meine Begleiter und ich gingen also nach seinem Landsitze, der sich bald, er liegt nur ca. 5 Minuten ausserhalb der Stadt, unseren Blicken zeigte. Wie erstaunt war ich, ein Haus halb im neuitalienischen, halb im maurischen Style zu erblicken. Dort ist Sidna,[62] sagte man mir. Aus den Fenstern des oberen Stockes sah ich eine Menge Neugieriger herabgucken, vorne stand ein junger Mann in französischer Capitäns-Uniform mit dem Degen an der Seite, ein langes Fernrohr in der Hand. Jetzt rasch durch ein hohes gewölbtes Steinthor in den Garten tretend, befanden wir uns bald vor der Hauptthür, welche direct auf eine enge und so niedrig gebaute Treppe ging, dass jeder nur etwas grosse Mann sich bücken musste, um hinaufzuschreiten. Oben angekommen, riefen uns mehrere uniformirte Sklaven ein "Okaf" (Halt) entgegen, das aber gleich vom lauten "sihd" (marokk. Ausruf, bedeutend "tritt näher") des Grossscherifs übertönt wurde.

[Fußnote 62: Der Titel Sidna, d.h. "unser Herr," kommt

eigentlich nur dem Sultan zu. Jeder Scherif hat den Titel sidi oder mulei, was "mein Herr" bedeutet Tholba, d.h. Schriftgelehrte, Standespersonen, Beamte, haben den Titel "sid," was Herr bedeutet. Der Plural von mulei, muleina, wird nur Gott und dem Propheten gegeben.]

Mein Begleiter prosternirte sich, küsste die gelben Stiefel Sidi-el-Hadj- Abd-es-Ssalam's, und berichtete dann über mich. Ich selbst begnügte mich, seine dargebotene Hand (der Grossscherif sass auf einem Teppich in einer Ecke des Zimmers) zu ergreifen, und sodann führte ich die meine an Stirn und Mund. Unter der Zeit hatte ich Musse, ihn und seine Umgebung zu betrachten.

Sidi-el-Hadj-Abd-es-Ssalam-ben-el-Arbi-ben-Ali-ben-Hammed-ben-Mohamméd-ben- Thaib[63], wie sein ganzer Titel lautet, war (1861) etwa 31 Jahre alt; von fast zu hoher Statur, wurde das Ebenmaass seines Körpers durch eine angenehme Wohlbeleibtheit hergestellt. Sein Teint ist stark gebräunt, und auch etwas dick aufgeworfene Lippen deuteten auf Negerblut, wie denn in der That seine Mutter aus Haussa stammte. Eine gerade Nase, ein feurig schwarzes Auge, im Ganzen ein längliches Gesicht, so präsentirte sich der Mann, dem von fast der ganzen mohammedanischen Welt eine abgöttische Verehrung gezollt wird. Seine Bekleidung bestand in einer weiten skendrinischen[64] rothen Tuchhose, einem französichen [französischen] Waffenrock mit französischen Epauletten, auf dem Kopfe hatte er einen tunesischen Tarbusch mit schwerer goldener Troddel. An der Seite trug er einen äusserst schön gearbeiteten Degen, wie ich später erfuhr, ein Geschenk vom General Prim.

[Fußnote 63: In seinen Briefen titulirt sich Abd-es-Ssalam bis zum Grossvater, Thaib, seines Urgrossvaters Hammed hinauf, weil Mulei Thaib der Erneuerer der religiösen Gesellschaft der Thaib gewesen ist, in ganz

Nord- Afrika die allergrösste religiöse Genossenschaft. Seines marokkanischen Ahnen Mulei Edris, oder des Gründers der Sauya Uesan, Mulei Abd Allah Scherif, wird in den Briefen nicht Erwähnung gethan.]

[Fußnote 64: Skendrinischen = Alexandrinischen.]

Eine goldene Schärpe, die er um hatte, enthielt zugleich einen Revolver vom System Lefaucheux, der überdies mittelst einer rothseidenen Schnur um den Hals befestigt war. "Merkwürdig," dachte ich, "den Mohammedanern ist durch den Koran verboten, Gold und Seide auf ihren Kleidern zu tragen, und nun sehe ich den directesten Sprössling des Propheten damit überladen."] Die übrigen Anwesenden bestanden zum Theil aus nahen Anverwandten, also ebenfalls Abkömmlingen Mohammed's, dann aus Tholba, endlich aus vielen Fremden von vornehmer und geringer Herkunft. Ueberdies ging es ohne Unterlass aus und ein, da ging kein Mann oder keine Frau aus dem Gebirge vorbei (das Gartenhaus lag an einer sehr frequenten Strasse), ohne rasch heraufzuspringen, um den Grossscherif zu küssen und um einige Mosonat[65] niederzulegen. Da kamen Processionen von Ferne, um den uld en nebbi (Sohn des Propheten) zu besuchen, von diesen wurde nur der "Emkadem" (geistige Vorsteher und Hauptgeldeinsammler) vorgelassen, die anderen aber einstweilen fortgeschickt, um in die für Fremdenaufnahme eingerichteten weiten Hallen der Sauya in Uesan einquartiert zu werden und um später en bloc den Segen zu empfangen.

[Fußnote 65: Mosona, eine imaginäre marokkanische Münze, besteht aus 6 flus, pl. von fls. Ein fls. ist ungefähr gleich einem französischen Centime.]

Sidi winkte; gleich darauf brachte ein kleiner uniformirter

Neger Namens Zamba eine silberne Platte, darauf stand ein silberner Theetopf, eine Schale mit grossen Stücken Zucker, eine Theebüchse, und, ausser den sechs üblichen kleinen Theetassen, ein Glas, woraus Sidi seinen Thee nehmen sollte. Alles dieses wurde vor den Sidi zunächstsitzenden Scherif, einen schon älteren Mann, Namens Sidi el Hadj Abd-Allah, gesetzt, und dann ging die Bereitung des Thees vor sich.

Der Hadj Abd-Allah nahm eine tüchtige Hand voll grünen Thees, warf ihn in den Topf, während ein anderer kleiner Neger, Ssalem, schon das siedende Wasser in Bereitschaft hielt; der erste geringe Aufguss diente nur dazu, den Thee zu reinigen. Sodann wurde eine tüchtige Portion Zucker in den Topf geworfen, und nun derselbe mit kochendem Wasser gefüllt. Unter der Zeit hatte der Hadj auch schon einige aromatische Kräuter in Bereitschaft, als Minze, Wermuth und Luisa, die noch obendrein hineingeworfen wurden. Nach einiger Zeit wurde sodann für Sidi ein Glas gefüllt, nachdem jedoch vorher der Hadj Abd-Allah mehrere Male durch Kosten sich überzeugt, dass der Thee genug gezuckert sei. Sodann wurden die übrigen sechs Tassen gefüllt, und sie den Gästen von den beiden kleinen Sklaven präsentirt; da wohl 30 Leute anwesend sein mochten, ohne die vielen Besucher, die ab- und zugingen, die meisten auch drei Tassen tranken, wie es die Sitte erheischt, so kann man sich denken, dass es ziemlich lange dauerte, ehe Alle, da nur sechs Tassen vorhanden waren, befriedigt wurden. Es versteht sich von selbst, dass die Theekanne verschiedene Male wieder nachgefüllt wurde.

Unter der Zeit wurden die verschiedensten Gespräche geführt, Sidi wollte vor allem von den politischen Zuständen in Europa unterrichtet sein, und ich merkte, dass es ihn ärgerte, dass einige ältere Schürfa mich fragten, wann, wo und wie ich zum Islam übergetreten, ob ich auch vollkommen überzeugt sei, dass die mohammedanische Religion besser sei als die jüdische und christliche, ob ich auch ordentlich "bezeugen" könne etc.

Sidi-el-Hadj-Abd-es-Ssalam, der wohl merkte, wie unangenehm mir solche Fragen sein mussten, sprang auf und winkte zu folgen. Alle erhoben sich, da er aber auf mich speciell gedeutet hatte, so blieb die ganze Versammlung im Zimmer und setzte sich wieder, während er und ich, begleitet von seinen beiden Günstlingen und einigen Dienern, die einen Teppich, ein Fernrohr, Doppelflinte etc. trugen, in den Garten hinabgingen.

Diese beiden Günstlinge, Ibrahim und Ali, die den ganzen Tag nicht von der Seite des Grossscherifs wichen, waren Ssalami[66], d.h. jüdische Renegaten! Der eine, aus Fes gebürtig, war Schriftgelehrter, und aus freiem Antrieb übergetreten, Ali aber, aus Uesan gebürtig, war, wegen Diebstahls verfolgt, in die Sauya geflüchtet, und hatte sich dann, um der Strafe zu entgehen, mohammedanisirt. Beide trugen französische Capitäns-Uniform mit weiten Hosen und rothem Tarbusch. Sie waren beide verheirathet und wohnten sogar beide im Hause von Sidi, der ihnen je einen Flügel abgesondert angewiesen hatte. Sie waren zu der Zeit die Personen, die Sidi gar nicht entbehren konnte, Alles ging durch ihre Hände.

[Fußnote 66: Ein vom Judenthum zum Islam Uebertretender bekommt in Marokko den Namen Ssalami, d.h. Gläubiger, ein vom Christenthum Uebertretender bat den Namen Oeldj, d.h. wörtlich christlicher Sklave.]

Im Garten angekommen, gefiel sich Sidi darin, mir seine europäischen Einrichtungen zu zeigen; hier war auf einem

Bassin ein Schiffchen mit Rädern, eine Nachahmung der europäischen Dampfschiffe, dort kostbare Blumen aus Europa und Amerika, Gewächse feinerer Art, wie sie im übrigen Marokko unbekannt sind, zwischen denen künstliche Springbrunnen auf verschiedenste Art Wasserstrahlen auswarfen, sogar eine kleine Eisenbahn mit Wagen, welche durch ein Radwerk in Bewegung gesetzt wurde.

"Der Sultan, die Grossen und auch die Schürfa," fing Sidi an, "wollen nichts vom Fortschritt wissen, deshalb sind wir auch von den Spaniern geschlagen; wenn ich nur könnte, ich würde Alles einführen wie es bei den Christen ist, d.h. vor allem eine feste Gesetzgebung und regelmässiges Militair."—"Aber, wenn du nur willst, Sidi," erwiederte ich, "so wird der Sultan auch wollen und müssen."—"Der Sultan und ich sind beide vom Volk abhängig, und dass ich mich christlich kleide, was doch die Türken jetzt auch thun, nimmt man gewaltig übel." Unter diesen Gesprächen waren wir durch einen blühenden Rosengarten, wo Jasmin und die köstlich duftende Verbena Luisa mit Heliotropen und Veilchen ihre Wohlgerüche der Luft spendeten, zu einem prächtigen Orangenhain gekommen. "Diesen ganzen Garten hat mir der Sultan geschenkt," sagte Sidi, "oder eigentlich zurückgeschenkt, denn mein Grossvater, Ali, schenkte ihn seinem Vater." Nach dem Orangengarten kamen ausgedehnte Olivenpflanzungen, wir drangen bis dahin durch, kehrten dann zurück, wo wir die Schürfa und Tholba noch im Zimmer versammelt fanden.

Gleich nach der Rückkehr Sidi's stellten sich Sklaven ein mit Schüsseln auf dem Kopf. Alles nahm Platz, da wurde zuerst eine Maida (kleiner Tisch) vor Sidi gestellt, und, nachdem Sklaven ein messingenes Becken und eine Kanne gebracht, die Hände abgewaschen. Ein Handtuch, vielleicht hatte es schon einmal als Hemd gedient, war für Alle zum Abtrocknen bereit. Es bildeten sich Gruppen: Sidi ass aus einer Schüssel mit 5 oder 6 Schürfa, hier sass wieder eine Gruppe, dort eine andere, ich selbst wurde eingeladen, an der Schüssel der beiden Günstlinge Ali und Ibrahim, zu der ausserdem noch zwei Vettern von Sidi zugezogen waren, theilzunehmen. Man ass, mit Ausnahme des Tisches, an dem Sidi sass, mit grosser Hast, um ja nicht zu kurz zu kommen. Die Speisen waren gut, gebratenes Fleisch, gebratene Hühner, und bei jeder Schüssel lagen fünf oder sechs Brode, die vorher gebrochen wurden. So, dachte ich, ass man zur Zeit Jesu aus einer Schüssel und mit den Händen.

Sidi, der in Frankreich gewesen, konnte es nicht lassen ein paar Mal herüberzusehen: "Mustafa (diesen Namen hatte ich angenommen), hast du schon oft mit der Hand gegessen?" fragte er. "Gott erbarm dich!" rief ein graubärtiger Scherif, "essen denn die Christenhunde nicht mit der Hand?" "Nein," erwiederte der Grossscherif, "als ich auf der französischen Fregatte nach Mekka reiste, ass ich mit einer Gabel." "Gott sei meinem Vater gnädig," erwiederte jener, "unser Herr Mohammed hat mit der rechten Hand gegessen, Mohammad ist der Liebling Gottes, und der Segen Gottes ruht auf seinen Nachkommen." Sidi, wohl um ein religiöses Gespräch abzuschneiden, rief einen Sklaven, gab ihm ein saftiges Stück Fleisch, das er vom Knochen abgelöst hatte: "gieb das Mustafa." Von dem Augenblick, d.h. seitdem ich aus der Hand Sidi's einen Bissen erhalten hatte, wurde ich als sein erklärter Günstling angesehen.

Nach beendetem Essen wurde Kaffee herumgereicht, und nachdem man noch eine Zeitlang gesessen und darauf in Gemeinschaft das l'Asser Gebet abgehalten war, befahl Sidi sein Pferd. Er bestieg einen ausgezeichneten Fuchs, die beiden Günstlinge Ali und Ibrahim hatten nicht minder schöne Pferde zur Verfügung, und nun ging's heimwärts. Vor den Thoren des Gartens lauerten Haufen von Menschen, alte und junge, Männer und Weiber, die sich bemühten, seinen Fuss oder den Saum des Burnus zu berühren, oder auch nur sein Pferd, denn diesem wird dadurch, dass der Sohn des Propheten es besteigt, ebenfalls eine Heiligkeit mitgetheilt, und man kann den Segen herausziehen.

Einige von den Schürfa bestiegen ebenfalls Pferde oder Maulthiere, die meisten folgten zu Fuss. Unter ihnen war ich; einer der Emkadem[67] Sidi's hatte sich meiner Hand bemächtigt, als ob ich nicht allein gehen könnte, oder um ja ein von Sidi ihm anvertrautes Gut nicht zu verlieren: "ich soll für dich sorgen," sagte er, und so betraten wir Uesan el Dar Demana.

[Fußnote 67: Emkadem, Verwalter oder Intendant.]

Eine enge Strasse führte uns gleich in die eigentliche Sauya, d.h. das heilige Viertel, das Sidi bewohnt, welches von der übrigen Stadt durch Mauern und Thore geschieden ist. Denn wenn auch die ganze Stadt (Uesan el dar demana heisst: Uesan das Haus der Zuflucht) ein geheiligtes Asyl ist, so ist doch speciell das Stadtquartier, welches Sidi bewohnt, heilig und unverletzlich. In diesem Quartier, gleich unterhalb seiner Hauptwohnung, bekam ich im "Rheat"[68] einen Pavillon als Wohnung angewiesen, der einstmals reizend gewesen sein musste, jetzt aber etwas vernachlässigt aussah.

[Fußnote 68: Rheat heisst eigentlich Blumengarten, Blumenterrasse.]

Dieser Rheat war zur Zeit Sidi-el-Hadj-el-Arbiis, des Vaters des jetzigen Grossscherifs, ein üppiger Garten gewesen; künstlich vom Djebel Bu Hellöl hergeleitete Wasser tränkten die Orangen- und Granatbäume, hübsche Veranden und Kubben im reinsten maurischen Style erbaut, aufs prächtigste geschmückt mit Stucco-Arabesken, mit echten Slaedj[69] von Fes, standen an den schönsten Punkten, und von einer jeden hatte man eine unvergleichliche Aussicht auf die gegenüberliegende Gebirgslandschaft. Sie dienten dazu, die zahlreichen Pilger aufzunehmen, eine einzelne Kubba enthielt manchmal hundert solcher frommer Leute, die monatelang auf mühevollste Art gereist waren, um Uesan und den Sohn des Propheten zu sehen: hier auf den Terrassen der Kubben, im Schatten der Arkaden einer Veranda ruhten sie aus von ihren entbehrungsvollen Wegen, sie schauten auf das Bild zu ihren Füssen, sie bewunderten die Bauten, vor allem aber priesen sie Gott, dass er ihnen die Gnade erzeigt habe, Sidi-el-Hadj-Abd-es-Ssalam sehen zu können, dass er ihnen die Gunst gewährt habe, seine Nahrung geniessen zu können, denn alle Pilger, mochten auch 1000 vorhanden sein, werden zweimal täglich aus der Küche Sidi's gespeist.

[Fußnote 69: Slaedj sind kleine Fliesen von Thon verschiedenfarbig glasirt, man benutzt sie um den Fussboden damit zu belegen.]

Zwischen dem Rheat und dem Hauptgebäude befindet sich eine grosse Djema[70], die auch Freitags zum Chotba benutzt wird; ein freier Platz, auf dem die Pferde Sidi's angebunden stehen, führte dann aufs Hauptgebäude. Dies zeigt nach aussen die Thür, welche zu den Küchenräumen führt, eine Schule, worin die Söhne Sidi's mit vielen anderen Altersgenossen ihren täglichen Unterricht erhalten, und eine andere sehr niedrige Thür, welche zur eigentlichen Wohnung des Grossscherifs führte.

[Fußnote 70: Marokkanischer Ausdruck für Moschee.]

Man kommt zuerst in einen von zwei Orangenbäumen beschatteten Hof, auf diesen Hof öffnen sich eine Veranda und eine reizende Kubba[71], deren eine Seite ebenfalls nach dem Hofe zu offen war. In diesen Räumlichkeiten empfängt Sidi, und namentlich nach dem Freitagsgebet findet hier immer ein grosses Essen statt, woran, alle die Theil nehmen, die mit Sidi gemeinschaftlich das Chotba-Gebet verrichtet haben. Das eigentliche Wohngebäude, welches an diesen Hof stösst, besteht aus mehreren Abtheilungen. Zuerst kommen verschiedene Zimmer, zu denen man mittelst einer niedrigen Thür und einer Treppe hinangelangt und welche die Bibliothek Sidi's enthalten, dann folgen einige auf europäische Art eingerichtete. Ausser seinen beiden kleinen Söhnen, seinen Günstlingen, Ali und Ibrahim, und einigen Sklaven, die Nachts vor seiner Thür schlafen, hat der Grossscherif diese Zimmer von Niemand betreten lassen, für seine Frauen, für seine nächsten Verwandten sind sie ein vollkommenes Harem. Da ich die Beschreibung der Zimmer gegeben habe, brauche ich wohl kaum zu sagen, dass es mir ebenfalls vergönnt war, sie zu betreten: ich musste mehrere Male auf einem Harmonium spielen, welches in einem dieser Zimmer seinen Platz hat. Von diesen Räumen gelangt man in die Häuser seiner Frauen: das Harem. Sidi-el-Hadj-Abd-es-Ssalam hatte im Anfang der sechziger Jahre drei rechtmässige Frauen.

[Fußnote 71: Mit dem Worte Kubba bezeichnet man eine viereckige Räumlichkeit mit gewölbtem oder nach oben spitz zulaufendem Dache.]

Mittelst eines Thores gelangt man aus dieser Sauya in die eigentliche Stadt Uesan; eine enge Strasse windet sich den Berg hinan, überall kleine Läden, hier findet man siedende Sfindj (in Oel gebackene Kuchen), dort werden Kiftah (Leber und Fleischstückchen) über Kohlenfeuer geröstet, hier werden Fische gebacken, dort liegen flache Brode aus: es ist dies die Garküchenstrasse, sie geht allmälig in die Gasse der Oelhändler über, welche zugleich Butter und braune Schmierseife (diese wird in Marokko bereitet), eingemachte Oliven und Chlea (in Butter eingeschmortes Fleisch) verkaufen. Grosse Thorwege der auf die Strasse mündenden Häuser zeigen uns Fonduks (marokkanische Gasthöfe), und die zahlreichen Esel, Maulthiere und Kameele, die man im Innern erblickt, sagen, dass hier viel Leben und Treiben herrscht.

So ist es auch in der That! Die grossen Schaaren von Pilgern, welche täglich in Uesan zusammenströmen, ziehen viele Kaufleute herbei. Die Pilger, die in der Sauya eine dreitägige Gastfreundschaft geniessen, bleiben oft noch länger, sie haben Waaren oder Kleinigkeiten zum Verkauf mitgebracht, andererseits wollen sie Uesaner Gegenstände erhandeln. Man kann sich denken, dass Alles was von Uesan kommt für besonders gut gilt, die Frau zu Hause will Brod vom "dar demana" haben, oder ein Stück Zeug, der Sohn muss eine hölzerne Schreibtafel vom ssuk es Uesan (Markt von Uesan) haben, dann prägt er sich die Koransprüche viel leichter ein, der Grossvater muss einen neuen Rosenkranz von Mulei Thaib haben und die echten werden nur in Uesan verkauft.

Zahlreiche kleine Kaffeehäuser, mit heimlichen Zimmerchen, wo "Kif"[72] geraucht wird, liegen allerorts zerstreut und meist an den schönsten Punkten der Stadt, welche übrigens, wohin man sieht, über paradiesische Gegenden das Auge schweifen lässt. Viele dieser Kaffeehäuser, wie überhaupt die meisten Buden, gehören Sidi zu, der sie vermithet oder auch an seine Günstlinge temporär zum Ausnutzen überlässt.

[Fußnote 72: Kif heisst eigentlich Ruhe, Wohlergehen,

wird aber von den Marokkanern auf das Kraut
Cannabis indica übertragen, welches jene Ruhe, mit der
ein starker Rausch verbunden ist, hervorbringt.]

In einigen dieser Kaffeehäuser wird sogar zur Traubenzeit
Wein, und fast zu allen Zeiten Schnaps, der von Gibraltar
her importirt wird, verkauft. Denn auch hierin offenbart
Uesan seine Aehnlichkeit mit andern religiösen Städten,
dass es ein Ort der Laster und Schwelgerei ist. Wie häufig
sah ich Schürfa, die nächsten Anverwandten Sidi-el-Hadj-
Abd-es-Ssalams in einem total betrunkenen Zustande. Aber
ebensowenig wie die grössten Ausschweifungen, die
gröbsten Verstösse gegen Sitte und Religion, je Rom den
Charakter einer heiligen Stadt genommen haben,
ebensowenig leidet der Ruf Uesans darunter. Der
Grossscherif selbst hat bei Lebzeiten seines Vaters der Flasche
fleissig zugesprochen, und ob er nicht noch manchmal im
Innersten seines Hauses, an der Seite seiner Günstlinge dem
Bacchus opfert, wer wollte darauf mit Gewissheit Nein
sagen? Oeffentlich freilich ist er jetzt die Enthaltsamkeit
selbst, er raucht nicht, er schnupft nicht, er nimmt weder
Kif noch Opium (beides, obschon ebenso religionswidrig
wie Weintrinken, wird in Marokko keineswegs für sehr
sündhaft gehalten), kurzum, äusserlich lebt er sehr streng
nach den Vorschriften des Islam, wie duldsam er aber ist,
geht daraus hervor, dass er, sobald ich mit ihm und seinen
Günstlingen allein war, uns erlaubte, in seiner Gegenwart
zu rauchen.

Kommt man noch weiter in die Stadt, so hat man die
Kessaria vor sich, d.h. die Strassen, wo Kleidungsstücke
Tuche, Baumwollenzeuge und Wollfabrikate verkauft
werden. Hier sieht man auch jene schönen in ganz Marokko
bekannten Djelaba Uesania ausbieten, Ueberwürfe aus
feinster weisser Wolle gewebt. Man durchschreitet die

Atharia, d.h. die Strassen, wo Gewürze, Essenzen und Kramwaaren feil geboten werden, und befindet sich nun vis à vis der grossen Moschee von Mulei Abd-Allah Scherif.

Diese Djemma ist eine der berühmtesten im ganzen marokkanischen Reiche, hier liegt der Gründer Uesans, der Stifter der Sauya, die heute dar demana, d.h. Zufluchtsort fürs ganze Reich[73] ist, begraben. Wie alle marokkanischen Moscheen bildet ein grosser Hofraum, dann verschiedene Säulenreihen, deren Gallerien man Schiffe nennen kann, die architektonische Anordnung. Ausser Mulei Abd-Allah liegt der Hadj el Arbi, der Vater des jetzigen Grossscherifs, in der Moschee begraben. Ein kostbarer Sarkophag mit Tuch überhangen, birgt in einer Nebencapelle die irdischen Reste dieses grossen Heiligen. In der That war kein Abkömmling des Propheten so wunderthätig wie der Vater Sidi's, namentlich soll er die Gabe gehabt haben, die Fruchtbarkeit der Weiber zu vermehren. Er selbst hatte freilich nur einen Sohn, den jetzigen Grossscherif, der ihm im späten Lebensalter von einer Sklavin geboren wurde.

[Fußnote 73: Häufig entfliehen Leute ans den Gefängnissen des Sultans, gelingt es ihnen Uesan zu erreichen, wo sie sich entweder in das Grabgewölbe eines Heiligen flüchten, oder zu den Füssen des Pferdes des Grossscherifs legen, so werden sie immer begnadigt. Schwere Verbrecher dürfen aber die Sauya nicht mehr verlassen, sonst sind sie vogelfrei.]

Wie gross aber von jeher Macht und Ansehn der Schürfa von Uesan gewesen ist, geht am besten aus einer Beschreibung von Ali Bey hervor T.I. p. 269: Je parlerai ici des deux plus grands saints qui existent maintenant dans l'empire de Maroc: l'un est Sidi Ali Ben-Hamet qui réside à Wazen (dies ist der Grossvater Sidi's und Wazen ist englische Schreibart für Uesan) etc. Ferner p. 270: J'ai déjà remarqué que ce don de sainteté était héréditaire dans certaines familles (A. Bey bestätigt hier meine oben angeführte Thatsache von der mohammedanischen erblichen Heiligkeit). Le père de Sidi Ali était un grand saint, Ali l'est à présent et son fils aîné commence à l'être aussi.

Ausser diesen Hauptstadttheilen sind dann noch verschiedene Strassen, wo Handwerke betrieben werden: hier werden gelbe Pantoffeln, dort rothe Frauenschuhe verfertigt, hier arbeiten Sattler, dort sind Schmiede, hier wird gedrechselt, dort wird geschneidert; überall halten sie die verschiedenen Handwerke beisammen. Auch eine Mälha, d.h. ein Judenquartier, giebt es, und warum auch nicht, hatte nicht Rom auch sein Ghetto? Es giebt keine marokkanische Stadt, ja es giebt keine marokkanische Oase in der Sahara, wo nicht Juden wären[74].

[Fußnote 74: In Tuat, welches politisch zu Marokko gerechnet wird, sind allerdings keine Juden, Tuat aber liegt geographisch ausserhalb Marokko's, es gehört seiner Lage nach zu Algerien.]

In Uesan unter dem milden Scepter Sidi's lebten die Juden ziemlich erträglich, aber in anderen Städten Marokko's Israelit sein, heisst die Hölle hier auf Erden haben. Dennoch dürfen sie auch in Uesan keinen rothen Tarbusch tragen, sondern nur einen schwarzen, sie dürfen die Oeffnung des Burnus nicht wie die Muselmanen nach vorn tragen, sondern müssen dieselbe auf der Seite haben, sie dürfen keine gelbe oder rothe Pantoffeln, sondern nur schwarze und auch diese nur in ihren Häusern und in der Mälha tragen. Sie müssen, sobald sie einem Gläubigen begegnen, links ausweichen, endlich sind ihnen verschiedene Strassen, wie bei der Hauptmoschee oder bei den Grabstätten der Heiligen vorbei, gänzlich untersagt. Sie dürfen ausserdem in den Städten und Oertern nie ein Pferd besteigen und müssen jeden Mohammedaner mit "Sidi," d.h. "mein Herr," anreden. Man könnte Seiten vollschreiben, wollte man all die Vexationen, die Erniedrigungen und Demüthigungen, welchen die Juden in Marokko unterworfen sind, aufschreiben.

v. Augustin[75] sagt p. 129: "Auf dem Markte müssen sich die armen Juden die empörendsten Erpressungen von den Marokkanern gefallen lassen, und unter ihren Bedrückern stehen obenan die Garden des Sultans, welche sich alle möglichen Frechheiten erlauben. Nicht selten reisst ein solcher Halbmensch dem Juden eine Waare aus den Händen, welche dieser eben einem Käufer vorzeigt, und hat dieser selbst nicht die feste Absicht sie zu kaufen und wehrt sich gegen solche Eingriffe, so schreitet jener unbekümmert und laut lachend mit seinem Raube fort, trotz des Jammergeschreies, welches ihm von dem Beraubten nachtönt, welcher aber dennoch seine Bude nicht verlassen darf, um den Räuber zu verfolgen, weil sie sonst in wenigen Augenblicken rein ausgeplündert wäre. Wagte er es aber, sich thatsächlich zu widersetzen, so kann er sich versichert halten, halbtodt geschlagen zu werden, oder man führt ihn zum Kadi, wo er Unrecht bekommen muss, da kein Jude einen Mohammedaner schlagen darf."

[Fußnote 75: Marokko in seinen geographischen etc. Zuständen, von Frhrn. v. Augustin, Pesth 1845.]

Man kann die Bevölkerung von Uesan auf 10,000 Einwohner rechnen, wenn man die der Dörfer Rmel und Kascherin, die mit Uesan zusammenhängend sind, hinzurechnet. Von diesen sind etwa 800 bis 1000 Juden. An manchen Tagen vermehrt sich die Bevölkerung um einige 1000 Pilger, namentlich zur Zeit der grossen Feste.

Die Tendenz des jetzigen Sultans von Marokko, Sidi-

Mohammed-ben-Abd-er- Rahman, ist darauf aus, den Einfluss der Schürfa so viel wie möglich einzuschränken, und so hat er es denn auch durchgesetzt, dass gegenwärtig ein Kaid und einige Maghaseni (Reiter von der regelmässigen Cavallerie des Sultans, die in Friedenszeiten auch zu Polizeidienst gebraucht werden), welche die Regierung des Sultans repräsentiren sollen, in Uesan wohnen. Ihr Einfluss ist aber gleich Null, und sie selbst sind angewiesen, in wichtigen Sachen die Entscheidung Sidi's einzuholen. Wie einflussreich beim marokkanischen Gouvernement der Grossscherif von Uesan ist, geht allein schon daraus hervor, dass kein marokkanischer Kaiser anerkannt wird, wenn er vorher nicht gewissermassen die Weihe vom Grossscherif von Uesan erhalten hat. Als nach dem Tode des Sultans Mulei-Abd-er-Rahman-ben-Hischam verschiedene Bewerber um den Thron von Fes auftraten, und namentlich der älteste Sohn des Sultan Sliman, ein gewisser Mulei-Abd-er-Rahman-ben- Sliman, mit viel grösseren Rechten zur Nachfolge hervortrat, verdankte Sidi Mohammed seine rasche Besteigung des Thrones nur dem Umstände, dass Sidi- el-Hadj-Abd-es-Ssalam ihm nach Mekines entgegen reiste und durch seine Anerkennung (er stieg von seinem Pferde und führte das edle Ross dem Sultan zu Fuss entgegen, der es bestieg und dann sein Pferd dem Grossscherif zum Geschenk machte) alle Mitbewerber aus dem Felde schlug.

Der Einfluss des Grossscherifs ist indess nicht bloss deshalb so gross, weil er der directe Nachkomme Mohammeds, sondern weil er der reichste Mann im ganzen Kaiserreich Marokko ist. Es giebt in Marokko keinen Tschar, keinen Dnar, keinen Ksor[76], in dem der Grossscherif nicht eine Filialsauya oder einen Emkadem hätte. Die Emkadem sind angewiesen, in ihren Sprengeln jährlich Geld zu sammeln, das, wie der Peterspfennig nach Rom, in die Gasse Sidi's nach Uesan fliesst. In der ganzen Provinz Oran, in der Oase Tuat sind fast alle Mohammedaner "Fkra," d.h. "Anhänger" Mulei Thaib's von Uesan. Der reelle Einfluss geht bis Rhadames im Osten, bis Timbuktu im Süden. Aber selbst in Alexandrien, in Aegypten, in Mekka, in Arabien, sind Sauya des Grossscherifs von Uesan.

[Fußnote 76: Ksor, Ortschaften in den Oasen.]

Um den Glauben der Mohammedaner, d.h. die Opferwilligkeit, wach zu halten, werden jährlich zahlreiche Schürfa, die nächsten Verwandten Sidi's in die ganze mohammedanische Welt geschickt, um die Wunder und Herrlichkeit Uesans zu verkünden. Sidi beklagte sich bitter, dass die Franzosen in letzter Zeit den Schürfa von Uesan verboten hatten, in Algerien ihre Rundreisen zu machen. Es hat dies aber seinen guten Grund, zum Theil wollen damit die Franzosen verhüten, dass so viel Geld ausser Landes geht, zum Theil aber hatten die Schürfa sich in Politik gemischt, die Gläubigen gegen ihre ketzerischen Herren aufgereizt, was die algerische Regierung sich natürlich nicht gefallen lassen konnte.

Während der ganzen Zeit meines Aufenthalts erfreute ich mich der grössten Zuneigung und Gastfreundschaft des Grossscherifs.

Ich musste fast den ganzen Tag mit ihm zubringen, von Morgens früh, wo er mich rufen liess, Kaffee mit ihm und seinen Günstlingen zu trinken, bis Abends, wo er sich in seine Wohnung zurückzog. Wenn ich manchmal Zeuge war, wie er im selben Augenblicke den Leuten, die soeben ihr Geld, ihre Kostbarkeiten ihm geopfert hatten, mit ernstester Miene den Segen ertheilte, und dann, sobald sie den Rücken gekehrt hatten, sich über sie lustig machte, auch wohl sagte: "was für Thoren sind diese Leute, mir ihr Geld zu bringen", so dachte ich den aufgeklärtesten Mann vor mir zu haben, andererseits sah ich aber so viele Thatsachen, wo er von seiner eigenen Macht, von seinem besseren "Sein" überzeugt war, dass es mir schwer wurde, diese Widersprüche zu erklären.

Aber Alles dient in Uesan dazu, von Jugend auf dem Grossscherif einzuprägen, dass nicht nur die Mohammedaner, die vor Gott allein Gläubigen, sondern dass unter den Mohammedanern die Araber (der Koran darf z.B. bei allen mohammedanischen Völkern nur arabisch gelehrt werden) das auserwählte Volk sind, dass im auserwählten Volk die Schürfa als Nachkommen Mohammeds den vorzüglichsten Platz einnehmen, und dass unter den Schürfa wieder der directeste Nachkomme der von Gott am meisten Bevorzugte ist. In dieser Art und unter dieser Auffassung wird der Sohn Sidi's erzogen. Dieser, Namens Sidi-el-Arbi, entwickelte denn auch zu der Zeit schon ganz den Stolz und Eigendünkel, den eine solche Lehre hervorbringen muss. Dass trotzdem bei Sidi sowohl als auch, wie es den Anschein hatte, bei seinem ältesten Sohne, Sidi-el-Arbi, Herzensgüte und eine gewisse Bescheidenheit nicht unterdrückt werden konnte, ist wohl darin zu suchen, dass immer fremdes Blut in die Familie kommt, wie denn Sidi's Mutter, wie schon gesagt, eine Haussa ist. Es beruht dies auf dem Gesetz der Erblichkeit, denn während Hochmuth, Eigendünkel etc. väterlicherseits mitgebracht wird, können andererseits die Eigenschaften, welche von mütterlicher Seite in die Familie kommen, nicht unterdrückt werden.

Dass aber der spanische Krieg auch keineswegs nachhaltend civilisatorisch auf den Grossscherifs wirkte, sah ich daraus, dass er, als ich später wieder Uesan besuchte, seine christliche Militairuniform abgelegt hatte, und dafür sich mit einer Djelaba wie die übrigen Schürfa kleidete. Er mochte, wohl recht haben; auf meine Frage nach dem Beweggrund, erwiederte er: sein Ansehen leide, und er müsse, um die Gelder reichlich fliessen zu machen, dem Volke in seinen Vorurtheilen nachgeben.

Die Haltung des Grossscherifs hat aber natürlich auf das ganze Leben und Treiben in Uesan den grössten Einfluss. Und wenn wir auch Fortschritte in Tanger und Mogador constatiren können, wo die grössere Frequenz mit Europa neben Hotels in ersterer Stadt sogar Dampffabriken ins Leben gerufen hat, wo man angefangen hat, den Christen heute mit den Gläubigen eine gleichberechtigte Stellung einzuräumen, so braucht man solche Fortschritte von Uesan nicht zu fürchten. Sollte es einem Europäer heute gelingen, nach dieser heiligen Stadt hinzukommen, er kann sicher sein, Uesan el dar demana so zu finden, wie es geschildert ist, d.h. auf demselben Standpunkte der Bildung, auf dem es sich seit Jahrhunderten schon befunden hat: man glaubt sich ins volle Mittelalter zurückversetzt.

7. Eintritt in marokkanische Dienste.

Ich blieb nicht lange in Uesan, trotzdem "Sidi" wollte, ich sollte ganz bei ihm bleiben; als er dann aber mich fest zum Weitergehen entschlossen sah, stellte er auf liebenswürdige Art ein Maulthier zur Disposition, und empfahl mich einem Kaufmann aus Uesan, der ebenfalls nach Fes reisen wollte. Abends vorher, ehe ich Uesan verliess, musste ich im Hause dieses Kaufmanns zubringen, um die Zeit nicht zu verschlafen; der Hadj Hammed, so heisst der Mann, war ein grosser Freund von Musik und hatte als Abschiedsfest verschiedene Freunde geladen, die auch alle musikalisch waren. Man kann sagen, dass eine Art Soirée musicale abgehalten wurde, denn Hadj Kassem, ein alter graubärtiger Musikus aus Lxor, berühmt in Marokko wegen seiner Spielfertigkeit auf dem Alut, wie Liszt bei uns auf dem Klavier, war auch zugegen, andererseits war sein Schüler, ein Neger Ssalem, ein fast ebenso bedeutender Künstler auf der Violine wie weiland Paganini, auch anwesend. Man denke aber ja nicht in Marokko an Flügel, Klaviere, Harmonium oder dergleichen, denn wenn auch Sidi sich solche Instrumente hatte kommen lassen, wenn auch beim Sultan dergleichen zu finden sein möchten, so kennt das Volk sie nicht. Ich glaube kaum, dass das marokkanische Volk für unsere Musik Verständniss haben würde; wenn es musikalisch denken könnte, wenn es überhaupt ein Urtheil abgeben könnte, würde es vielleicht unsere Musik mit "Zukunftsmusik" bezeichnen.

Ich konnte an dem Abend sämmtliche Instrumente, deren sich die Marokkaner bedienen, kennen lernen. Eingebürgert von europäischen Instrumenten hat man Guitarre, Violine und Violoncell, welch letzteres in Marokko als Bass dient.

Ausser diesen hat man ähnliche abenteuerlicher Art, und im Lande selbst angefertigte Instrumente![77] Da ist das Saiteninstrument "Alut", eine Art Guitarre, nur mit gewölbtem Boden, es hat auf den vier Saiten die Laute g, e, a, d. Da ist ein Streichinstrument mit zwei Saiten, "Erbab" genannt, von dem der Hals auch hohl und resonirend ist, es hat die Grundlaute d, a; der Fiedelbogen dazu besteht aus einem Bogen so gross wie eine Hand, und die Streiche dazwischen haben nur eine Spannung von etwa 4 bis 5 Zoll. Endlich hat man noch eine grössere Art "Kuitra" mit drei Saiten, dem Cello entsprechend, mit den Tönen d, h, g. Als Blasinstrumente besitzen die Marokkaner das "Schebab", eine kurze Flöte mit verschiedenen Löchern; die "Rheita", ein kleines Instrument mit clarinetartigen Tönen, endlich eine grosse Posaune, "El-Bamut" genannt. Trommeln verschiedener Form und Grösse, Schellen u. dgl. vervollständigen die Liste der Instrumente. Dass ein Unterschied in der Anwendung der Instrumente Seitens der Araber, Juden und Neger bestände, wie Höst bemerkt haben will, ist mir nie aufgefallen. Von allen Instrumenten ist die "Rheita" allein das, welches einen angenehmen Ton hervorbringt. Unsere europäischen Instrumente, Violine, Guitarre u.s.w. werden von ihnen auf ohrzerreissende Art behandelt. Das eigentliche Nationalinstrument der Marokkaner ist aber die "Gimbri", ein kleines zweisaitiges Instrument, eine Guitarre oder Violine im Kleinen. Der Resonanzkasten ist gemeiniglich nicht grosser als 4 oder 5 Zoll Durchmesser, irgend eine trockne Kürbisschale oder auch ein aus Holz geschnitztes Becken ist gut dazu, ein Stück dünnes Leder oder Pergament wird darüber gespannt, ein Stiel daran befestigt und die Saiten aufgezogen. Jeder verfertigt es selbst, meist ist e und a Grundton. Die "Gimbri" wird nicht gestrichen, aber auch nicht einfach mit den Fingern geknipst, sondern man bedient sich dazu eines Hölzchens, wie bei uns es die Klavierstimmer haben, um über die Saiten dieses Instrumentes zu fahren. Bei grösseren Concerten findet übrigens die Gimbri keine Anwendung.

[Fußnote 77: Siehe Höst p. 260, der Abbildungen von verschiedenen marokkanischen Instrumenten giebt.]

Wenn *uns* nun aber auch Alles wie Katzenmusik vorkommt, so muss man doch keineswegs glauben, dass die Marokkaner ganz ohne musikalisches Gefühl sind, nur sind eben ihre Empfindungen für Musik anders als unsere. Was für uns Harmonie und Consonanz ist, hören sie als Dissonanz, ohne aber deshalb in ihrer eignen Musik gewisser Regeln zu entbehren.

Der Abend ging angenehm hin; hatte ich auch keinen musikalischen Genuss, so war doch Alles neu. Mit dem Spielen der Stücke war immer Gesang verbunden. Und auffallend war es mir, dass je mehr Jemand näselte oder Fisteltöne hervorbrachte, er desto mehr bewundert wurde.

Früh am andern Morgen wurde aufgesessen, ich ritt ein gutes Maulthier. Wie Spanien ist Marokko das Land der Maulthiere, die meist braun oder grau von Farbe sind. Die guten Maulthiere sind theurer als die guten Pferde, aber nicht so theuer wie die besten Pferde. Man kann schon für 30 bis 40 französische (Fünffranken-) Thaler ein gutes Pferd kaufen, aber unter 60 bis 80 Thaler kein starkes gutes Maulthier bekommen. Edle Pferde, wie sie der Sultan besitzt oder vornehme Schürfa und Kaids, werden aber selbst in Marokko bis 1000 Thaler geschätzt. Dies ist die Summe, welche mir als die höchste angegeben wurde.

Zu Pferde oder Maulthier braucht man von Uesan nach Fes anderthalb Tage, aber da die Hitze jetzt immer grösser wurde, die Wege sehr schlecht waren, und weil Hadj Hammed unterwegs allerlei Geschäfte abzuschliessen hatte, brauchten wir drei Tage. Er machte Einkäufe, oder auch bekam hier ein Töpfchen mit Butter, dort einige Eier zum Geschenk, was zur Folge hatte, dass zuerst sein, dann auch mein Maulthier so beladen war, dass wir beide zu Fuss gehen mussten. Man kann sich einen Begriff von der Macht und dem Reichthum Sidi-el-Hadj-Abd-es-Ssalam's machen, wenn ich anführe, dass fast alles Land bis dicht vor Fes *sein persönliches Eigenthum* ist. Dennoch glaube ich kaum, dass er viel baares Vermögen besitzt, da die grosse Zahl der Pilger, welche in Uesan auf liberalste Weise bewirthet werden, wieder Alles verausgaben macht.

Die ganze Gegend, welche man durchzieht, ist gebirgig und aufs reichste angebaut, Getreidefelder von Weizen und Gerste wechseln ab mit Olivenwaldungen, Gärten bestanden mit Orangen, Granaten, Aprikosen, Pfirsichen, Quitten, Mandeln, Feigen und Weinreben, lachen am Wege. Man hat zwei bedeutende Wasser zu überschreiten, den Ued Uerga, ungefähr auf halbem Wege zwischen Uesan und Fes, circa sieben Stunden von letzterer Stadt entfernt, und den Sebu. Beide waren so bedeutend angeschwollen, dass wir mit einer Fähre übersetzen mussten. Die Fähren waren ebenfalls Eigenthum des Grossscherifs von Uesan.

Abends 5 Uhr des dritten Tages waren wir endlich vor Fes, der Hauptstadt des Landes. Mich überwältigte fast der Anblick der ausgedehnten Häusermasse, aus denen hier und da hohe Sma (Minarets) hervorragten. Wir, zogen rasch durch die lange Strasse dahin und ich wurde derart zur "Mhalla", d.h. der Zeltlagerung der Soldaten geführt. Für einen Obersten der Armee, Hadj Asus, hatte ich ein Empfehlungsschreiben des Grossscherifs. Nicht nur wurde ich gut aufgenommen, sondern Hadj Asus, dessen Zeltgenosse und Gast ich bleiben musste, versprach mir schon für den folgenden Tag eine Anstellung.

Am andern Tage war grosse Revue vor dem Sultan; die ganze regelmässige Armee, circa 4000 Mann, musste in ziemlich guter Ordnung vor dem unter einem Baldachin sitzenden Sultan vorbeidefiliren; sobald eine Abtheilung in unmittelbare Nähe des Sultans kam, riefen sämmtliche Soldaten "Allah ibark amar Sidna", "der Herr segne die Seele unseres gnädigen Herrn". Die Anführer selbst präsentirten die Säbel, prosternirten sich und küssten den Boden. Sobald die Abtheilung des Hadj Asus herankam, defilirt und gerufen, und dann Hadj Asus seinen Gruss verrichtet hatte, wurde er in die Nähe des unbeweglich dasitzenden Sultans gerufen. Ursache war, dass ich mich seinem Zuge angeschlossen hatte, und mit Offizieren und Soldaten den Parademarsch mitmachte. Natürlich musste meine Erscheinung Aufsehen erregen, denn ich hatte einen ziemlich langen schwarzen Ueberrock an, der bis auf die Knie reichte, darunter guckte die Unterhose kaum hervor, gelbe, recht abgenutzte Pantoffeln und ein rother Fes, das war meine übrige Bekleidung. Hadj Asus kam freudestrahlend zurück.

Der Sultan hatte sich in der That über meine Persönlichkeit informirt; Hadj Asus hatte ihm gesagt, ich sei zum Islam übergetreten, habe vom Grossscherif eine Empfehlung gebracht und wünsche in die Armee als Arzt einzutreten: ein "Achiar" (Fi el cheir, d.h. das ist gut) war die Antwort des Sultans gewesen, und Hadj Asus war den ganzen Tag über ausser sich über das Glück, vom Sultan angeredet worden zu sein.

Nach der Parade wurde ich sodann dem Kriegsminister vorgestellt, einem Schwarzen, Si Abd-Allah genannt, der besondere Meldungen unter einem schirmartigen Zelte sitzend entgegennahm. Er war sehr zufriedengestellt über meine Antworten und sagte, dass ich am folgenden Tage meine Anstellung zu erwarten habe. Am folgenden Tage wurde ich denn auch benachrichtigt, ich sei zum obersten Arzte der ganzen Armee seiner Majestät ernannt.

Als Obliegenheit wurde mir bezeichnet, alle Soldaten, die sich krank meldeten, zu untersuchen und zu behandeln. Die Medicamente hatten sie von mir zu bekommen, mussten aber dafür zahlen, da mir überhaupt von der Regierung auch keine zur Disposition gestellt wurden. Mein Gehalt war täglich auf 2-1/2 Unzen angesetzt, ungefähr 3 bis 4 Groschen. So klein das nun auch klingt, so sind doch die Verhältnisse in Marokko derart, dass man damit recht gut existiren konnte, zumal mir volle Freiheit blieb, Privatpraxis zu treiben, wo und soviel ich wollte. Man kümmerte sich überdies nicht viel um mich. Mein Quartier hatte ich vorläufig beim Hadj Asus behalten; wenn ich aber den ganzen Tag von der "Mhalla" abwesend war, fragte Niemand danach. Ich sollte ein Pferd, Maulthiere, Diener zur Disposition erhalten, habe dieselben doch nie bekommen. Meine Nahrung hatte ich mir selbst zu beschaffen, es war das freilich meine wenigste Sorge, heute war ich Gast bei diesem, morgen bei jenem. Wenn gerade keine Hungersnoth in Marokko ist, hat ein lediger Mann dafür nicht zu sorgen.

Nach einigen Tagen liess der Baschagouverneur von Fes, Ben-Thaleb, mich rufen. Er hatte von der Ankunft eines europäischen Arztes gehört, und selbst an chronischem Asthma leidend, bat er mich ihn zu behandeln, zu gleicher Zeit aber auch bei ihm Wohnung zu nehmen. Ich nahm diesen Vorschlag mit Freuden an. Hadj Asus hatte nichts dagegen, dass ich beim Bascha wohnte; dieser, einer der reichsten und einflussreichsten Beamten des ganzen Kaiserreiches, hatte wohl Anspruch auf seine Rücksicht.

Um die Zeit kam denn auch Joachim Gatell, der vorhin erwähnte Spanier, der den Namen Smaël angenommen hatte, nach Fes. Er wurde Si-Mohammed-Chodja, einem andern Commandanten der regelmässigen Truppe zugetheilt, und erhielt bald darauf ein selbstständiges Commando über die Artillerie. Später sollten wir genauer mit einander bekannt werden, als es jetzt der Fall war. Denn der Sultan hatte nach Verlauf von ungefähr vier Wochen Befehl zum Aufbruche gegeben. Es war die Zeit des Residenzwechsels gekommen und der Sultan beschloss, das Hoflager und die "Mhalla" nach Mikenes zu verlegen. Natürlich durfte ich nun auch nicht in Fes bleiben, da alle Truppen mit Ausnahme derer, welche den beiden Gouverneuren beigegeben waren, mit dem Sultan fort mussten.

Schwer würde es sein, ein richtiges Bild von diesem eigenthümlichen Ausmarsche zu entwerfen. Alles lief bunt durcheinander. Da waren die sogenannten regelmässigen Soldaten, in Begleitung ihrer Weiber (fast jeder Soldat ist verheirathet), Kinder und Sklaven. Kaufleute drängten sich dazwischen, hier bot einer Brod feil, hier Zwiebeln, dort hatte ein anderer ein Brettchen mit verschiedenen Fächern und Schachteln darauf; eine ambulante Gewürzkrambude, Zimmt, Pfeffer, Nelken u. dgl. war da zu haben. Hier bot einer Fleisch, dort Fische feil. Und da kam der Sultan selbst daher, ein grosser glänzender Haufe, die Minister, die höchsten Beamten des Landes umgaben ihn, ein langer, langer Tross beladener Maulthiere und Kameele folgte. Dann der Harem, über hundert Frauen und junge Mädchen, dicht verschleiert auf Maulthieren daherreitend, diese allein eine geschlossene Masse bildend, denn auf schnellen Pferden hielten die Eunuchen diese Lieblingsweiber des Herrschers zusammen. Es war dies gewissermassen der ambulante Harem des Sultans, die schönsten, jüngsten und fettesten Frauenzimmer der vier Harems von Fes, Mikenes, Arbat und Maraksch, meist Kinder von 12 bis 15 Jahren. Endlich kam die grosse Abtheilung der Maghaseni, der unregelmässigen jedoch besoldeten Cavallerie; es mochten wohl 10000 Pferde zugegen sein. Man denke sich nun diesen Menschen- und Thierknäuel ohne Ordnung und einheitliche Leitung in Bewegung, der eine schnell, der andere langsam, der hier marschirend, der dort, dieser hier laufend, jener langsam seinen Weg fortsetzend, wie ein Jeder es eben für gut fand.

Als wir, ich befand mich unter den Ersten, Mikenes erreichten, war der ganze Weg zwischen Fes und Mikenes noch mit Menschen und Thieren überschwemmt, denn als die ersteren in letzterer Stadt eintrafen, waren noch lange nicht alle von Fes aufgebrochen. Zwei Tage dauerte es, bis die ganze Armee, vielleicht in allem etwa 40,000 Menschen, eingetroffen waren, und das Terrain zwischen beiden Städten ist derart eben und schön, derart ohne alle Hindernisse, dass man fortwährend mit mehreren Armeen, fast möchte ich sagen im Frontmarsche von einer Stadt zur andern marschiren kann. Die Armee lagerte an der Aussenseite der Stadt, der Sultan selbst bezog sein Palais.

Was mich anbetrifft, gebunden, da zu sein, wo die Armee ist, hatte ich andererseits Freiheit genug, wohnen zu können wo ich wollte, und miethete deshalb in einem Funduk der Stadt ein Zimmer zum Wohnen, während ich andererseits ein "Hanut", Bude, in der belebtesten Strasse in Gemeinschaft mit einem Franzosen, Namens Abd-Allah bezog. Ich prakticirte oder hielt ein Polyclinicum ab. Meine Medicamente bestanden wie die der marokkanischen Aerzte aus einem grossen Kohlenbecken, mit Eisenstäben zum Weissglühen, aus grossen Töpfen mit Salben, Kampheröl, Brechpulver, Abführungsmitteln und verschiedenen unschädlichen gefärbten Mehlpulversorten für Hypochonder und hysterische Kranke. Und was nie und nirgends in Marokko gesehen war: ich hatte ein grosses Aushängeschild; darauf hatte Smaël (Joachim Gatell) mit grossen und schönen Buchstaben gemalt: "Mustafa nemsaui tobib ua djrahti", d.h. Mustafa der Deutsche, Arzt und Wundarzt. Es ist kaum zu glauben, welch Aufsehen es erregte in einem Lande, wo die Annoncen, Anzeigen, Aushängeschilde noch nicht etwa in der Kindheit liegen, sondern wo sie noch gar nicht geboren sind, ein solches

Schild zu führen. Von Morgens früh bis Abends spät stand Jung und Alt, Vornehme und Geringe, Männer und Weiber vor der Bude, und buchstabirten (lesen kann Niemand in Marokko, aber buchstabiren können alle Städter) die langen arabischen Buchstaben, welche zwei grosse Bogen Papier einnahmen. Der Erfolg war vollständig.

Ich hatte vorhin erwähnt, dass ich mich mit einem Franzosen Namens Abd- Allah zusammengethan hatte, weil ich allein nicht die Miethe für die Bude von Anfang an zu Stande bringen konnte. Dieser Franzose, ein ehemaliger Spahisoffizier, war vor ungefähr zwanzig Jahren mit der Casse seiner Compagnie nach Marokko entflohen, hatte bei dem vorletzten Sultan Muley- Abd-er-Rahman gute Aufnahme gefunden, sein Geld (wie er selbst angab 20,000 Franken) mit liederlichen Dirnen in Saus und Braus, aber in einigen Jahren durchgebracht. Hernach hatte er sich dem Hofe angeschlossen, hatte natürlich geheirathet und lebte nun von mechanischen Fertigkeiten. So behauptete er, der Introducteur des soufflets in Marokko zu sein, und seine damalige Beschäftigung bestand darin, neue Püster anzufertigen, alte auszubessern. Von Zeit zu Zeit pflegte er nach irgend einem Hafenplatz zu gehen, von wo er sich neue Vorräthe holte. Ohne besonderes Wissen, trotzdem er darauf pochte, französischer Offizier gewesen zu sein, war er ein harmloser Mensch, was man nicht immer von den übrigen Renegaten sagen kann. Er war übrigens vollkommen durch seinen langen Aufenthalt in Marokko marokkanisirt, und liess den Rosenkranz auf ebenso scheinheilige Art und Weise durch die Finger gleiten, wie der beste Thaleb oder Faki es nur kann.

Aber sonderbar genug sah unsere Bude aus, auf der einen Seite arbeitete der Franzose Püster, auf der andern Seite quacksalberte ich, denn so muss ich, wenn ich aufrichtig sein will, meine ärztliche Praxis in Marokko nennen.

Das ausgehängte Plakat, dann überhaupt die Ankunft eines europäischen Arztes, hatten indess viel Lärm gemacht, und der Ruf davon war bis zu den Ohren des ersten Ministers, Si-Thaib-Bu-Aschrin, gedrungen. Eines Abends kamen einige seiner Diener und ergriffen meine Hand; ich hatte kaum noch Zeit, den Franzosen Abd-Allah zu bitten, als Dolmetsch mit zu kommen, und fort ging's. Wir trafen Si-Thaib gerade beim Nachtmahl mit mehreren anderen Beamten des Hofes, die seine Gäste waren. Im äussersten Winkel des Zimmers spielten drei Musikanten auf einer Rheita, Kuitra und Erbab. Si-Thaib lud uns beide gleich ein, mit an die Maida (kleiner flacher Tisch) zu rücken, aber Abd-Allah dankte für sich und mich, und wir zogen uns, während die hohen Würdenträger von einer Schüssel zur andern übergingen, in ein Nebenzimmer zurück, und bald darauf brachten uns Sklaven die angebrochenen Schüsseln, worin allerdings noch reichliche und recht gut zubereitete Speisen sich befanden, die mir aber widerlich zu berühren waren, weil jene Würdenträger, so hoch sie nun auch in Marokko sein mögen, mit ihren kaum gewaschenen Händen darin herum gerührt hatten. Anstandshalber *musste* ich aber einige Bissen von jeder Schüssel nehmen, und dabei nicht vergessen, die Grossmuth Si-Thaib's und die Güte der Speisen zu preisen. Abd-Allah sagte mir dann auch, es würde sehr unschicklich gewesen sein, hätten wir die Einladung Si-Thaib's, mit ihm zu essen, angenommen, er würde aber jetzt über unsere Bescheidenheit und unser Savoir-vivre hoch erfreut sein.

Das Zimmer, worin Si-Thaib sich aufhielt, war eine sogenannte Mensa, d.h. ein Gemach im ersten Stocke. Lang, wie alle marokkanischen Zimmer, war es elegant möblirt, d.h. durch das Zimmer zog sich ein weicher Beni-Snassen-

Teppich, und der hohen ogivischen Thür gegenüber waren noch andere Teppiche auf diesem. Hierauf lagen sodann wollene Matratzen und Kissen. Mehrere Lampen von Messing, alterthümlich gestaltet, hingen von der Decke des Zimmers und auch einige silberne Leuchter mit Stearinkerzen brannten in den Nischen. Der Plafond des Zimmers war bunt bemalt, und an den Wänden desselben Arabesken in Gyps.

Als auch wir abgegessen hatten, wurden wir ins Zimmer gerufen und durften am Thee theilnehmen, der nur in kleinen aus sehr feinem Porzellan bestehenden Tässchen herumgereicht wurde. Si-Thaib hielt mir sodann seine Füsse hin und fragte mich, was Krankes daran sei. Abd-Allah, der Franzose, hatte mir vorher schon mitgetheilt, der Minister leide an Podagra ich hatte also eine leichte Mühe, ihm seine Krankheitserscheinungen zu sagen. Dennoch befühlte ich die Füsse vorher genau, fragte nach einigen anderen Umständen, um der ganzen Sache mehr Ansehen zu geben, und als ich ihm dann schliesslich sagte, er hätte die Ministerkrankheit (mrd el uïsirat wird in Marokko das Podagra genannt), war er höchst erfreut, dass ich seiner Meinung nach aus blossen äusseren Kennzeichen seine Krankheit erkannt hatte.—Er fragte mich sodann, ob ich Anhänger der heissen oder der kalten Mittel sei (nach Meinung der Marokkaner haben die Medicamente entweder erhitzende oder abkühlende Eigenschaften), und als ich mich für die ersten erklärte, fand ich, dass ich auch darin seinen Geschmack getroffen hatte.

Si-Thaib entliess uns huldvollst und fügte beim Abschied hinzu, ich solle am andern Tage eine seiner Wohnungen beziehen, um ihn an seinem Podagra zu behandeln. Aber es sollte anders kommen, schon am folgenden Tage früh kamen Maghaseni vom Dar es Ssultan (Palast des Sultans) mit der

Weisung, rasch dahin zu kommen; kaum liess man mir Zeit, die Pantoffeln anzuziehen und den Burnus umzuhängen. Dort angekommen, erklärte mir ein Beamter des Sultans, Ben Thaleb, der Gouverneur von Alt-Fes, habe an den Sultan geschrieben, ob ich nicht zurückkehren dürfe, um ihn zu behandeln, der Kaiser habe diese Bitte gewährt und ich habe auf der Stelle abzureisen. Mein Protest, nach Hause zurückkehren zu müssen, um meine Sachen zu holen, um die Medicamente mitzunehmen, um den Bekannten Lebewohl zu sagen, alles das half nichts; die Antwort war immer: "der Sultan hat gesagt, du solltest *gleich* abreisen, also *musst* du auch *gleich* abreisen". Ein gesatteltes Maulthier stand bereit, ein Maghaseni zu Pferde war als Begleiter da, und so musste ich fort, wie ein Packet ohne eigenen Willen. Da der Sultan befohlen hatte, selben Abends noch in Fes anzukommen, wurde scharf geritten, und vor Sonnenuntergange war die Hauptstadt erreicht und bald darauf war ich wieder beim Gouverneur der Alt-Stadt.

Ich hatte indess einen guten Tausch gemacht, Ben-Thaleb sorgte dafür, einen Dolmetsch kommen zu lassen, einen eingeborenen Algeriner Thaleb, Namens Si- Abd-Allah, der leidlich gut Französisch verstand, ich bekam eine gute Wohnung, Pferde, Maulthiere, Diener zur Disposition; Essen und der dazu gehörende Thee wurden vom Bascha geschickt, und ich hatte dafür weiter keine Verpflichtung, als mich täglich eine oder zwei Stunden mit dem Bascha zu unterhalten. Dass ich bei diesem mehrmonatlichen Aufenthalt in Fes hinlänglich Gelegenheit hatte, die Stadt kennen zu lernen, braucht wohl kaum erwähnt zu werden.

8. Die Hauptstadt Fes

Die Hauptstadt des Sultans von Marokko ist nur von wenigen Europäern besucht worden, ebenso dürftig sind die Nachrichten, welche Augenzeugen davon gegeben haben. Am ausführlichsten, fast weitschweifig, handelt Leo von Fes, nächst ihm giebt eine auf eigener Anschauung beruhende Beschreibung der spanische General Badia (Ali Bey-el-Abassi). Alle anderen Berichte über Fes beruhen nur auf Kundschaft und Hörensagen.

Ob der Ort, wo heute Fes steht, von den Römern bewohnt war, ist nach so wenigen Untersuchungen schwer zu entscheiden, aber höchst wahrscheinlich. Die Lage ist so ausgezeichnet, so für eine Stadt in jeder Beziehung anlockend, dass eine so günstige Position den Alten gewiss nicht entgangen ist. Ueberdies haben wir in der Nähe Punkte, welche wir mit Sicherheit als von den Römern bewohnte kennen. Wir erkennen die Stadt Volubilis im heutigen Serone, eine Stadt, die zur Zeit Leo's Gualili oder Walili hiess, und von der er sagt, dass sie ausser dem Grabmale vom älteren Edris nur drei oder vier Häuser habe. Heute nun ist Walili oder, wie sie jetzt genannt wird, Serone, ein Städtchen von 4-5000 Einwohnern, und das Grabmal Mulei Edris-el-Kebir, wie der Vater des Gründers der Stadt Fes genannt wird, ist noch immer ein berühmter Wallfahrtsort. Wir haben sodann in den Aquae Dacicae einen sicheren Anhaltepunkt in der Nähe von Fes; können wir uns genau auf das Itinerarium Antonini verlassen, so würden wir nicht anstehen, Fes das alte Volubilis zu nennen, denn die Entfernung, 16 Mill., stimmt genau mit den berühmten heissen Schwefelquellen von Ain Sidi-Yussuf[28], die sich nördlich zu West von Fes befinden. Die

Aquae Dacicae sollen nach dem Itinerarium Antonini 16 Mill. nördlich von Volubilis gelegen sein. Die alten Aquae Dacicae, jetzt Ain-Sidi-Yussuf genannt, sind heute noch die berühmtesten Thermalen von Marokko.

[Fußnote 78: ain = Quelle.]

Die heutige Stadt Fes wurde nach Leo im Jahr 185 der Hedschra von Edris gegründet, dieser war ein naher Verwandter von Harun-al-Raschid und ein noch näherer von Mohammed selbst, denn Edris war Enkel von Ali, dem Schwiegersohn Mohammed's. Edris' Vater selbst ist jener Edris-ben-Abd- Allah, der aus Jemen gekommen war und sich in Walili niedergelassen hatte, sein Sohn wurde ihm erst nach seinem Tode von einer gothischen Sklavin geboren. Renou giebt an, Edris habe die Stadt 793 n. Chr. gegründet, welches Jahr mit dem 177. Jahre der Mohammedaner correspondirt Marmol lässt Fes an Jahre 793 n. Chr. erbaut werden, stimmt aber irrthümlicher Weise dieses Jahr mit dem 185. Jahre der Hedschra. Während noch Andere für das Gründungsjahr von Fes 808 n. Chr. ansetzen, verlegt Dapper es auf das Jahr 801 n. Chr. Es geht hieraus hervor, dass wir nicht ganz mit Bestimmtheit das Jahr angeben können, sondern uns damit begnügen müssen, zu wissen, dass die Stadt gegen das Ende des 8. oder im Anfange des 9. Jahrhunderts gegründet wurde.

Ebenso unbestimmt sind die Angaben, woher der Name Fes kommt. Leo leitet den Namen davon her, weil bei den ersten Grabstichen die Gründer Gold, Silber (Fodda oder Fedda) gefunden hätten; Andere meinen, die Stadt habe den Namen vom Flüsschen gleichen Namens, was die Stadt durchschneidet, noch Andere leiten den Namen der Stadt von Fes her, was im Arabischen eine "Hacke" bedeutet. Was die Schreibart anbetrifft, so finden wir ebensowenig Uebereinstimmung; Einige schreiben Fes, Andere Fas, noch

Andere Fez, und doch dürfte Fes die alleinig richtige sein, wenn wir die arabische Schreib- und Aussprechungsweise zu Grunde legen.

Fes liegt nach Ali Bey auf dem 34° 6' 3" nördl. Breite, dem 7° 18' 30" östl. Länge von Paris, und da bis jetzt keine anderen Bestimmungen vorliegen, so müssen wir diese festhalten.

Es herrscht eine grosse Confusion über die örtliche Lage von Fes. So sagt Leo: "Die Stadt besteht fast ganz aus Bergen und Hügeln; nur der mittelste Theil ist eben, und Berge sind auf allen vier Seiten." Ali Bey: "Die Stadt Fes ist auf den Abhängen verschiedener Hügel gelegen, welche die Stadt von allen Seiten, mit Ausnahme von Norden her, umgeben." Thatsache ist, dass Fes, als Ganzes betrachtet, denn die Stadt besteht aus zwei vollkommen getrennten Städten, von allen Seiten, mit Ausnahme vom Süden her, von Bergen umschlossen ist. Ebenso werden die die Stadt durchziehenden Gewässer unter verschiedenen Namen aufgeführt, und es hat dies zum Theil seinen Grund darin, dass die Araber in sehr vielen Fällen für einen und denselben Fluss verschiedene Benennungen haben, je nach seiner Quelle, nach seinem mittleren oder unteren Laufe. So hat denn das kleine Flüsschen, welches südwestlich von Fes etwa 20 Kilometer entfernt entspringt, zuerst den Namen Ras-el-ma, ändert aber den Namen, sobald es die Stadt erreicht, in Ued-Fes um; es verbindet sich dieses Flüsschen mit einem stärkeren, aus Südost kommenden Flusse zwischen Neu- und Alt-Fes, und beide durchströmen nun die Stadt ebenfalls unter dem Namen Ued Fes, um später Ued Sebu genannt zu werden. Der grössere Fluss, der von Süd-Süd-Ost in Neu-Fes eindringt, heisst aber oberhalb der Stadt, wie ich auf meiner zweiten Reise in Marokko constatiren konnte, ebenfalls Ued Sebu. Wenn noch andere Namen aufgeführt werden für diese Wässer, als von Renou

Oued el Kant'ra (Brückenfluss), von dem Renou glaubt, es sei dies der von Edris genannte Fluss Ued S'enhâdja, oder von Graberg von Hemsö Vad-el-Gieuhari und Vad-Matrusin, oder von Marmol Ouad-el-Djouhour (Perlenfluss), so muss ich gestehen, dass diese Namen mir während meines Aufenthalts in Fes nicht bekannt geworden sind.

Die Stadt präsentirt sich also derart, dass sie fast mit von Norden nach Süden (mit etwas von Nordwest nach Südwest geneigter) gerichteter Achse gelegen ist und aus zwei Städten besteht, Fes-el-bali[79], Alt-Fes, und Fes-el-djedid, Neu-Fes. Beide Städte aber liegen keineswegs dicht neben einander, sondern sind durch eine zwei Kilometer lange Strasse, aufs dichteste von Häusern bestanden, verbunden, so dass es, von oben gesehen, das Aussehen hat wie zwei getrennte Städte, welche communiciren durch eine eng gebaute Strasse. Alt-Fes bildet den nördlichen Theil und ist mit Ausnahme von Süden her von Bergen umschlossen, zum Theil namentlich nach Osten zu an die Bergwand hinaufgebaut, Neu-Fes bildet den südlichen Stadttheil und liegt vollkommen in einer Ebene. Nördlich von Neu-Fes verbinden sich der Sebu und das von Ras-el-ma[80] kommende Wässerchen, um Alt-Fes zu durchfliessen, Alt-Fes wird so in zwei Hälften getheilt, durch sechs steinerne Brücken mit einander verbunden, die westliche Seite ist die kleinere. Beide Städte sind mit 30-40 Fuss hohen Mauern umgeben, welche von etwa 500 zu 500 Schritt mit viereckigen hervorspringenden Thürmen versehen sind. Die Mauern sind an der Basis zwei Meter und mehr dick, verjüngen sich nach oben zu einem Meter, und haben auf der Zinne einen Umgang, geschützt durch eine etwa 5 Fuss hohe und 1-2 Fuss dicke crenelirte Mauer. Die Thürme selbst sind eingerichtet, Geschütze aufnehmen zu können.

[Fußnote 79: Fes-el-bali sollte eigentlich Fes-el-kedim

heissen, denn das Wort kedim entspricht genau unserm "alt", während "bali" mehr das "abgenützt" in sich schliesst.]

[Fußnote 80: Ras-el-ma heisst eigentlich weiter nichts als Kopf des Wassers d.h. Quelle.]

Die Mauer von Alt-Fes sowie die Thürme befinden sich in äusserst mangelhaftem Zustande, die von Neu-Fes ist besser erhalten, und ist an manchen Stellen eine doppelte, so namentlich nach Südwesten und Süden zu, wo die äussere Mauer ausserdem 80 Fuss hohe Thürme hat.

Die Mauern sowohl wie die Thürme sind aus einer gegossenen oder vielmehr gestampften Masse aufgeführt, welche zwischen Brettern eingestampft wird und an der Luft, mit Kalk und Cement vermischt, eine grosse Härte erlangt. Die Ecken, Bogen, Seiten der Thore sind indess aus behauenen Steinen hergestellt, denn die Masse, so widerstandsfähig sie im grossen Ganzen auch ist, so leicht zerbröckelt sie doch an den Ecken und Kanten. Aus eben dieser Masse sind auch die meisten grossen Gebäude hergestellt, viele aber auch aus im Feuer gebrannten Ziegeln; gerundete Dachziegel endlich sind das Material, das man zur Bedeckung der Moscheen genommen hat; die Wohnhäuser verlangen solche nicht, da alle platte Dächer haben.

Wenn auf diese Art die Stadt gegen Landesfeinde vollkommen geschützt erscheint—denn so sehr die Mauern auch Verfall drohen, würden sie dennoch Schutz gegen regellose Angriffe gewähren—, so wenig haltbar würde sich Fes einem Angriffe irgend einer europäischen Macht gegenüber zeigen. Selbst die beiden Forts ausserhalb der Stadt tragen nichts zum Schutze gegen einen Angriff von aussen her bei, weil sie selbst von anderen Anhöhen von nächster Nähe aus beherrscht sind. Das eine dieser Forts liegt im Südosten der Stadt auf einer Anhöhe und ist ein mit vier Bastionen versehenes Viereck, offenbar von ehemaligen europäischen Renegaten nach Vauban'schem System recht gut angelegt. Im Westen der Stadt auf der nächsten Anhöhe befindet sich eine Lunette, diese letztere, nach der Stadt zu in ihrer Kehlseite nur durch Pallisaden geschlossen, ist wie das vorhin erwähnte Quadrilatär aus behauenen Steinen erbaut, und beide sind überdies mit tiefen Gräben versehen. Ob diese Steine, welche grosse Quadern aus Sandstein sind, eigens zu diesen Bauten gehauen worden sind oder von alten Römerwerken herstammen, konnte ich nicht erfahren; wäre letzteres der Fall, so wäre das ein Beweis mehr, an der jetzigen Stelle von Fes eine alte Römerniederlassung, vielleicht Volubilis, suchen zu müssen. Keines der beiden Forts hatte Kanonen im Jahr 1861/62, und beide waren auch ohne jede Bewachung.

Die Stadt Fes wird in 18 Quartiere getheilt, von denen zwei auf die Neustadt, die übrigen auf Alt-Fes kommen, davon hat Alt-Fes sieben Thore, inclusive des nach der Neustadt zu führenden, während Neu-Fes nur drei hat, von denen das eine auf Alt-Fes gerichtet ist. Der Länge nach wird die Stadt von einer Strasse durchschnitten, welche hinlänglich breit ist, denn überall können vier oder fünf Menschen neben einander gehen, oft auch noch mehr. Die Gässchen aber, die sich von dieser Hauptstrasse in die verschiedenen Quartiere hinschlängeln, sind äusserst schmal, manchmal so eng, dass zwei sich Begegnende sich an einander vorbeidrücken müssen. Es sind dann zahlreiche Plätze vorhanden, aber kein einziger mit Ausnahme des grossen Platzes in Neu-Fes, der sich vor dem Palaste des Sultans befindet, welcher mehr als 500 Menschen aufnehmen könnte, wenn sie dichtgedrängt bei einander stehen. Hierdurch erlangt die Stadt ein äusserst düsteres Aussehen, was noch dadurch vermehrt wird, dass kein einziges Haus nach der

Strassenseite Fenster hat, und fast alle zwei oder drei Stockwerke hoch sind.

Ein grosser Uebelstand ist auch der, dass man gar keine Pflasterung in Fes kennt, man ist im Sommer einem entsetzlichen Staube ausgesetzt und hat im Winter die grösste Mühe, durch den tiefen Schmutz fortzukommen. Gegen diesen haben allerdings die Bewohner eine eigene Art Holzschuhe erfunden mit 2-3 Zoll hohen Absätzen unter dem Hacken und den Fussspitzen, aber oft reichen selbst diese nicht aus. Auch in Tunis, wo ähnliche Verhältnisse während der nassen Jahreszeit sind, hat man diese Holzunterschuhe, die unter dem gewöhnlichen Schuhzeuge befestigt werden, und wie alt ihr Gebrauch ist, geht daraus hervor, dass schon Leo ihrer erwähnt.

Das Innere der Häuser ist oft sehr hübsch eingerichtet, obgleich man natürlich an Möbel, wie sie bei uns in Gebrauch sind, nicht denken muss. Der Marokkaner will gar keinen Fortschritt, so wie seine Väter gelebt haben, will auch er leben, und Neuerungen einführen, ist die grösste Sünde. So sind denn auch alle Einrichtungen so, wie sie vor Hunderten von Jahren gewesen sind. Gelangt man durch eine starke, meist dick mit Eisen beschlagene Thür durch einen umgebogenen Gang[81] in das innere einer Wohnung, so kommt man zuerst auf einen mehr oder weniger grossen nach oben offenen Hofraum, der meist viereckig von Form ist. Bei Reichen und Armen ist dieser Raum gepflastert, oft mit Marmorfliessen (weche [welche] von Spanien und Portugal kommen), meist aber mit Sleadj. Es sind dies kleine Fliesse mit bunt glasirter Farbe, und da sie in allerlei Formen hergestellt werden, sternartig, dreieckig, viereckig etc., so legen die Erbauer die hübschesten Muster damit zusammen. Eine einzelne Sleadj ist nicht grosser als 1-2 Zoll Seitenlänge; man verfertigt sie in Fes selbst. Auch die Zimmerböden sind meist aufs reizendste mit diesen Sleadj ausgelegt.

[Fußnote 81: Ein gerader Gang darf von der Strasse nicht ins Innere des Hauses führen, weil sonst, bliebe ja einmal aus Versehen die Hausthür offen stehen, der Blick eines Fremden in den Hofraum fallen könnte.]

In der Mitte des Haushofes befindet sich ein springender oder jedenfalls fliessender Quell, auch in der ärmsten Wohnung fehlt er nicht. Bei den Reichen befinden sich zu dem Ende meist hübsche Marmorbecken, welche ebenfalls aus Europa bezogen werden, im Hofe. Die Vertheilung des Wassers in der Stadt ist nämlich so ausgezeichnet, dass Canäle weit oberhalb der Stadt von den Flüssen abgeleitet sind, und so auch die höchsten Stadttheile mit reinem Wasser versorgen. In Neu-Fes hat man an einem Canal sogar grosse Räder erbaut, welche, wie in Italien die Bewässerungsräder, mittelst ihrer eigenen vom Wasser bewirkten Umdrehung Wasser auf die Höhe schaffen. Nach Leo sollen diese Wasserräder schon 100 Jahre vor seiner Ankunft in Fes gewesen sein und von einem Genueser herrühren.

Ebenso gut ist für die Abführung der Unreinigkeiten aus den Häusern gesorgt, das lebendige Wasser führt allen Unrath mittelst kleiner unterirdischer Canäle in den Ued Fes[82].

[Fußnote 82: Leo giebt an: es seien über 150 öffentliche Latrinen in Fes, und sämmtliche wurden durch fliessendes Wasser von selbst reingehalten. Ob so viele in Fes sind, kann ich nicht behaupten, jedenfalls wird, da man in allen marokkanischen Städten, auch in den Oasen, öffentliche Latrinen findet, auch wohl in Fes dafür gesorgt sein. Man findet sie übrigens nicht nur mit Moscheen verbunden, sondern häufig auch ganz unabhängig von solchen.]

Die Zimmer der Häuser, von denen sich in der Regel drei oder vier auf den Hofraum öffnen, sind stets sehr lang, sehr hoch, aber auch nie breiter, als dass ein grosser Mensch der Breite nach darin liegen kann. Grosse und hohe Thüren, wie immer mit hufeisenförmigen Bogen führen zu den Zimmern; im Sommer und bei gutem Wetter sind sie offen, im Winter verschlossen, und man gelangt durch eine kleine Thür, eine Art Schlüpfthür (Poterne), welche sich in jeder grossen befindet, ins Zimmer. An beiden Seiten der Thür sind manchmal kleine viereckige, oder auch ogivische stark vergitterte Fenster, Glasscheiben hat man erst in letzter Zeit angefangen einzuführen, Möbel nach unserem Sinne sind nirgends vorhanden. Bei den Reichen findet man Teppiche, Wollmatrazen, feine Matten, und auch die Wände der Zimmer 3-4 Fuss hoch mit hübschen Matten ausgeschlagen; auch manchmal Betten an den Enden der Zimmer auf europäischen Bettstellen, aber diese werden mehr als Luxus, als Schmuck betrachtet, es würde nie Jemandem einfallen, darin zu schlafen.

Die Wände der Zimmer sind weiss ausgekalkt, aber unterhalb des Plafond laufen manchmal Arabesken herum, oft in Form von Koransprüchen.

Die Plafonds der Zimmer sind bunt bemalt, oft azur mit Gold, oft aber auch mit Holzschnitzerei bedeckt oder mit Holzstückchen ausgelegt. In den Wänden sind häufig nischenartige Vertiefungen angebracht, welche als Schränke dienen; ebenso findet man bei der wohlhabenden Classe Holzschränke, oft aus sehr hübschen Holzschnitzwerken gearbeitet, oder mit Perlmutterstückchen, Elfenbein oder Ebenholzstückchen ausgelegt.

Während im Hofe rings um die inneren Wände ein durch

steinerne Säulen getragener Bogengang läuft, der zugleich Schatten gegen die senkrechte Sonne gewährt, dient dieser Bogengang für das zweite Stockwerk als Vorplatz, von dem aus man in die Zimmer gelangt; und ist noch ein drittes Stockwerk vorhanden, so gehen die Gallerien ebenfalls höher. Die oberen Zimmer unterscheiden sich in der Anordnung durch nichts von den unteren; ganz oben auf dem platten Dache, welches aus gestampfter und cementirter Erdmasse besteht, befindet sich manchmal noch ein Zimmer, Mensa genannt; hier geben die Frauen vorzugsweise ihre Gesellschaften. Der Zugang nach oben geschieht mittelst Treppen, die immer sehr schmal, und, wenn im Innern des Hauses, niedrig angelegt sind; aber so sehr man darauf sieht, den Raum in Breite und Höhe bei der Treppe zu beschränken, so wenig sieht man darauf, die Absätze selbst kurz zu machen; im Gegentheil, diese sind so hoch, dass manchmal ein ausserordentlicher Kraftaufwand erforderlich wird, um einen Absatz zu ersteigen.

Von aussen werden die Häuser bisweilen durch anstrebende Pfeiler verstärkt oder durch Bogengänge auseinandergehalten; es trägt dies keineswegs dazu bei, die ohnehin schon schmalen Gassen passirbarer zu machen, und wo man ja einmal eine etwas breitere Strasse antrifft, kann man sicher sein, dass die Anwohner dies derart durch Ueberbauen der zweiten und dritten Etage benutzt haben, dass die breiteren Strassen hiedurch fast zu den dunkelsten gemacht sind.

Nachts werden nicht nur die Stadtthore geschlossen, sondern auch die Thore, welche die verschiedenen Quartiere von einander trennen, und da die Quartiere gemeiniglich durch mehrere Strassen mit einander communiciren, so kann man sich denken, wie viele Thore alle Abende verschlossen werden müssen. Man sagt: es sei dies eine

Sicherheitsmassregel, und hauptsächlich sei dieselbe gegen Diebe gerichtet. In der That wird dadurch alle Communication Nachts aufgehoben; nach dem l'Ascha (das letzte Gebet) ist es unmöglich, aus seiner Strasse oder seinem Quartier herauszukommen. Während des Chotba-Gebetes am Freitag werden ebenfalls alle Thore abgeschlossen, nicht nur in Fes, sondern in allen Städten Marokko's, ja im ganzen Rharb (die arabischen Geographen rechnen alles Land westlich vom Nil zum Rharb, d.h. dem Westen, alles östlich davon zum Schirg, d.h. dem Osten) herrscht diese Sitte, wie ich später in Rhadames, Tripolis, Bengasi, Tunis und anderen Städten zu erfahren Gelegenheit hatte. Es soll dies deshalb geschehen, weil einer alten Sage zu Folge sich um die Zeit des Chotba-Gebetes die Christen der mohammedanischen Städte bemächtigen würden. Wahrscheinlich ist es aber ein alter Brauch der Regierungen, die sich dann mit ihrer ganzen Macht in den Moscheen befinden und sich so gegen ihr eigenes Volk sichern wollen.

An öffentlichen Gebäuden der Stadt sind die Paläste des Sultans, die Moscheen, die Funduks, Bäder und Grabstätten hervorzuheben.

Der grosse Palast des Sultans nimmt den ganzen südwestlichen Theil von Neu-Fes ein; von dem Innern dieses Gebäudes kann ich nur wenig berichten, da ich hier nicht dem Leser die übertriebenen Beschreibungen der Bewohner von Fes wiedergeben mag, die mehr nach Fabeln aus 1001 Nacht klingen, als auf Wirklichkeit beruhen. Grossartige Ruinen deuten allerdings auf einstige grossartige Bauten hin, aber *alle* Bauten der Mohammedaner haben das Eigenthümliche, dass sie meist schon *gleich* nach dem Entstehen ein ruinenhaftes Aussehen bekommen. Der Palast besteht eigentlich aus weiter nichts als vielen grossen mit Arkaden versehenen Höfen mit Springbrunnen, auf

welche sich die Zimmer öffnen, Pferdeställe,
Bedientenstuben, Wachtzimmer, Empfangshöfe—diar el
meshuar genannt—wechseln damit ab. An der südöstlichen
Ecke, durch hohe Mauern von den übrigen Theilen des
Palais getrennt, befindet sich das Harem, welches Platz für
mehr als 1000 Frauen hat. Zwischen der kaiserlichen
Wohnung und der südwestlichen Stadtmauer befindet sich
ein grosser Garten, in welchen ich mehrere Male Zutritt
bekam. Man findet hier fast alle feineren europäischen
Gemüse, auch Blumenkohl, Artischocken und dgl. Von
langen geraden Gängen durchschnitten, sind diese an den
Seiten eingefasst von Beeten mit Rosen, Jasmin und Luisa,
und fast alle Wege sind zu Tunnels und Laubengängen
umgeschaffen, wo die rankenden Weinreben kühlenden
Schatten gewähren. Eine kleine Veranda, vor einem Theil
des Palais gelegen—und davor ein besonderes
abgeschlossenes Gärtchen, worin nur Blumen gezogen
werden, dienen zum Privatgebrauche des Kaisers.

Ein zweiter Palast des Sultans ist zwischen Neu- und Alt-
Fes gelegen und hat den etwas sonderbaren Namen Bu-
Djelud[83]. Es ist dies, abgesehen von dem halbverfallenen
Aussehen, ein hübsches Gebäude, und,
eigenthümlicherweise im Renaissancestyl, vermischt mit
maurischer Architektur errichtet, was wohl daher rührt,
dass europäische Renegaten die Erbauer waren. Es gelang
mir leider nicht (da der Sultan in Mikenes war), in das
Innere zu kommen; ebenso war mir auch der Garten
verschlossen, welcher damit verbunden ist, und dessen
herrliche Baumgruppen, aus denen schlanke Palmen
hervorragten, ich oft im Vorübergehen bewunderte. Dieser
Garten war den Damen des Harems reservirt.

[Fußnote 83: Bu-Djelud heisst Vater der Felle;
wahrscheinlich befand sich hier am Flusse—denn dieser

Palast liegt hart am Ued-Sebu—eine Gerberei. Eine ähnlich sonderbare Benennung hat ja auch der Palast der französischen Herrscher in Paris: Tuilerie.]

Eine halbe Stunde von Neu-Fes entfernt, nach dem Süden zu, befindet sich eine sultanatliche Wohnung, von einem äusserst grossen und mit hoher Mauer umringten Garten umgeben; in diesem Gebäude hält sich der Sultan manchmal auf, um die Sommerfrische zu geniessen; zum Theil wohnen sodann die Minister, die Grossen des Reichs, die Gouverneure der Provinzen, welche zum Besuch anwesend sind, mit in dem weitläufigen Gebäude, zum Theil campiren sie in ihren Zelten ausserhalb des Gartens.

Zwischen diesem Landsitz in Neu-Fes ist auch gewöhnlich die Mhalla, d.h. der Lagerplatz des Heeres. Dieses muss immer da sein, wo der Sultan sich aufhält; und da in Neu-Fes für die Truppen, welche der Sultan immer um sich hat, nicht hinlänglich Platz ist, so campiren sie hier unter Zelten. Von Weitem gesehen, sieht dieses Zeltlager, inmitten der grünen Wiesen, durchschlängelt vom Ued-Fes, sehr malerisch aus, aber im Innern herrscht die grösste Unreinlichkeit und Verwirrung.

Die stehende Macht des Sultans bestand 1862 aus etwa 4000 Infanteristen, welche aufs bunteste costümirt sind. Sidi-Mohammed-ben-Abd-er-Rhaman, jetziger Sultan und derselbe, dem zu Lebzeiten seines Vaters eine so empfindliche Niederlage durch den Marschall Bugeaud bei Isly[84] beigebracht wurde, war im Feldzuge gegen die Spanier nicht glücklicher gewesen. Indess hatte er so viel Einsehen bekommen, dass er begriff, mit seinen regellosen Schaaren nicht gegen europäische Streitkräfte kämpfen zu können.

[Fußnote 84: Am 14. August 1844. Der jetzige Sultan entkam seiner Gefangennahme nur dadurch, dass er

beim Eindringen der Franzosen in sein Zelt dieses mit
dem Säbel schlitzte, und aufs Pferd sich schwingend,
von diesem aus dem Bereich der Feinde getragen
wurde.]

Er glaubte nun ein regelmässiges stehendes Heer zu haben,
wenn er Leute auf europäische Art uniformiren liess, und so
sah man hier Uniformstücke sämmtlicher Nationen,
gemeinsam ist allen nur der rothe Fes und die gelben
Pantoffeln; auch hatte man angefangen, kurze bis an die
Knie gehende Hosen einzuführen, da es den Berbern und
Arabern unmöglich schien, lange Hosen zu tragen. Diese
Infanterie ist in vier Theile oder Bataillone getheilt, je von
einem "Agha" commandirt, untergetheilt sind sie wieder in
vier Abtheilungen, denen ein Kaid (Hauptmann) vorsteht,
und noch kleinere Abtheilungen werden von Califat-el-kaid
(Lieutenants) und Mkadem (Unterofficier) commandirt. Die
Mannschaft selbst besteht aus Berbern, Arabern, Negern
und spanischen Renegaten, welche letztere Sträflinge von
Ceuta, Penon oder Mellila her desertiren. Diese Renegaten
sind vorzugsweise Hornisten, Tamboure oder bei der Capelle
angestellt. Denn da die englische Regierung die Instrumente
geschenkt hat, so hat der Sultan eine Capelle einrichten
lassen, welche aber auf noch viel haarsträubendere Art
deutsche Walzer oder italienische Stücke zum Besten giebt,
als die türkischen Regimenter. Die Capelle hat 24 Mitglieder,
während der Hornisten und Tamboure für jede Compagnie
je zwei vorhanden sind. Die Trommeln sind ähnlich wie die
des deutschen Heeres, die Hörner sind gleich denen der
Engländer.

Die Bewaffnung besteht aus alten französischen
Steinschlossgewehren, fast alle mit der Jahreszahl 1813. Der
Sultan, hat diese im Preise von 40 Fr. das Stück kaufen
lassen (er hätte dafür auch Zündnadeln bekommen

können), aber die Zwischenhändler haben ihr Profitchen dabei gemacht. Das Commando geschieht in türkischer Sprache, was den Uebelstand für den Soldaten hat, dass derselbe das Commando nur mechanisch verstehen lernt. Jede Compagnie hat eine Fahne, jedes Bataillon (ich nenne so die vom "Agha" commandirte Atheilung [Abtheilung]) eine etwas grössere, die Farben der Fahnen sind roth, gelb, blau, je nachdem der Chef Vorliebe für diese oder jene Farbe hat.

Der gemeine Soldat bekommt sechs Mosonat Löhnung, und muss sich hierfür Alles halten, was bei den billigen Verhältnissen in Marokko auch recht gut angeht, zumal die Kleidung vom Sultan geliefert wird. Die höheren Stellen sind allerdings nicht besonders bezahlt, so bekommt ein Agha, Bataillonschef, nur ein Metcal täglich (= 40 Mosonat oder etwa = 2 Francs). Da diese aber ausser den Pferderationen Korn, Aecker und Vieh vom Sultan bekommen, überdies die Gelder der beurlaubten Soldaten zum grössten Theil in ihre Tasche fliessen, so stehen sie sich nicht schlecht. Denn von 1000 Mann, die ein Agha commandirt, sind höchstens 800 zur Stelle, die 200 fehlenden werden aber geführt, und der Sold davon täglich vom "Amin el Lascari," d.h. dem Zahlmeister, bezogen.

Man kann sich einen Begriff von dieser regelmässigen Armee, welche aus den grössten Taugenichtsen des ganzen Reiches zusammengesetzt ist, machen, wenn ich einige kurze Personalnotizen der Befehlshaber, mit denen ich bekannt wurde, hier gebe.

Der Agha des einen Bataillons war ehedem ein Verkäufer von roher Seide und Seidengarn in Fes, Namens Hadj-Asus, er verdankte seine Stellung bloss dem Umstande, dass er Hadj, d.h. Pilger nach Mekka war. Marokko, welches so weit von Mekka entfernt liegt, hat verhältnissmässig nur wenig Pilger aufzuweisen, und obgleich die Dampfer jetzt die frommen Gläubigen auf erstaunlich billige Weise von Tanger nach Alexandria und von da nach Djedda schaffen, so hat dadurch keineswegs die Zahl der Pilger zugenommen, weil eine Dampfschifffahrt nicht als so verdienstlich angesehen wird[85] wie eine Pilgerfahrt zu Fusse. Und die grosse Landpilgerkarawane, welche früher jährlich von Fes, Maraksch und Tafilet abging, hat für die ersten beiden Orte zu existiren aufgehört.

[Fußnote 85: Eine Dampfwallfahrt bei den Christen wird ebenfalls bedeutend geringer angerechnet, als wenn man den Wallfahrtsort auf Erbsen rutschend erreicht, wir dürfen uns also keineswegs hierin über die Mohammedaner wundern oder gar lustig machen.]

Der zweite Agha, ein gewisser Si-Hammuda, geborener Algeriner, hat sich dadurch seine Stellung erworben, weil er ein französischer Proscribirter ist; seinem Stande nach schwang er, ehe der Sultan das Schwert ihm in die Hand gab, die Elle. Der dritte Agha, ein gewisser Si-Mohammed-Chodja, ein geborener Tunesier, weiss wohl selbst nicht, wie er zum Militärstande gekommen ist, er ist von Haus aus Thaleb, d.h. Schriftgelehrter. Der vierte und letzte Agha ist ein gewisser Ben-Kadur; von Haus aus Kaid einer Bergtribe, sind diesem letzteren wenigstens nicht kriegerische Eigenschaften abzusprechen, aber vom eigentlichen europäischen Militärwesen hat er ebensowenig einen Begriff wie die übrigen. Ich könnte, da ich Gelegenheit hatte, alle Kaids kennen zu lernen, so fortfahren, aber dies wird genügen.

Indess sei noch erwähnt, dass zwei wirkliche französische Officiere, Eingeborne der Tirailleurs indigènes, es nie weiter bringen konnten als zum Lieutenant, weil sie im Verdachte standen Christen zu sein, während ein anderer, ein "Sussi",

Herumstreicher (Eingeborne aus der Provinz Sus), gleich zum Hauptmann oder Kaid ernannt wurde. Da diese Ernennung während meiner Anwesenheit in Fes erfolgte, so kann ich hier anführen, dass sie aus dem Grunde geschah, weil dieser "Sussi" vor den Augen des Sultans in Seiltänzerkunststücken sich ausgezeichnet hatte. Er hatte ehedem einer Gesellschaft angehört, wie sie häufig aus dem Sus kommen, und mit dieser nicht nur die ganze mohammedanische Welt, sondern auch ganz Europa durchzogen; so behauptete er auch in Deutschland gewesen zu sein, und da er mir mehrere Städte Deutschlands mit Namen nennen konnte, musste ich es wohl glauben, denn welcher andere Marokkaner hätte eine deutsche Stadt namentlich gekannt; das geographische Wissen der grössten marokkanischen Gelehrten, soweit es Europa betrifft, beschränkt sich auf Baris (Paris), Lundres (London), Manta (Malta), Blad Andalus (Spanien), Bortugan (Portugal), Musgu (Russland), Nemsa (Deutschland) und Stambul (Konstantinopel). Kann ein Thaleb oder Faki der Reihe nach diese Namen auskramen, so glaubt er wenigstens ein Humboldt oder Ritter zu sein.

Manövrirt wird denn auch nie mit dieser oben geschilderten "regelmässigen" Truppe, und die Exercitien beschränken sich auf Paradelmärsche, auf ssalam dur (präsentirt das Gewehr) und einige andere Griffe. Ein grosser Uebelstand ist, dass die meisten Soldaten verheirathet sind und Kinder haben, viele auch Sklaven besitzen, kurz man kann sagen, dass der Sultan mit seiner bunt nach aller Herren Länder Art uniformirten Truppe sich keineswegs eine regelmässige Armee oder nur den Kern dazu geschaffen hat. Aber die seit Jahrhunderten bestehende Unfehlbarkeit des Sultans hat dazu geführt, dass diese Persönlichkeiten anfangen sich selbst für unfehlbar zu halten, und der Sultan glaubt in der That mit der Ernennung irgend eines Menschen zum

Bataillonschef wirklich dadurch einen tüchtigen Chef gemacht zu haben.

Besser ist die Cavallerie organisirt (nach Sir Drummond Hay 16000 Mann stark), weil sie auf einheimische Verhältnisse basirt ist. Die Cavalleristen bekommen zwei Mosonat täglich mehr, als die Infanteristen, haben aber dafür ihre Pferde zu unterhalten. Sie sind eingetheilt in kleine Truppen von 50-60 Pferden, welche einem Kaid untergeben sind. Das Commando ist hier arabisch. Der Cavallerist hat eine lange Steinschlossflinte und einen ziemlich geraden Säbel als Bewaffnung; wer sich selbst 1 oder 2 Pistolen anschafft, glaubt dann aufs vollkommenste ausgerüstet zu sein. Der Säbel wird an einer seidenen oder baumwollenen Schnur von der rechten Schulter zur linken Seite herabhängend getragen. Die Sättel sind jene mit hohen Lehnen nach hinten, mit hohem Knaufe nach vorne versehenen und allgemein unter Arabern und Berbern gebräuchlichen. Von Exercitien und Manövern ist bei der Cavallerie noch weniger die Rede, die ganze Kunst des Cavalleristen beschränkt sich darauf, im schnellsten Laufe das Pferd fortzureiten und während des Rittes die Flinte abzufeuern. Da die grossen Steigbügel sehr kurz hängen und so eingerichtet sind, dass der ganze Fuss darin Platz hat, so *stehen* beim schnellen Reiten meistens die Cavalleristen. Auf diese Art wird auch der Angriff gemacht, man saust mit Windeseile heran, schiesst ohne zu zielen das Gewehr ab, und das dann von selbst wendende Pferd trägt den Angreifer zurück. Die Cavallerie hat nur Hengste.

Seit dem Kriege mit Spanien hat der Sultan von Marokko auch Feldartillerie angeschafft, aber eben so unglücklich berathen wie in Beschaffung seiner Uniformstücke, hat er wohl kein einziges Geschütz, welches dem andern gleich wäre. Die Artilleristen, welche diese Kanonen zu bedienen

haben, sind fast alle spanische Renegaten; auch einen
Franzosen fand ich dort, der Hauptmann war, und einen
Deutschen, der in der Heimath Maurergeselle gewesen, die
Kelle mit der Kanone vertauscht und von Sidi Mohammed,
dem Hakem el mumenin (Beherrscher der Gläubigen), dem
er verschiedene Arbeiten in seinem Palais aufgemauert hatte,
zum Kaid el Tobdjieh, d.h. zum Artillerie-Hauptmann war
ernannt worden. Ich brauche wohl kaum hinzuzufügen,
dass alle diese Renegaten dort verheirathet sind, mithin
factisch und für immer sich zu marokkanischen Bürgern
erklärt haben. Einem einzigen Europäer gelang es jedoch,
sich eine achtenswerthe Stellung in Marokko zu erringen.
Freilich war auch dieser nur zum Schein Mohammedaner
geworden, und, zugleich mit mir die Hauptstadt Fes
betretend, hat er jetzt seit langem Marokko den Rücken
gekehrt. Es ist dies der Spanier Joachim Gatell, der in
Marokko den Namen Ismael angenommen hatte. Da in
seiner Beschreibung "L'ouad Noun et el Tekna" eine
interessante Schilderung des marokkanischen Kriegslebens
enthalten ist, so lasse ich sie hier übersetzt aus den Bulletins
de la Société de Geographie de Paris folgen.

Auf der 279. Seite erzählt Gatell: "Im Jahr 1861 war so eben
der Krieg zwischen Spanien und Marokko beendet. Die
Erzählungen, welche man zu der Zeit vom marokkanischen
Volke machte, von den Sitten, vom Muthe, den barbarischen
Gebräuchen, dem Fanatismus der Bewohner, erregten in mir
die Idee in das Innere des Landes einzudringen, trotz der
Fährlichkeiten, denen ich dabei ausgesetzt sein konnte. Ich
reiste also nach Fes ab, wo sich der Hof befand, und, um
besser meine Absicht zu erreichen, trat ich in die
regelmässige Armee des Sultans. Obschon ich nur äusserst
wenig vom Waffenhandwerk verstand, wurde ich gleich
zum Officier befördert." Nach einer Schilderung der
Campagne gegen die Beni Hassen, wobei Gatell zum Chef

der "Garde-Artillerie" des Sultans ernannt wurde, fährt er fort die Expedition gegen die Rhamena zu schildern: "Wir hatten 29 Stück, einen Mörser eingeschlossen; aus den Magazinen von Arbat nahmen wir 55 Centner Pulver in Fässern, und ausserdem eine Menge fertiger Munition in Kisten mit, und fingen so an die Aufständischen zu verfolgen.["] Ein Theil der Seragua-Kabylen vereinigte sich so eben mit den Rhamena, nichts desto weniger ging auch jetzt die kaiserliche Armee mit marokkanischer Würde und Langsamkeit vorwärts: es schien, als wenn wir einen Spaziergang im Sonnenschein zu machen, keineswegs aber den Feind anzugreifen hätten. Die Hauptstadt war bedroht, aber um eine solche Kleinigkeit kümmern sich dort die Leute nicht. "—Wir werden zeitig genug ankommen, und wenn nicht, so ist es Gottes Wille. Die marokkanische Majestät darf nie Eile zeigen, oder auch nur den Anschein haben sich zu sehr um den Gang der Ereignisse zu kümmern." Gatell erzählt sodann, wie man nicht den Bewohnern den Krieg machte, sondern den Getreidefeldern, welche angezündet wurden, und als sie endlich vier Stunden von Marokko im Angesichte der Rhamena waren, die Aufständischen auseinandergesprengt wurden; hiebei feuerte die Artillerie 15 Schüsse ab und warf 8 Bomben.

Was die sogenannte schwarze Garde des Sultans von Marokko anbetrifft, die "Buchari," die unter den früheren Kaisern, namentlich unter Mulei Ismael eine so grosse Rolle spielte, so ist dieselbe heute sehr zusammengeschmolzen; kaum einige hundert Mann stark, dient sie jetzt nur zu Prunkaufzügen, und scheint gegen den Feind nicht mehr verwendet zu werden, wenigstens nahmen die Buchari am Kriege gegen Spanien keinen Antheil. Dem ganzen Heere steht ein Schwarzer, Namens Abd-Allah, als Kriegsminister vor, er hat das Verdienst ehemals als Sklave mit dem jetzigen Sultan aufgezogen worden zu sein. Unter ihm stehen verschiedene "Amin," welche für die geldlichen und sonstigen Angelegenheiten der Armee zu sorgen haben. Nach diesem Besuche bei der Armee wenden wir uns wieder zur Stadt Fes zurück.

Von den übrigen erwähnenswerthen Gebäuden haben wir nur zwei Moscheen zu nennen. Es ist dies zunächst die Djemma Karubin (die den Cherubim gewidmete Moschee). Diese Moschee ist wohl die grösste in ganz Nordafrika. Die Bewohner Fes' behaupten, sie ruhe auf mehr als 360 Säulen, ja Einige sprachen von 800; ich konnte mich natürlich nicht daran machen sie zu zählen, aber wenn man von dem Hofe der Moschee ins Innere sieht, glaubt man einen Wald von Säulen vor sich zu haben. Wenn man der Beschreibung von Leo trauen darf, so hat die Djemma 31 grosse Thore, das Dach ruht auf 38 Bogen der Länge und 20 Bogen der Breite nach; es würde dies schon über 900 Säulen ergeben. Ali Bey giebt 300 Säulen an.

Die Moschee Karubin liegt ziemlich im Mittelpunkt von Alt-Fes, und ist wie fast alle Moscheen derart gebaut, dass sie aus einem grossen, von hohen Mauern und Arkaden umgebenen Hofraum und aus einem bedeckten Theile besteht, der eigentlichen Moschee. Ganz aus überkalkten Ziegeln erbaut, ist das Dach, oder vielmehr sind die Dachreihen ebenfalls mit Ziegeln à cheval gedeckt, und nicht glatt. Das ziemlich hohe Minerat ist, wie überall in Marokko, äusserst plump und vierseitig aufgeführt. Im Hofe des Gebäudes springen aus zwei reizenden und grossartigen Marmorfontainen Wasserstrahlen, überhaupt sind die Wasseranlagen, die kleinen Häuschen, worin die vor dem Gebete nothwendigen Ablutionen verrichtet werden, ausgezeichnet und zahlreich.

Der verdeckte Theil der Moschee hat wie alle diese Gebäude vollkommen nackte gegypste Wände, der ganze Fussboden ist aber zum Theil mit kostbaren Teppichen, und überall wenigstens mit feinen Matten belegt. Auch an den Wänden und um die Säulen ziehen sich halbmannshoch hübsche Strohmatten hinauf. Wie in allen Moscheen des Rharb ist an und in der östlichen Wand die Nische, welche die Gebetsrichtung "Kibla" angiebt. Gleich links davon ist eine Treppe, von welcher herab Freitags das Chotba-Gebet abgelesen wird. Der erste Priester der Moschee tritt nach einem kurzen Gebet, mit einem langen Stock in der rechten Hand versehen, auf die dritte Stufe (die Treppe enthält fünf oder sechs Stufen), und liest dann mit einförmiger Stimme das Freitagsgebet ab, der Schluss ist immer von einem Gebete für den jemaligen Regenten begleitet; im ganzen Rharb, d.h. Marokko, und auch in den südalgerischen Ortschaften bezieht sich das Gebet auf Mohammed-ben-Abd- er-Rhaman, im Osten aber, incl. Tunis und Aegypten, auf Abd-ul-Asis-Chan. Ob die Mohammedaner in Algerien, wie früher für den Türkensultan, heute noch für denselben Fürsten den Segen herabflehen, oder für den jemaligen französischen Regenten, kann ich nicht sagen.

Die Moschee Karubin hat das Eigenthümliche, dass *mehrere* Mimber oder Gebetstreppen vorhanden sind. Freitags zum Chotba-Gebet wird allerdings nur die eine links von der Gebetsnische befindliche benutzt, aber die übrigen dienen als Lehrstühle, von denen aus zu sonstiger Zeit den Gläubigen gepredigt und gelehrt wird. Wenn aber Ali Bey meint, nur die Karubin, habe den Vorzug eine besondere Abtheilung für Frauen zu haben, und es sei dies zu verwundern, weil Mohammed den Frauen im Paradiese keinen Platz zuerkannt habe, so kann ich entgegnen, dass die Frauen in allen Moscheen Zutritt haben. Für gewöhnlich gehen die mohammedanischen Frauen allerdings Behuf des Gebetes nicht in die Moschee, keineswegs aber ist den Frauen die Moschee verboten, ebensowenig wie den Frauen das Mekka-Pilgern verboten ist. Es ist ein Irrthum zu glauben Mohammed habe den Frauen das Paradies verschlossen, in der 17. Sure heisst es wörtlich[86]: "die in Geduld ausharren, werden wir mit herrlichem Lohn ihr Thun belohnen. Wer rechtschaffen handelt, *sei es Mann oder Frau*, und sonst gläubig ist, wollen wir ein *glückliches Leben* geben, und ausserdem noch mit *herrlichem Lohn* sein Thun vergelten." Und an vielen anderen Stellen im Koran, namentlich noch in der 13. Sure erwähnt Mohammed der Frauen als Theilnehmer der zukünftigen Paradiesesfreuden.

[Fußnote 86: Uebersetzung des Koran von Dr. Ullmann, Bielefeld, 1867.]

Was die Architektur der grossen Karubin anbetrifft, so ist dieselbe keineswegs eine schöne zu nennen. Zumal von aussen, wo dies grosse Gebäude eingepfercht zwischen Buden und Häusern sich befindet, nimmt es sich höchst unvortheilhaft aus, überdies lassen sich immer nur einzelne Partien, da wo Thore sind, überblicken. Aber selbst wenn die Karubin frei stände, würde sie sehr unharmonisch aussehen, da die einzelnen Theile in gar keinem Verhältniss zum Ganzen stehen. Die Höhe der Moschee, die Höhe der Säulen, etwa 20 Fuss hoch, ist viel zu gering zur kolossalen Baute, um einen guten Anblick zu gewähren. Der Hof würde einen vorteilhaften Eindruck machen, erhöht durch die beiden herrlich skulptirten Marmorfontainen (diese sind nach den Aussagen der Bewohner von Fes von europäischen Renegaten gemeisselt), wenn nicht hier dieselben Missverhältnisse zu Tage träten. Dazu kommt noch, dass der Mohammedaner, und namentlich der Araber, der geschworenste Feind von Symmetrie ist. Hier stehen zwei Säulen 8 Fuss, dort 7 Fuss auseinander, hier ist eine Säule 21 Fuss hoch, dort 20 oder 22 Fuss. Hier ist eine einfache, dort eine Doppelsäule, hier hat eine Säule, dort keine ein Capitäl. Dazu sieht das Ganze so gedrückt aus, als wenn Alles halb in den Boden hinein versunken wäre.

Es ist in keiner Zeichnung bis heute den Arabern gelungen etwas Symmetrisches zu schaffen, und im Grossen wie im Kleinen, in der Baukunst, in der Weberei, in ihren Arabesken, in ihren Holzschnitzereien, in ihrer Plafondirung, in ihrer Parquetirung, überall tritt uns die Unregelmässigkeit störend entgegen. Es giebt keinen einzigen von Arabern gewebten Teppich, dessen Muster so wie es angefangen zu Ende geführt ist, es giebt kein Zelt, welches aus gleichmässig gewebten Stücken vollendet ist, ein arabischer Haik (d.h. Tuch) hat sicher, falls an der einen Seite 3 Streifen als Einfassung sind, an der anderen 2 oder 4, es giebt keine Thür, die eine vollkommen durchgeführte Holzschnitzerei aufzuweisen hätte, und es giebt keinen einzigen Bau, der einen vollkommen durchgeführten Plan erkennen liesse. Ich kann, nicht umhin hier anzuführen, dass wir da, wo die Araber allein gebaut haben, nirgends ein vollkommen schönes Product der sogenannten maurischen Architektur vorfinden. An der ganzen Nordküste von Afrika finden wir nirgends eine Baute, die sich durch vollkommene Schönheit auszeichnete, in ihrem eigenen Vaterlande noch weniger. Aus den Abbildungen von Niebuhr ersehen wir, dass die Moscheen von Mekka und Medina plumpe, rohe Gebäude sind. Vollkommen schöne maurische Gebäude finden wir nur da, wo die Araber mit Christen untermischt sesshaft waren: in Spanien und Syrien. Möglicherweise mögen christliche Architekten, christliche Handwerker und Sklaven mehr ihre Hand dabei im Spiele gehabt haben, als wir heute wissen. Es könnte nach vier- oder fünfhundert Jahren mit den Prachtbauten, die von Mohammed Ali Pascha bis auf Ismael Pascha in Aegypten errichtet werden, ebenso ergehen, d.h. kämen

unsere Nachkommen nach einer solchen Spanne Zeit nach
Aegypten, so würden sie sagen, dass die Aegypter unserer
Tage es wohl verstanden hätten, in der maurischen
Architektur Prachtbauten zu errichten. Heute aber haben
wir glücklicherweise feste und tägliche geschichtliche
Aufzeichnungen, wir wissen, dass die Moscheen und Paläste
in Aegypten, die in diesem Jahrhundert dort erbaut wurden,
nicht von Arabern oder Aegyptern herrühren, sondern von
europäischen Architekten und Handwerkern errichtet
worden sind; ich nenne unter ersteren bloss Hrn. Franz von
Darmstadt und den verewigten v. Diebitsch von Berlin.

Mit der Karubin ist ein Gebäude verbunden, welches die
ziemlich bedeutende Bibliothek, natürlich nur aus
Manuscripten zusammengesetzt, enthält; nach einer
oberflächlichen Schätzung, die ich machte, sind wenigstens
fünftausend Bände vorhanden. Der ganze Bücherschatz
befindet sich übrigens in einem sehr verwahrlosten
Zustande, und es ist ein Wunder, dass Staub und Motten
nicht schon grössere Verwüstungen angerichtet haben. Es
ist ziemlich leicht Bücher von der Bibliothek zum Lesen zu
bekommen, auch ist es gestattet Abschriften zu nehmen
(natürlich nur den Gläubigen), es ist aber streng untersagt,
irgendwie ein Buch zu entlehnen, um es mit nach Hause zu
nehmen, und da die dortigen Bibliotheken mit unseren
Einrichtungen, Katalogen, Scheinen und dergleichen nicht
bekannt sind, ist diese Massregel sehr nothwendig.

Es wird heutzutage noch immer in der Karubin gelehrt,
obgleich von der einst so berühmten Schule nur noch ein
schwacher Schatten übrig ist. Man legt den Koran aus, d.h.
disputirt über äussere Kleinigkeiten, denn am eigentlichen
Dogma darf nicht gerüttelt werden; wer nur im Geringsten
zweifelte an irgend einem Glaubenssatze, würde gleich als
Ketzer beschuldigt werden, würde des Abfalls vom Islam

geziehen werden, und da in Marokko noch wie ehedem bei
uns für dergleichen Zweifler die Todesstrafe blüht, so hütet
sich wohl Jeder irgendwie an einem Worte des Buches,
welches vom Himmel herabgekommen ist, zu rütteln.
Dagegen hört man die gelehrtesten Erklärungen über
Formen und Aeusserlichkeiten, z.B. ob Mohammed am Feste
nach dem ersten Ramadhan ein *schwarzes* oder *weisses* Lamm
geopfert habe, wie gross die Hölle sei, ob im Paradiese auch
die und die Speise würde verabreicht werden, und
dergleichen Albernheiten mehr. Es werden sodann die vier
Species gelehrt, aber nur auf nothdürftige Art und Weise;
ich bemerke hiebei, dass der Marokkaner, mit Ausnahme der
Addition, bei dem Abziehen, Vervielfältigen und Theilen
ganz andere Verfahren in Anwendung bringt, als wie wir
sie in unseren Schulen zu erlernen pflegen. Auch
geographischer Unterricht wird ertheilt, oder soll vielmehr
gelehrt werden, denn in einem Lande, wo man von
Erdbeschreibung so wenig Kenntniss hat, dass man die
Vorstellung hegt, Portugal sei grösser als Frankreich, sieht
es gewiss traurig mit der Kenntniss der Erde aus. So
glauben denn auch die Marokkaner, dass ihr Land das
grösste und ihr Volk das erste und mächtigste der Welt sei.

Auch Astronomie wird getrieben, aber nur in Verbindung
mit Astrologie. Einige der gelehrten Marokkaner stehen auf
dem Ptolemäischen Standpunkte, sie haben eine Idee von
den grossen Planeten; dass die Erde sich um die Sonne
dreht, darf übrigens nicht gelehrt werden, wenn man sich
überhaupt zu einer solchen Vorstellung emporschwingen
könnnte [könnte], es steht das im Widerspruch mit dem
Koran. Es giebt sodann Geschichtslehre und im ganzen
kann man dieser Lehrabtheilung noch den grössten Beifall
zollen. Ich hörte interessante Vorlesungen derart mit an,
welche die Geschichte der Araber im Bled Andalus (Spanien)
zum Gegenstand hatten. Endlich ist eine Abtheilung für

Djerumia, d.h. arabische Grammatik vorhanden, die aber auch aus dem Gewöhnlichen nicht herauskommt.

Alle diese Fächer werden in der Karubin selbst gelehrt, so dass man hier zu jeder Tageszeit auf Lehrer und Schüler stösst. Die Lehrer sind aus dem Fonds der Moschee besoldet und zum Theil die Schüler auch, alle haben wenigstens freies Logis und freie Kost. Die Karubin wird für eine der reichsten Moscheen gehalten, ein Drittel der Läden oder Gewölbe in Fes gehören ihr zu, die Aecker und Gärten sind zahlreich, und wenn manchmal auch die früheren Machthaber von Fes sich aller Einkünfte der Moschee und ihrer Güter bemächtigten, so machten dafür andere dies doppelt wieder gut. Die mohammedanische Geistlichkeit hat ebenso gut einsehen gelernt wie andere, dass die Macht der Geistlichkeit auf *Geld und Grundbesitz* beruhe, und, eigenthümlich genug, obschon auch Mohammed lehrt wie Jesus Christus, "ihr sollt kein Gold und Silber in euren Taschen tragen," "ihr sollt dem Mammon nicht dienen," sehen wir, dass die mohammedanische Geistlichkeit nicht weniger darauf bedacht ist Schätze anzusammeln, um zu Macht zu kommen, als die aller anderen Religionen.

Wie reich die Karubin schon zur Zeit Leo's war, geht aus seiner Beschreibung hervor: "die tägliche Einnahme macht 200 Ducaten [87] aus, in der Nacht zündet man 900 Lampen an, ausserdem giebt es grosse Leuchter, von denen jeder Platz für 1500 Lampen hat etc." Jene grossen Leuchter müssen wohl im Laufe der Zeit verschwunden sein; aus christlichen Glocken, wie Leo erzählt, geschmolzen, dienten sie einem Sultan vielleicht später dazu, in Kanonen umgegossen zu werden. Die zahlreichen übrigen Oellämpchen und grossen Krsytallkronleuchter [Krystallkronleuchter] sind aber noch vorhanden. In einem anstossenden Zimmer befinden sich noch verschiedene grosse Uhren, Compasse, Magnete u. dergl., ohne dass ich eigentlich wüsste, dass man sich dieser Sachen bediene.

[Fußnote 87: "Ducaten" in der deutschen Uebersetzung Leo's von Lorsbach, ist wohl dahin zu verstehen, dass Ducaten = einem Metkal, also ungefähr = 1 Fr. 25 C. ist, aber immerhin würde die tägliche Summe 250 Fr. für damalige Zeit eine grosse Summe sein.]

Die andere Moschee, welche wegen ihrer eigenthümlichen Bauart einerseits, dann wegen ihrer Berühmtheit als Asyl zu nennen ist, ist die, welche den Namen und die irdischen Reste des Gründers der Stadt trägt, die Djemma el Mulei Edris. Sie ist dicht bei der vorigen gelegen, nur durch eine schmale Gasse davon getrennt. Sie zeigt sich eigentlich auch nur von dieser Gasse, Bab es ssinsla[88], Kettenthor genannt, mit einem grossartigen und hübschen Portale in Hufeisenform, alle anderen Seiten sind ummauert. Die Mulei Edris Moschee unterscheidet sich dadurch von allen übrigen kirchlichen Gebäuden Marokko's, dass sie keinen Hof hat, denn eine kleine Arkadenreihe ist offenbar erst später angelegt. Es deutet dies auf das hohe Alterthum des Gebäudes hin, wobei man die Nachahmung des christlichen Tempels noch wahrnehmen kann.

[Fußnote 88: Bab es ssinssla oder ssilsla = Kette, weil sie mit einer eisernen Kette querüber abgeschlossen ist, jedoch so dass man zu Fusse an beiden Seiten vorbeigehen kann. Aber hier in dieser heiligen Strasse, bei dem Portale Mulei Edris' vorbei, darf kein Jude (Christen kommen ja ohnedies nicht nach Fes) sich zu zeigen wagen, Tod oder sein Uebertritt zum Islam würde unmittelbare Folge einer Ueberschreitung des Verbotes sein. Aber auch Gläubige dürfen in dieser Strasse nicht rauchen oder sich dem Opium- und Haschisch-Genusse hingeben.]

Das Hauptgebäude, welches auf einen kleinen von Arkaden eingeschlossenen Vorhof folgt, besteht in einem einzigen nach Osten gerichteten Schiffe; fast viereckig von Form, ohne Säulen wird das Ganze von einem sehr hohen achteckigen Dache bedeckt, welches inwendig aus Holzskulpturen besteht, dessen äussere Seite jedoch Ziegel zeigt. Diese Dachziegeln sind bei allen monumentalen Gebäuden immer selber Art und auf selbe Art gelegt, wie in Italien und Spanien. Dicht bei der Kibla-Nische befindet sich das prächtige Grabmal Mulei Edris', dessen kostbare Tuchdecken alle Jahre erneuert werden. Das Innere der Moschee enthält ausserdem viel Gold und Silber, Geräthe, Offranden, was eigentlich gegen die Satzungen des Koran streitet. Auch an der Aussenwand der Djemma el Mulei Edris befindet sich eine silberne Tafel mit massiv goldenen und erhabenen Buchstaben, welche eine Legende der Erbauung der Moschee enthält. Diese Tafel ist, um der Witterung vollkommen widerstehen zu können, unter Glas.

Die Moschee, welche Asyl ist, d.h. wo geflüchtete Verbrecher vor der Verfolgung weltlicher Gerechtigkeit sicher sind, ist ausserdem Sauya. Freilich ist mit dieser Sauya kein religiöser Orden verbunden, der eigentliche religiöse Orden Mulei Edris befindet sich in Uesan, aber sonst hat sie nicht nur Einrichtungen, um Pilger zu beherbergen und zu bewirthen, sondern auch eine grossartige Schule ist damit verbunden.

Alle übrigen Moscheen von Fes, obschon noch sehr grosse vorhanden, so namentlich eine von Mulei Sliman in Neu-Fes errichtete, sind gegen diese beiden gehalten kaum der Beschreibung werth. Es befinden sich im ganzen jetzt in Fes eilf Moscheen, in welchen Freitags das Chotba-Gebet gehalten wird, welchen man also gewissermassen den Rang unserer christlichen Pfarrkirchen zuerkennen könnte. Im übrigen giebt es aber noch eine sehr grosse Anzahl Moscheen, manche grösser an Umfang als jene, worin Chotba gelesen werden, obschon die Zahl von 700, welche Leo anführt, heute nicht mehr existirt und auch wohl zu seiner Zeit übertrieben war.

Ebenso existiren heute nicht jene zwei Collegien für Studenten, von denen Leo so grossartige Berichte giebt; ausser den Lehrstühlen an der Karubin hat Fes nur niedrige Schulen, Medressa, worin den Schülern nothdürftig und mechanisch lesen und schreiben gelehrt wird. Solcher Schulen giebt es eine grosse Anzahl, vielleicht über hundert.

Hospitäler hat Leo auch aufgeführt, es sind dies aber keine Hospitäler nach unserem Sinne, d.h. Krankenhäuser, sondern vielmehr Hospitäler (Gasthäuser) im wahren Sinne des Wortes. Schon die Beschreibung, die Leo davon giebt, deutet darauf hin, dass man es zu seiner Zeit ebenso wenig mit Hospitälern oder Lazarethen nach unserem Sinne zu thun hatte. Es sind dies Stifte, wo Pilger, Reisende, müde Wanderer ausruhen können, und während einer gewissen Zeit unentgeltlich Kost und Logis erhalten. Es war dieser Brauch, in den Städten solche Stifte zu haben, nicht nur in mohammedanischen Ländern heimisch, sondern zur Zeit, als das Gasthofleben noch nicht so ausgebildet war wie jetzt, auch in allen christlichen Ländern zu finden. In vielen europäischen Städten existiren noch jetzt solche Einrichtungen, z.B. in Savoyen, in Frankreich und Italien. Eigentliche Hospitäler, d.h. Krankenhäuser, giebt es in Fes nicht.

Indess besitzt Fes eine Anstalt, wie sie keine andere Stadt Marokko's aufzuweisen hat; eine Irrenanstalt oder vielmehr ein Narrenhaus. Man denke sich aber keineswegs eine Anstalt, welche Heilung oder Wohlbehagen dieser unglücklichen Geschöpfe im Auge hätte, mit dergleichen

Versuchen plagt sich der Mohammedaner nicht. Man findet in diesem Gebäude, in dem zur Zeit als ich es besuchte etwa 30 Individuen sein mochten, nur Tobsüchtige oder Irre, die durch ihr Wesen dem Nebenmenschen sich gefährlich gemacht haben; gutmüthige Narren, Idioten u.s.w. lässt man ruhig laufen, ebenso die religiös Wahnsinnigen, die noch obendrein als Heilige verehrt werden.

Der Zustand in diesem Narrenhause ist ein entsetzlicher, und es gleicht dasselbe mehr einer Gefängnisshöhle als sonst einem Gebäude. In langen Zimmern, worin auf dem blossen Steinboden im grössten Schmutze halbverhungerte Gestalten mit dicken eisernen Ketten an die Wände festgemauert sind, fast alle nackt, ohne jegliche Pflege und Sorgfalt, verbleiben diese Unglücklichen hier, um die Welt nie wieder zu betreten. Die Anstalt selbst wird durch Vermächtnisse unterhalten.

Erwähnt zu werden verdienen sodann die vielen Bäder, welche zum Theil Privaten gehören, zum Theil Eigenthum der Regierung oder der Moscheen sind. Eingerichtet sind sie wie alle warmen Bäder im Orient, in Aegypten oder den übrigen Berberstädten, so dass ich eine specielle Beschreibung nicht für nothwendig halte. Der Luxus der algerinischen oder ägyptischen Bäder ist hier aber nicht bekannt, Handtücher zum Abtrocknen werden nicht gereicht, dafür sind sie aber auch so billig, dass selbst der Aermste sich häufig den Genuss einer gründlichen Reinigung gewähren kann. Die Bäder geringster Sorte kosten nur 3 Flus, die theuersten nicht ganz 2 Mosonat.

Gasthäuser oder Fenaduk (pl. von Funduk) giebt es zweierlei Art in Fes. Es möchte auffallen, dass bei der Anwesenheit von Sauyat bei der Einrichtung der eben erwähnten Hospizen, ausserdem noch Gasthöfe nothwendig sind, namentlich wenn man in Erwägung zieht, dass der Marokkaner der gastfreieste Mensch der Welt ist. Und dennoch ist dem so. Die Gastfreiheit ist auf dem Land eine fast möcht' ich sagen unbegrenzte; aber in den Städten, wo täglich ein so grosser Zusammenfluss von Fremden ist, wird sie natürlich nicht geübt. In den Sauyat und Hospizen ist es Regel, einen Fremden nicht länger als drei Tage zu behalten. Man hat also, um die Fremden, welche einen längeren Aufenthalt nehmen wollen, zu beherbergen, Gasthöfe einrichten müssen. Die grosse Zahl solcher Gebäude spricht für den grossen Fremdenverkehr in Fes, obschon die Zahl von 200, die Leo angiebt, wohl übertrieben ist.

Es giebt Fenaduk, welche gebaut sind, Menschen und Vieh zu beherbergen, und solche die nur Platz für Menschen und allenfalls für ihre Waaren haben. Erstere haben in der Regel eine entsetzliche Einrichtung. Ein grosser, meist viereckiger und ungepflasterter Hofraum, wo sich Pferde mit Kameelen, Maulthiere mit Eseln um den Platz streiten, wird von allen Seiten von kleinen Zimmern umgeben, die nur Zugang und Licht durch eine kleine niedrige Thür bekommen. Meist sind diese Zimmer selbst nicht grösser, als dass man ausgestreckt darin liegen kann. Von Aufwartung ist natürlich keine Rede, der Neuangekommene muss, hat er überhaupt Sinn für Reinlichkeit, den Schmutz, den sein Vorgänger als Andenken im Zimmer zurückgelassen hat, eigenhändig hinauskehren. Ein Portier, der meist kauadji (Kaffee-Ausschenker) ist, steht dem Ganzen vor, oft ist er Besitzer, oft Verwalter, oft bloss Miether. Die Gebühren stehen natürlich mit der schlechten Einrichtung im Einklange, für ein Zimmer zahlt man durchschnittlich täglich nur eine Mosona, für ein Thier ebenso viel.

Viel besser sind die Fenaduk eingerichtet, wo man nur Reisende aufnimmt, die ohne Thiere sind. Diese sind meistens mitten in der Stadt gelegen, einige sogar in der eigentlichen Kesseria, dem Handelscentrum, der "Börse" könnte man fast sagen, von Fes. Grosse mehrstöckige Gebäude, sind die Zimmer dieser Gasthöfe geräumig, haben oft, ausser der Thür nach dem Hofe oder nach den Gallerien zu, noch vergitterte Fensteröffnungen. Die Zimmer sind gut ausgeweisst, der Fussboden mit "Slaedj" belegt, sonst aber ist von Möbeln natürlich nichts zu finden; aber der bemittelte oder reiche Kaufmann hat auch sein ganzes Meublement bei sich: eine gute Matratze, ein Teppich, einige Matten und Kisten vervollständigen dasselbe. Es fehlt auch der grosse Messingteller, ssenia, nicht mit dem Theetopf aus Britannia-Metall und sechs kleinen Theetassen. Ein Bochradj, d.h. ein Kessel zum Sieden des Wassers, ist auch unentbehrlich. Die Miethe von solchen Zimmern variirt von vier Mosonat bis zu sechs und mehr per Tag. Die Kaffeebuden, welche sich am Eingang oder im Innern eines solchen Funduk befinden, gehören zu den besten.

Solche Wirthshäuser, wie Leo sie beschreibt, als von unanständigen Wirthen, sog. el kahuate bewohnt, wo auch lüderliche Weibspersonen sich herumtreiben, giebt es jetzt in Fes nicht mehr, vor den Thoren ist allerdings ein Viertel, welches in dieser Hinsicht in schlechtem Rufe steht; eigentliche Prostitution aber findet man überhaupt in Marokko nur in Mikenes.

Dagegen giebt es zahlreiche Kaffeehäuser, wo Kif, d.h. das getrocknete Kraut vom indischen Hanfe (Can. indica) geraucht und gegessen wird, auch Opium wird in diesen Kaffeehäusern gegessen; die Sitte des *Opiumrauchens* kennt man im Rharb nicht. Die Polizei oder Regierung thut gegen diese schädlichen Genüsse nichts, wie denn auch Haschisch und Opium mit Taback zusammen nur von solchen Kaufleuten in der Stadt verkauft wird, die sich dazu einen

Schein von der Regierung gekauft haben. Es herrscht also—denn nicht nur in Fes ist dies der Fall, sondern in allen binnenländischen marokkanischen Städten—für die Städte eine Art Taback-, Opium- und Haschisch-Regie.

Anständige Leute hüten sich indess wohl, in solche Kaffeehäuser zu gehen, obschon fast Jeder in Fes dem Genüsse des Haschisch fröhnt, aber nur heimlich und im Innern der Wohnung. Desto strenger ist dagegen der Verkauf von Schnaps und Wein verboten, obschon beides in Fes für Geld und gute Worte zu haben ist; ersterer wird von den Juden destillirt aus Feigen, Rosinen oder Datteln, wird wohl auch von Gibraltar her eingeschmuggelt; letzterer wird in der Lesezeit von Juden sowohl wie von Mohammedanern bereitet.

Es würde zu weit führen, wollten wir alle Handwerke, Industrien, Manufacturen und Handelszweige einzeln aufführen. Es genügt, wenn wir hier vorzugsweise das nennen, wodurch Fes heut excellirt, und wenn wir hervorheben, dass selbst heute Fes noch immer den ersten Rang unter allen Handelsstädten vom ganzen Rharb einnimmt.

Um letzteres zu erhärten, führe ich nur an, dass mir während meines Aufenthaltes in Fes manchmal Facturen gezeigt wurden, von französischen, englischen oder spanischen Handlungshäusern herstammend, die sich auf 50,000 Frcs. beliefen. Man kann in der That also wohl behaupten, dass Fes auch Engros-Handel besitzt, wie es denn wirklich vornehme Kaufleute genug dort giebt, welche mit Marseille, Gibraltar, Cadix oder Lissabon Auseinandersetzungen haben, welche die eben angeführte Summe jährlich noch übersteigen. Es versteht sich von selbst, dass dieser Handel meist durch Vermittlung abgeschlossen wird; aber auch oft genug kommt es vor, dass ein Fessi auf der Pilgerfahrt nach Mekka Station in Marseille macht, dass er in Gibraltar längeren Aufenthalt hat, ja ich lernte Kaufleute in Fes kennen, die direct, bloss um Waaren zu kaufen oder um Handelsbeziehungen anzuknüpfen, eine Reise nach Cadix oder Lissabon unternommen hatten.

Alle diejenigen, welche in den berberischen Staaten gewesen sind, welche sich in den leichter zugänglichen Städten Bengasi, Tripolis, Sfax, Tunis und anderen Orten aufgehalten haben, wissen, wie gross das Vertrauen europäischer Kaufleute ist; den Eingebornen werden oft Waaren von sehr bedeutendem Werth auf Credit verabfolgt. Man borgt selbst Kaufleuten aus dem fernen Innern, wo jede Reclamation, falls man betrogen würde, unmöglich wäre. Und doch kommt es sehr selten vor, dass irgend Jemand sich eines Betrugs schuldig macht. Von Timbuctu, Kano, Bornu, Mursuk und Rhadames sehen wir Kaufleute auf Credit in Tunis, Tripolis oder Kairo Waaren entnehmen; sie ziehen damit in ihre Heimath, jahrelang bleiben sie manchmal verschollen, aber nachdem sie ihre Waaren verkauft haben, laufen immer Gegenwaaren oder Gelder ein, und der europäische Kaufmann wird befriedigt.

So machen es die Fessi auch; die Waaren, welche sie sich en gros von Europa holen, bestehen vorzugsweise in roher und verarbeiteter Seide, in Baumwollenstoffen, Tuchen, Papier, Waffen, d.h. langen Flinten und Säbeln, Pulver, Thee, Zucker, Droguen und Gewürzen. Es giebt überhaupt jetzt fast keinen Artikel, den man in Fes nicht fände.

Die Engros-Händler haben ihre Waaren bei sich im Hause, die meisten aber haben zugleich ein Hanut, d.h. ein Verkaufsgewölbe, wo sie entweder selbst verkaufen oder verkaufen lassen. Der Punkt, wo der Haupthandelssitz ist, heisst die Kessaria; derselbe liegt im Centrum von Alt-Fes, dicht bei der Karubin- und Mulei-Edris-Moschee, die zum Theil von der Kessaria umgeben sind.

Leo will das Wort Kessaria vom lateinischen Caesar ableiten; zur Zeit der römischen Herrschaft hätten in den mauritanischen Städten einige ummauerte Centren bestanden, damit die kaiserlichen Beamten hier ihre Zolle erhöben, und wo zu gleicher Zeit dann die innewohnenden Kaufleute die Verpflichtung gehabt hätten, mit ihren eigenen Gütern das Eigenthum der kaiserlichen Regierung zu beschützen. Man findet übrigens den Ausdruck Kessaria als Marktplatz in allen Städten Nordafrika's.

In dieser Kessaria finden wir alle feineren und vorzugsweise die von Europa kommenden Waaren. Die Kessaria besteht aus einem grossen Complex von nicht für Thiere zugänglichen Strassen, zum Theil durch Häuser, zum Theil aber auch nur durch Gewölbe gebildet. Alle Strassen sind überdacht. Wir haben hier Gänge mit Buden wo Specereien, andere wo Essenzen, andere wo Thee und Zucker[89], andere wo Porzellan, d.h. vorzugsweise Vasen, Gläser, Tassen und Teller, andere wo Tuche, andere wo Seidenstoffe, andere wo Lederwaaren verkauft werden. Auch Uhrläden, zwei oder drei, ja sogar eine Pharmacie ist vorhanden, wenn man so eine Ansammlung fast aller Medicamente, worunter auch Chinin, Tartarus stib. und Ipecacuanha, nennen kann. Ein gewisser Djaffar hat sich diese Medicamente von Lissabon geholt, und ein Verzeichniss in portugiesischer Sprache zeigt zugleich die zu gebende Dose an und die Krankheit, wogegen die Medicin gegeben wird.

[Fußnote 89: Thee und Zucker wird in ganz Marokko als eine zusammenhängende Waare verkauft, wenigstens hält es sehr schwer Thee allein zu bekommen. Auf ein halbes Pfund Thee werden fünf Pfund Zucker gerechnet. Der Thee selbst, von Engländern importirt, ist von der grünen Sorte und schlechter Qualität.]

Tritt man aus der Kessaria heraus, so kommt man ins eigentliche industrielle Leben hinein. Hier eine lange Reihe von Buden, wo gelbe, rothe und buntfarbige Pantoffel verarbeitet werden, dort dicht dabei Gerber, welche das buntgefärbte weiche Corduan, Marocain- und Saffian-Leder verkaufen. Zeigt schon der Name an, dass zuerst die Kunst, das Schaf- und Ziegenleder zu jener schönen Weiche, mit der grössten Zähigkeit verbunden, zuzubereiten, von den Mohammedanern in Cordova erfunden wurde, später aber die berühmtesten Gerbereien in Marokko selbst und noch später in Saffi (Asfi) sich befanden, so scheinen heute die schönsten Leder in Fes bereitet zu werden, wenigstens sind in ganz Nordafrika die Leder von Fes als die feinsten und dauerhaftesten gerühmt.

Aber man kommt nicht gleich aus der Kessaria in die labyrinthischen Handwerkerstrassen, man hat, wenigstens auf dem Wege nach Neu-Fes hin, zuerst die Blumenbuden zu durchwandern, und es bilden die Blumen einen hübschen Uebergang von der Industrie zum Handel. Es ist eigenthümlich, welche Vorliebe von jeher die Bewohner von Fes vor den übrigen Marokkanern für Blumen gehabt zu haben scheinen, wie denn auch die Cultur derselben in Gärten überall hervortritt.

Das Haus, welches der Bascha-Gouverneur von Fes mir als Aufenthalt angewiesen hatte, lag am Abhange der östlichen Hügel. Von einem Arme des Ued Fes durchflossen, waren ausser Orangen, Feigen, Oliven, Aprikosen, Pfirsichen und Granaten, überall blühende Rosenstöcke, grosse Büsche Jasmin, Nelken, Veilchen und stark duftende Kräuter.

Diese findet man denn auch vorzugsweise in der Blumenabtheilung, hier sind Jasmin, Basilik, Nelken, Hyazinthen, Rosen, Narcissen, Pfefferminze, Absinth, Thymian, Majoran, dort sind ganze Blumenbouquets, Meschmum en nuar genannt, zu haben. Gemüse und Obstbuden schliessen sich daran.

Von solchen Gewerken, worin Fes noch heute vorzugsweise glänzt, nenne ich ferner die Töpferwaaren. Grosse Schüsseln, kleine Leuchter und Lampen und dergleichen Gegenstände werden aus einem porcellanartigen Thone sehr schön hergestellt. Nach Art unserer alten deutschen Thonwaaren sind sie mit groben blauen Figuren bemalt und glasirt.

Hieran schliessend, erwähne ich der "Slaedj," kleine Fliesen von bunten Farben, die ebenfalls in Fes fabricirt werden. Wenn einst die Waffenschmiede in diesen Ländern berühmt waren, so sieht man jetzt in den Gewölben nur europäische Fabrikate ausgestellt. Ebenso haben die früher so bekannten rothen Mützen (daher der Name "Fes," den wir jetzt noch den rothen Mützen geben) sich nicht auf ihrer einstigen Höhe halten können, nicht nur die von Tunis sind jetzt bedeutend besser, sondern selbst in Livorno werden sie billiger und schöner hergestellt. Besonders hervorheben müssen wir sodann die Manufacturwaaren von seidenen Schärpen, 3-4 Fuss breit, 40-50 Fuss lang; es sind diese seidenen von Gold durchwirkten Stoffe das Kostbarste, was Fes auf den mohammedanischen Markt bringt, und heutzutage das Einzige, worin es unübertroffen dasteht.

Von allen übrigen Handwerken finden wir in Fes nichts,

was die Stadt vorzugsweise auszeichnete, aber alle sind in so grosser Menge vertreten, dass man auf den ersten Blick sieht, es wird hier nicht bloss für die Bedürfnisse der Stadt gearbeitet, sondern für das ganze Land.

Die lange Strasse, welche Alt-Fes mit Neu-Fes verbindet, ist denn auch weiter nichts als ein Bazar, und es herrscht hier natürlich die grösste Frequenz, nicht nur weil alle Leute vorzugsweise diesen verhältnissmässig breiten Weg benutzen, um von einer zur andern Stadt zu kommen, sondern auch weil ein Hauptkarawanenweg hier durchführt, auf dem sich beständig lange Reihen von beladenen Kameelen, Maulthieren und Eseln fortbewegen. Verfolgt man diesen Weg weiter nach Neu-Fes hinein, so findet man sich gleich darauf vor dem ummauerten Stadttheile der Juden, der Melha. Die Juden aber dürfen *nur* in Neu-Fes und hier abgesondert von den Gläubigen in einem ummauerten Viertel, das gleich an das kaiserliche Palais stösst, wohnen. Und sie sind gern hier, denn so sehr sie auch den Vexationen und Erpressungen der Regierung des Sultans ausgesetzt sind, so haben sie doch längst einsehen gelernt, dass es besser ist unter dem Schutze selbst der despotischsten Herrschaft zu wohnen, als der Willkür eines dummen und fanatischen Volkes preisgegeben zu sein. Im Judenviertel herrscht übrigens, was Handel und Wandel, was Industrie und Handwerke anbetrifft, eben das geschäftliche und rege Treiben, wie in der Kessaria und den Strassen von Alt-Fes.

Vorzugsweise sieht man Gold- und Silberarbeiten in den Händen der Juden, die Nadeln, welche dazu dienen, das Haar der Frauen oder ihre Kleider zu befestigen, Fingerringe, Arm- und Fussbänder (auch die marokkanischen Frauen tragen oberhalb der Knöchel schwere kupferne oder silberne Ringe) werden fast ausschliesslich von den Juden hergestellt. Ebenso ist die Secca, d.h. Münze, nur von den Juden bedient. Es ist dies ein ziemlich ansehnliches Gebäude, welches Theil des Palastes des Sultans ist und unmittelbar an die Melha anstösst.

An einheimischen Münzen haben die Marokkaner jetzt nur den Fls (pl. flus), eine kleine Kupfermünze, welcher auf einer Seite das Salomon'sche Siegel, d.h. das bayerische Bierzeichen (zwei durcheinandergehende Dreiecke), und auf der anderen Seite Jahreszahl und Prägungsort (auch in Tetuan befindet sich eine Münze) zeigt, dann zwei Flus-Stücke, udjein genannt, ebenfalls geprägt. Sechs Flus bilden die imaginäre Münze, Mosona genannt: eine Mosona giebt es nicht geprägt. Sie ist ungefähr gleich einem Sou.

Vier Mosonat bilden sodann eine Okia, d.h. Unze, ebenfalls nur ein Ausdruck, aber acht Mosonat oder zwei Unzen ist die kleinste, und 10 Mosonat oder 2-1/2 Unzen die grösste *geprägte* Silbermünze. 10 Unzen bilden die imaginäre Münze Metkal. Und die einzige *geprägte* Goldmünze, Bendki genannt, besteht aus 2-1/2 Metkal. Im übrigen gelten die französischen und die spanischen Silbermünzen im ganzen Lande, und französisches, spanisches und englisches Geld überall nördlich vom Atlas. Der einst so beliebte spanische Bu-Medfa-Thaler, so genannt von den beiden Herkulessäulen, welche die Marokkaner für Kanonen halten, ist fast ganz aus dem Handel verschwunden, dagegen hat der französische fünf Francs-Thaler Platz gegriffen. Frankreich lässt für Marokko auch silberne 20 Centimes- Stücke schlagen[90], welche in Marokko im Werthe einer Unze cursiren. Der österreichische Maria-Theresien-Thaler, der sonst in ganz Afrika ohne Nebenbuhler herrscht, wird in Marokko äusserst selten gefunden.

[Fußnote 90: Wenigstens muss man so annehmen, da

man in Frankreich selbst die 20 Cent.-Stücke fast gar
nicht sieht, hingegen in Marokko sie äusserst zahlreich
und von allen Jahrgängen vertreten findet.]

Die Maasse und Gewichte sind in Marokko fast für jede
Stadt *verschieden*, für die Länge hat man die Elle, Draa mit
Brüchen als Unterabtheilung, dann Zoll, für das Gewicht
das Pfund, Unze, Metkal (letzteres für Goldstaub) für
flüssige und trockene Sachen, endlich verschiedene Maasse.

Administrirt wird die Stadt von zwei Gouverneuren, von
denen der eine den Titel "Bascha" hat und Alt-Fes vorsteht,
während der andere "Kaid" genannt wird und über Neu-Fes
herrscht. Es scheint hieraus hervorzugehen, einestheils dass
die Regierung des Sultans beide Städte als vollkommen
getrennt betrachtet, und andererseits Neu-Fes mehr als eine
Festung angesehen, während Alt-Fes als wichtiger gehalten
wird, dadurch dass man es von einem Bascha administriren
lässt. In den Wohnungen des Bascha und Kaid wird zu
gleicher Zeit täglich Recht gesprochen. Der Kadi jeder Stadt
findet sich dort täglich ein, und alle Rechtsfälle werden auf
der Stelle zur Entscheidung gebracht. Es kann sodann an
den Bascha oder Kaid appellirt werden, und von diesen an
den Grosswessier oder Sultan selbst.

Es kommt gar nicht selten vor, dass Kläger sich von dem
Kadi an den Bascha und von diesem an den Sultan wenden.
Gegen Stockstrafe oder Knutenhiebe wird fast nie
remonstrirt, wohl aber gegen Geldbusse. Der Kadi and
Bascha haben Strafvermögen in unbegrenztem Masse,
indess werden selten Knutenhiebe über 300 an der Zahl
ausgetheilt, die Geldbussen aber so hoch wie möglich
hinaufgetrieben. Grösserer Diebstahl hat immer das
Abhacken zuerst der linken, dann beim Rückfall das der
rechten Hand zur Folge. Hat man keine Hände mehr zum
Abschlagen, so kommen die Füsse an die Reihe, oft bei

grossen Diebstählen oder gravirenden Umständen werden auch gleich die Füsse abgehauen. So wurden einem Landbewohner, der im Sommer, als ich mich in Fes befand, ein Pferd des Sultans gestohlen hatte, der rechte Fuss und die linke Hand abgehackt. Das aus der Altstadt nach Neu-Fes zu führende Thor hat immer eine Menge solcher Trophäen auszuweisen, auch Köpfe von hingerichteten Verbrechern haben hier ihren Ausstellungsort, während meiner Anwesenheit in Fes sah ich indess keinen Kopf ausgestellt.

Das Recht wird übrigens vollkommen willkürlich gesprochen, und Bestechungen sind an der Tagesordnung.

In Neu-Fes war in den ersten sechziger Jahren ein Schwarzer, ein ehemaliger Sklave Namens Faradji Kaid. Dieser hatte schon seit mehr als 50 Jahren diesen Posten inne, und galt als ein Phänomen. Er hatte unter Sultan Sliman die Stelle bekommen, sie unter Abd-er-Rhaman behauptet, und war auch von Sidi Mohammed, dem jetzigen Sultan, bestätigt worden. Im ersten Jahre der Regierung des jetzigen Kaisers wurde Faradji verläumdet, man machte den Sultan auf seine ungeheuren Reichthümer aufmerksam, man deutete darauf hin, dass Faradji, der doch ehemals nur Sklave gewesen, diese grossen Reichthümer wohl nur durch Erpressung, Bestechung oder gar dadurch, dass er sich am Eigenthum des Sultans selbst vergriffen, habe erwerben können. Der Sultan liess Faradji kommen, und befahl ihm, da er gehört habe Faradji habe *fremdes* Eigenthum, er überdies ja als ehemaliger Sklave nichts besessen habe, das fremde Eigenthum, und namentlich das was ihm, dem Sultan, zukomme, von seinem zu sondern. Der schlaue Faradji erwiederte nichts, ging in den Pferdestall des Sultans, entledigte sich seiner Kleidungsstücke, zog einen alten wollenen Kittel über, und fing an den Stall zu kehren.

Der Sultan fragte einige Zeit später nach Faradji, und war erstaunt als derselbe im ärmlichsten Anzüge vor ihm erschein. Befragt, warum dies, erwiederte er: "Ja Herr, Du befahlst meine Habe von der Deinigen zu trennen! Als ich von Deinem Grossoheim Mulei Sliman gekauft wurde, hatte ich nichts als diesen wollenen Sklavenkittel, den ich zum Andenken meiner Herkunft aufbewahrt habe, und auch dieser gehört ja, streng genommen, nicht einmal mir, wie konnte ich also mein Eigenthum von Deinem trennen, bin ich nicht noch immer Dein Sklave? Lass von Deinem Diener alles nehmen, alles was ich verwaltete, ist Dein rechtmässiges Eigenthum."

Man kann sich denken, dass der auf diese Art die Grossmuth des Sultans anrufende Faradji leichtes Spiel hatte, in der That umarmte ihn Sidi Mohammed, und Faradji wurde aufs neue in seine Kaidwürde eingesetzt, und ihm alle seine Güter gelassen. Als der Sultan von Neu-Fes nach Mikenes übersiedelte, besuchte ich mehreremal Faradji, er war immer sehr freundlich und zuvorkommend, pflegte den ganzen Morgen, auf einem Teppich sitzend, vor dem Magazin (es ist dies der officielle Ausdruck für das Palais des Sultans, und bedeutet zugleich die ganze Regierung) zuzubringen. Faradji war ein stattlicher schwarzer Greis mit intelligenten Gesichtszügen und schönem, wenn auch nur spärlichem weissem Barte. Seiner eigenen Meinung nach war er 1863 neunzig Jahre alt, was wohl eher zu wenig als zu viel sein dürfte, da er schon unter Sultan Sliman[91], also zur Zeit als Ali Bey Marokko besuchte, Kaid war.

[Fußnote 91: Die jetzige Dynastie in Marokko wird die der Filali genannt, weil der Gründer Mulei Ali ans Tafilet (der Bewohner Tafilets heisst ein Filali) stammt. Dessen Sohn Mulei Mohammed wurde von seinem Bruder Mulei Arschid vom Throne gestürzt, und dieser, der von 1664-1672 regierte, war nach Jussuf ben Taschfin der mächtigste Monarch. Die Grausamkeit dieses Sultans wurde von den raffinirten Grausamkeiten Mulei Ismaëls, der sein Bruder war und ihm 1672 folgte, noch übertroffen. Ismaël, jetzt einer der grössten Heiligen von Marokko, regierte bis 1727. Nach ihm folgte Mulei Ahmed Dehabi, vierter Sohn Ismaëls, regierte jedoch nur bis 1729; sein Bruder Mulei-Abd-Allah folgte bis 1757, und nach ihm kam sein Sohn Sidi Mohammed, der bis 1790 regierte und im Jahre 1760 Mogador gründete. Die beiden folgenden Söhne, Mulei Mohammed Mahdi el Tisid und Mulei Haschem regierten nach einander zusammen nur zwei Jahre. Mulei Sliman behauptete sodann den Thron von 1792-1822, und nach ihm regierte Mulei Abd-er-Rhaman ben Hischam bis 1859, und dessen zweiter Sohn, Sidi Mohammed, behauptet heute noch den Thron.]

Si Mohammed ben Thaleb, der Bascha von Alt-Fes, dessen Gast ich während der ganzen Zeit meines Aufenthalts in Fes war, hatte freilich ein ganz anderes Schicksal. Er war ein Mann von rechtlichem Charakter und vollkommen vorurteilsfrei, was in Marokko viel sagen will; ich finde in meinem Tagebuch sogar die Notiz: "Ben Thaleb war der einzige wirklich ehrliche und durchaus rechtliche Mensch, den ich in Marokko kennen lernte." Gebürtig aus Ain Tifa, einem Orte etwa einen Tagemarsch südöstlich von der Stadt Marakisch gelegen, war er fast unabhängiger Herrscher über eine dortige Berbertribe, welche seiner eigenen Aussage nach sieben Hauptstämme umfasste. Mächtig und reich (er verkaufte jährlich für etwa 200,000 Fr. Mandeln nach Ssuera), wäre er gewiss lieber in seiner Stellung als Berberchef geblieben, wie er überhaupt nie fröhlicher und vergnügter war, als wenn seine Stammgenossen, Berber von der Heimath, ihn in Fes besuchten und er mit ihnen

Schellah oder Tamashirt reden konnte. Aufstände, wie sie so häufig in Marokko vorkommen, verwickelten seine Berberstämme im Jahre 1846 gegen die kaiserliche Regierung; Ben Thaleb selbst betheiligte sich jedoch nicht daran, sondern hielt mit seiner ganzen Familie zum Sultan. Der Aufstand endete, wie in der Regel, mit der Niederlage der Rebellen, der Sultan Abd-er-Rhaman aber, um einen so mächtigen Stamm für immer an sein Haus zu ketten, ernannte ihren Schich Ben Thaleb zum Bascha-Gouverneur von Fes, welche Stelle als die erste nach dem Uïsirat (Ministerium) im ganzen Reich betrachtet wird. Der Berberstamm wurde durch eine so schmeichelhafte Auszeichnung, die seinem Chef widerfuhr, vollkommen zum Sultan hinübergezogen, und auch Ben Thaleb schien diesen Platz, der mehr als jeder andere abwirft, zuerst nicht ungern angenommen zu haben.

Indess schon zu Lebzeiten Mulei-Abd-er-Rhaman's war Ben Thaleb wiederholt um seinen Abschied eingekommen, er hatte in Erfahrung gebracht, dass ein Gouverneur von Alt-Fes, der reichsten Stadt des Landes, nie eines natürlichen Todes stürbe. In Marokko haben nämlich die Beamten eine ganz andere Stellung als bei uns. Nicht dass sie vom Staate, wie denn dort Staat und Sultan noch eins sind, oder vom Herrscher Gehalt bekommen, müssen sie im Gegentheil der Regierung, oder der Casse des Sultans, Gelder abliefern. Sie können allerdings dafür von ihren Schutzbefohlenen so viel erpressen, wie sie wollen. Da nun jeder Beamte darauf ausgeht, seinen Säckel zu füllen, ausserdem aber grosse Summen dem Sultan abzuführen hat, so kann man sich denken, wie schlecht das Volk dabei fährt, und meistens sind Ueberteuerungen und willkürliche Erpressungen die Ursachen der so häufigen Revolten. Es ist dieses System auch andererseits Ursache der schlechten Cultur des Bodens; abgesehen davon, dass weder Berber noch Semiten je etwas im Ackerbau geleistet haben, giebt sich kein Mensch Mühe, den Boden so ergiebig wie möglich zu machen, weil er weiss, dass die Erzeugnisse der Regierung verfallen sind. Ebenso ist der Handel dadurch gelähmt, der reiche Kaufmann von Fes sieht mit Bangen dem Tage entgegen, wo die Regierung sich seiner Ersparnisse bemächtigt, und es giebt deshalb auch in keiner Stadt, in keinem Ort Jemand, der nicht seinen geheimen Schatz hätte, der in der Regel vergraben ist.

Der Bascha ben Thaleb regierte im Jahre, als ich Fes betrat, die Stadt seit 13 Jahren. Da er seinen Abschied auch von Sidi Mohammed nicht bekommen konnte, tröstete er sich mit den Gedanken, diesem bei seinem Regierungsantritt den wichtigsten Dienst geleistet zu haben, und rechnete auf seine Erkenntlichkeit.

Wie bei jedem Kaiserwechsel, so waren auch bei dem Tode Mulei-Abd-er- Rhaman's grosse Unruhen und Fehden um die Nachfolge ausgebrochen. Es war vor allen der älteste Sohn des Sultan Sliman, Namens Mulei Abd-er-Rhaman-ben-Sliman, der mit Hülfe der Franzosen hoffte, den Thron seines Vaters wieder zu gewinnen, aber trotzdem er seinen Sohn Hülfe bittend an den gerade mit der Niederwerfung der Beni Snassen beschäftigten französischen General Martimprey schickte, konnte er nicht aufkommen. Da war ferner der erste Sohn des verstorbenen Sultans und älterer Bruder des jetzt regierenden, auch er wurde aus dem Felde geschlagen, und wurde wie der ersterwähnte nach Tafilet verbannt[92]. Der jetzt regierende Sultan Sidi Mohammed verdankte seine schnelle Installirung hauptsächlich dem Umstande, dass sich Sidi el Hadj-Abd-es-Ssalam von Uesan für ihn erklärte, dass er schon bei Lebzeiten des Vaters Califa, d.h. Stellvertreter des Sultans gewesen und grosse Schätze angesammelt hatte, und dass sich Ben Thaleb, der

Gouverneur von Fes, sofort zu seiner Partei bekannte.

[Fußnote 92: Beide Prinzen, die ich dort kennen lernte im Jahre 1863, lebten in freiwilliger Verbannung, obschon man in Marokko behauptet, die Regierung habe sie dorthin verbannt. Die Lage ist aber derart, dass, wenn der Sultan seines Bruders und Vetters habhaft werden könnte, er sie sicher würde hinrichten lassen.]

Der Bascha von Alt-Fes hatte indess gar nicht so leichtes Spiel, denn wenn auch Faradji, der Gouverneur von Neu-Fes, des jetzigen Sultans Panier ergriff, so hatte dieser mit seinen wenigen Soldaten genug zu thun, um das Palais des Sultans und Neu-Fes vor Plünderung und Angriff zu schützen. Ben Thaleb hatte aber ausser einem Dutzend Maghaseni (Reiter) nur von seinen eigenen, mit Flinten bewaffneten Berbern vielleicht 50 Mann zur Verfügung. Der jetzige Sultan war mit der Armee noch fern von der Hauptstadt.

Eines der wichtigsten Quartiere der Stadt, das der Djemma Mulei Edris, vorzugsweise von Schürfa (Abkömmlingen Mohammed's) bewohnt, empörte sich nun sofort nach dem Tode Abd-er-Khaman's und rief den ältesten Sohn des Sultan Sliman zum Nachfolger aus. Aber sie hatten nicht auf Ben Thaleb's eiserne Energie gerechnet: er liess fast vom ganzen Quartiere die erwachsenen Männer decimiren, die Häuser der vornehmsten Schürfa wurden dem Boden gleich gemacht, und alles was am Leben blieb, wurde seines Eigenthums beraubt. Diejenigen nun, welche wissen was es heisst, einen Scherif in Marokko beleidigen, strafen oder gar tödten, können sich denken, welche Aufregung dieses Verfahren Ben Thalebs hervorrief, der nicht einmal Araber, geschweige Scherif, sondern nur ein Brebber[93] war. Aber der Berber-Schich war nicht der Mann, sich einschüchtern zu lassen, andererseits vertheilte er den anderen Quartieren der Stadt je 2000 Metkal, ein ganz artiges Sümmchen für 17 Quartiere. So brachte er durch Strenge und Güte es dahin, dass Fes den jetzigen Sultan gleich anerkannte, und als der Vetter des Sultans mit seinem Heere vor die Hauptstadt rückte, wurde er von den Bewohnern von Fes, an deren Spitze Faradji und Ben Thaleb standen, feindselig empfangen; er musste fliehen, als Sidi Mohammed herbeirückte, diesem wurden die Thore geöffnet, und damit hatte Marokko einen Sultan,

> [Fußnote 93: Bezeichnung für Berber in Marokko. Man sieht hieraus, dass der Araber den Wahn, den Mohammed lehrte, das arabische Volk sei besser als jedes andere, noch immer aufrecht erhalten. Es trug dies wesentlich zum Untergange des arabischen Volkes bei, wie denn auch die Juden den Dünkel das auserwählte Volk Gottes zu sein schwer genug haben büssen müssen.]

Als Gast des Bascha's bezog ich mit meinem Dolmetsch, welcher Hauptmann der regelmässigen Armee des Sultans war, ein Zimmer, welches zur Privatmoschee des Bascha's gehörte, welche gleich neben seiner Amtswohnung gelegen ist. Mit zunehmender Wärme wurde der Aufenthalt in diesem Zimmer bald unerträglich, und als eines Tages der Bascha fragte, wie ich mit meiner Behandlung zufrieden sei, machte ich ihn auf die unerträgliche Hitze aufmerksam. Er rief einen seiner Diener und fragte ihn, welche Wohnung in der Nähe der seinigen auf der Stelle zu haben sei; dieser bezeichnete einen reizenden Sommersitz, welcher, obschon in der Stadt gelegen, einen hübschen Garten habe, vom Fes-Flusse durchzogen würde, an die Wohnung des Bascha anstiesse, "aber, fügte er hinzu, der Scherif, dem es gehört, hat seinen Sommeraufenthalt schon darin genommen."

"Geh' auf der Stelle und sage ihm, ich brauche seine Wohnung," war des Bascha's kurze Antwort "Und du Mustafa,"[94] fuhr er fort, "kannst heute noch umziehen, und wirst nun gewiss zufrieden sein." Der Scherif schien indess nicht grosse Eile zu haben; vielleicht glaubte er auch, weil er Scherif (Abkömmling Mohammed's) sei, dem Befehle trotzen zu können. Kurz, als ich am folgenden Tage Ben Thaleb besuchte und er sich nach meiner Wohnung erkundigte, musste ich gestehen ich sei, weil der Eigenthümer sich noch immer in seinem Hause befände, noch in meinem Moschee-Zimmer. Aber kaum liess der Bascha mich vollenden; ein Diener wurde gerufen, er bekam Befehl, auf der Stelle den Scherif mit seinem beweglichen Eigenthum auf die Strasse zu setzen; so geschah es, und an demselben Tage konnte ich einziehen. Es würde nichts genützt haben, hätte ich zartfühlend gegen diesen Befehl, den Eigenthümer aus seinem Besitze zu vertreiben, protestiren wollen, Niemand würde ein solches Benehmen verstanden haben, da das *unfehlbare Benehmen*, d.h. willkürliches Betragen, sich vom Sultan auch auf seine Beamten übertragen hat.

[Fußnote 94: Es war dies mein in Marokko angenommener Name.]

Folgendes nun wirft auch Licht auf das summarische Gerichtsverfahren in Marokko und Fes überhaupt, und ich schreibe die hier folgenden Zeilen wörtlich aus meinem damals geführten Notizbuch ab.

Das neue Haus, welches ich bezog, hat ein Stockwerk und ist nicht nach Art der Wohnhäuser in Fes eingerichtet, sondern nach anderen Regeln erbaut. Mitten im Garten liegend, fliesst unter dem Hause der kleine Ued Fes, der hier in den Garten tritt und in einer 4' tiefen und 6' breiten gemauerten Rinne läuft, bis er an eine dem Hause gegenüberliegende Veranda kommt, und unter dieser in einen andern Garten tritt. Das Haus selbst hat unten eine geräumige Veranda, einen Salon und ein Zimmer, das alkovenartig (eine Art von Kubba) hinten angebaut ist; oben sind drei Zimmer, die wir unbewohnt liessen; ebenso wurde das platte Dach selten benutzt. Der mir als Dolmetsch beigegebene Offizier schlief mit mir im hintern alkovenartigen Zimmer; in der einzigen Thür, welche zum Salon führte, schliefen drei Diener zwei andere in der Veranda, und zwei waren in der gegenüberliegenden Veranda, wo wir der Bequemlichkeit halber auch unsere Pferde stehen hatten. So bewacht, dachten wir nicht im entferntesten an Diebstahl, zudem in Fes Nachts, weil die einzelnen Quartiere, wie früher schon erwähnt ist, abgeschlossen sind, die grosse Communication ganz aufgehoben ist.

Eines Abends hatten wir, der Kaid oder Hauptmann und ich, auf unserem Teppich liegend, spät Abends Thee getrunken, beim silbernen Mondschein, am Rande des vorbeiplätschernden Flüsschens, unter duftenden Orangenbäumen hatten wir die Zeit vergessen, und der Muden ilul (das erste Avertissement zum Gebet wird im Sommer schon um 1 Uhr Morgens von den Minarets gegeben) ertönte, als wir schlafen gingen. Wir mochten kaum eine halbe Stunde geschlafen haben, als einer der Diener "Sserakin, Sserakin" (Diebe, Diebe) rief. Alle liefen wir hinaus mit Gewehren bewaffnet, aber nichts war zu finden. Wie hätte aber auch ein Dieb herein und so schnell hinauskommen können: an drei Seiten hatte der Garten fast 20 Fuss hohe Mauern, und die vierte Seite führte mittelst einer senkrechten, etwa 30 Fuss hohen Mauerwand in einen anderen Garten, unmöglich konnte er hier hinuntergesprungen sein. Indess fanden wir, nach unserer Behausung zurückgekehrt, dass wirklich ein Dieb dagewesen sein musste, es fehlten von meinen

Kleidungsstücken, die ich abgelegt hatte, Hosen, Pantoffeln, dann der Turban des Hauptmanns, ferner ein erst Tags zuvor angebrochener Hut Zucker, endlich unser ganzes Theeservice, Eigenthum des Bascha's. Eine genauere Untersuchung ergab, dass der Dieb unter der Gartenthür sich durchgewühlt, und wahrscheinlich schon mehrere Gänge gemacht hatte.

Auf unsere am anderen Morgen erfolgte Anzeige wurden von Ben Thaleb sämmtliche umwohnenden Bürger verhaftet, sie mussten die Sachen in Gemeinschaft ersetzen, ausserdem ein jeder 20 "Real" (so nennt man die französischen fünf Francs-Stücke) Caution erlegen, bis der Dieb von ihnen selbst ermittelt wäre. Mit Erlegung der 20 Reals erlangten sie zwar ihre Freiheit wieder, aber ich glaube kaum, dass sie je wieder zu ihrem Gelde gekommen sind, sollte es ihnen auch gelungen sein den Dieb zu ermitteln. Ich bemerke hiebei, dass ich einige Jahre später in Leptis magna von der türkischen Behörde eine ganz ähnliche Justiz üben sah, als einem meiner Diener aus dem Zelt ein Revolver Nachts gestohlen wurde.

Ausser den beiden Gouverneuren der Stadt giebt es sodann Vorsteher der einzelnen Quartiere, Vorsteher der Moscheen, Einsammler der Gelder, Marktvögte, einen Marktkaid der Kessaria, und einen Marktkaid des grossen, einmal in der Woche ausserhalb der Stadt abgehaltenen Marktes. Die Marktvögte und der Marktkaid haben hauptsächlich die Obliegenheit Streitigkeiten zu schlichten und Ordnung zu halten. An jedem Thore findet man einen Kaid el Bab, der die Thore zu öffnen und zu schliessen, sowie den Zoll zu erheben hat, es ist sodann eine Hauptzollamt in der Stadt, endlich sind als Behörden noch die Zunftmeister zu nennen, da jedes Handwerk zu einer Zunft verbunden ist, welcher ein Meister, der den Titel Kebir hat, vorsteht.

Die nächste Umgebung der Stadt zeigt im Norden, Osten und Westen die blühendsten Gärten, die man sich nur denken kann, im Südwesten sind Vorstädte; fast vor allen Thoren ziehen sich Gräberreihen und Gottesäcker hin, von denen einige äusserlich recht stattlich aussehende grössere Grabmonumente aufzuweisen haben. Indess liegt in diesen kaiserlichen Grabmonumenten eine gewisse Einförmigkeit, alle haben viereckige Form, darüber eine achteckige oder viereckige oder auch ganz runde Bedachung. Im Innern findet man in der Regel einen Sarkophag, oft mit Tuch überzogen, oft aber auch nur aus einem hölzernen Gestell bestehend. Neben einem solchen Hauptgrabe findet man manchmal zwei bis sechs und noch mehr kleinere einfache Gräber; entweder waren es Kinder der hier begrabenen Fürsten oder manchmal auch Vornehme und Grosse des Landes, die gegen hohe Geldsummen das Recht erwarben, sich an der Seite ihres Sultans begraben lassen zu können. Von der jetzt *regierenden* Dynastie ist niemand in oder ausserhalb Fes' beerdigt, sie hat ihre Grabstätten in Mikenes.

Ein grosser und für uns Europäer fast unerträglicher Uebelstand ist, dass dicht vor den Thoren sich verwesende Berge, oft 50 Fuss hoch, von crepirten Thieren befinden; seit Jahrhunderten ist es Brauch, jedes todte Vieh, allen Unrath vor die Thore der Stadt zu bringen, aber so dicht an den Wegen sind diese verpestenden Hügel errichtet, dass es eine Qual ist, aus der Stadt heraus und in dieselbe hinein zu kommen.

Der die Stadt beherrschende Berg, der im Norden und Nordwesten sich um dieselbe herumzieht, heisst Djebel-Ssala, er hat vielleicht 1000 Meter absolute Höhe. Unter dem Vorwande, Kräuter für Bascha Ben Thaleb suchen zu wollen, bekam ich eines Tages Erlaubniss hinauf zu reiten; durch einen breiten Gürtel lachender Feigen- und

Orangengärten, wo ausserdem Pfirsiche, Aprikosen, Granaten, Wein und Kirschen gezogen werden, gelangt man in Oelwaldungen, das zweite Drittel ist von immergrünen Eichen, von Lentisken und anderen das Laub nicht verlierenden Bäumen bestanden, das letzte Drittel hat nur Buschwerk und Zwergpalmen. Oben auf dem Berge, von dem aus man eine prächtige Uebersicht über die Stadt, über die Ebene bis zum grossen Atlas und über das nach Westen sich ziehende Serone-Gebirge hat, traf ich einen Einsiedler, Sidi Mussa, schon seit 50 Jahren in einer Höhle auf dem Ssala-Berge lebend. Im Rufe grosser Heiligkeit, lebt er von den Gaben der Pilger, hat aber ausserdem eine grosse Bienenzucht. Auf dem Plateau des Ssala-Berges sind mehrere Quellen und sogar Gärten und Ackerbau.

Was die Bevölkerung von Fes anbetrifft, welche wir auf 100,000 Seelen schätzen können und die vor der Cholera im Jahre 1859 wohl noch 20,000 mehr betrug, so besteht dieselbe vorzugsweise aus Arabern und Berbern.

Während aber auf dem Lande die Mischung von Berbern und Arabern bedeutend seltener ist, kommt sie in den Städten häufiger vor, indess doch nicht der Art, dass man sagen könnte, ein Volk habe das andere absorbirt. Aeusserlich unterscheiden sich die Bewohner von Fes, wie die der übrigen Städte von den Landbewohnern durch grosse Weisse der Haut, es hat dies aber einzig seinen Grund darin, dass sie fast nie der Sonne ausgesetzt sind, da selbst, wenn sie auf die Strassen gehen, diese so eng sind, dass sie nur auf kurze Zeit von der Sonne beschienen werden. Der Grund der häufigen Corpulenz bei den Männern ist denn auch nur darin zu suchen, dass sie wenig Uebung, wenig Bewegung bei verhältnissmässig kräftiger Kost haben. Im allgemeinen sind trotz des sehr hellen Teint die Leute von Fes sehr hässlich, namentlich häufig findet man wulstige

Lippen und krauses, obschon langes Haar. Negerblut ist hier unverkennbar, wie denn überhaupt in ganz Marokko viel Negerblut unter die Arabern gekommen ist. Fes vor den übrigen Städten des Landes zeichnet sich noch dadurch aus, dass mit den arabischen und berberischen Elementen sich stark das jüdische gemischt hat. Nicht etwa durch freiwillige Heirathen, sondern dadurch, dass hübsche Jüdinnen gezwungen werden, in den Harem des Sultans oder eines Grossen des Reichs zu treten oder durch gezwungene Uebertritte, durch Kinderraub; so pflegen denn auch die übrigen Bewohner des Landes von den Familien in Fes zu sagen: die Hälfte derselben habe jüdisches Blut in ihren Adern.

Die Zahl der Juden in Fes, welche, wie alle marokkanischen, zum Theil direct von Palästina eingewandert, zum Theil von Spanien zurückvertrieben sind, mag sich auf 8-10,000 belaufen. Sie leben hier ebenso unglückselig wie in den übrigen marokkanischen Städten. Der verstorbene Sultan Abd-er- Rhaman glaubte es durchsetzen zu können, den Juden eine Art Emancipation zu verschaffen, und gestattete den Juden gleiche Tracht mit den Moslemin. Der erste Unglückliche, der es wagte seine Melha (den Juden-Ghetto) mit rothem Fes, mit gelben Pantoffeln zu verlassen, kehrte nie zurück: er wurde gesteinigt. Der Sultan hatte, trotz seiner Unfehlbarkeit, nicht die Macht den religiösfanatischen Wuthausbruch seiner Unterthanen zu dämpfen.

Der religiöse Fanatismus, der ja allen semitischen Religionen innewohnt, ist überhaupt eine der schlimmen Seiten der Bewohner von Fes. Wie oft habe ich selbst mich von irgend einem Lumpen auf der Strasse angehalten gesehen, der mir mit den Worten "Scha had," d.h. bezeuge, den Weg vertrat, und er und die sich rasch ansammelnde Menge liessen mich sicher nicht eher passiren, als bis ich "Lah il Laha il Allah" gesagt hatte, bekanntlich die Glaubensformel der Mohammedaner.

Die Tracht der Bewohner von Fes ist die der übrigen Städter, d.h. es kann hier nur von der Kleidung der Reichen die Rede sein, da ein Armer nur seinen Haik, d.h. ein langes weiss wollenes Umschlagetuch und ein cattunenes Hemd darunter zum Anziehen hat, sonst aber barfuss und barhaupt daherkommt. Im Winter wird freilich der wollene Burnus darüber gezogen, der manchmal aus schwarzer, manchmal aus weisser Wolle besteht.

Der Anzug des wohlhabenden Bewohners von Fes ist indess viel reichhaltiger. Auf dem Kopf trägt er einen hohen spitz zulaufenden rothen Fes, Saschia genannt, um den ein weisser Turban, Rasa, gewickelt wird. Ueber ein langes weissbaumwollenes Hemd, Camis, vervollständigen eine Tuchweste mit vielen Knöpfen, und bis oben eng anschliessend und zugeknöpft, Ssodria, dann ein Tuchkaftan aus schreienden Farben und eine weite Hose, Ssrual, den Anzug, gelbe Pantoffel bilden die Fussbekleidung. Die meisten Jünglinge und Männer tragen Fingerringe aus Silber mit werthlosen Steinen, einige haben Ringe mit Steinen, welche man im Wasser auflösen kann (nach der Aussage des Besitzers), und welche Auflösung alsdann ein Mittel gegen Vergiftung ist. Einen solchen Ring besass Ben Thaleb auch, dennoch entging er nicht seinem Tode.

Sehr unangenehm ist die entsetzliche Unreinlichkeit, welche überall herrscht; die Kleider werden nie gewechselt, sondern, wenn einmal angezogen, immer Tag und Nacht, so lange auf dem Körper getragen, bis man neue Kleidungsstücke anschafft. Allerdings spricht Leo von grossen öffentlichen Waschanstalten in Fes; ich konnte leider solche zu meiner Zeit nicht mehr constatiren. Der reiche Bewohner kauft sich einmal, wohl auch zweimal, im Jahr einen neuen Anzug, bei Gelegenheit eines grossen Festes. Das altgewordene bekommen sodann die Kinder, Verwandten, Diener, oder auch arme Freunde zum Weitertragen. Der Arme kauft sich, nachdem er lange darauf gespart hat, einen Anzug, legt ihn dann aber nie wieder ab, bis er absolut unbrauchbar geworden ist. Freilich findet *einmal* im Jahr eine grosse Kleiderreinigung, eine allgemeine Wäsche, statt: am Tage vor dem aid-el- kebir, dem grossen Bairain der Türken. Da an diesem Tag Jeder geputzt erscheint, wer es kann sich ein neues Kleid kauft, und wer nicht, doch darauf hält so rein als möglich zu erscheinen, so sehen wir denn am Tage vor dem aid-el-kebir alle Welt, Jung und Alt, Männer und Frauen den Wasserplätzen zueilen; man entledigt sich der Kleidungsstücke und wie besessen tanzt und springt Jeder auf seinem Zeuge herum, um mit den Füssen den jahrelangen Schmutz herauszustampfen: eine einfache Handwäsche würde dazu nicht genügen.

Die Nationalspeise der Fessi ist ebenfalls Kuskussu—ein Mehlgericht, welches aus geperltem Weizen- oder Gerstenmehl bereitet und mittelst Dampf gekocht wird. Der nahe Sebu liefert indess ausgezeichnete Fische, die man in einer gepfefferten und durch Tomaten rothgefärbten Oelsauce stets fertig auf dem Marktplatze bekommen kann. Hammel-, Ziegen- und Schaffleisch ist gleichfalls billig zu haben, und in Fes wird wohl mehr animalische Nahrung consumirt, als im ganzen übrigen Lande, die Städte ausgeschlossen, zusammen.

Wie alle Marokkaner, sind auch die Fessi grosse Liebhaber von Thee, der vor dem Essen gereicht wird; die Manier zu essen ist aber eben so unsauber bei den vornehmsten Fessi, wie im ganzen Lande. Mehrere Personen hocken um eine irdene Schüssel, die in einem niedrigen Tischchen, etwa zwei

Zoll hoch, Maida genannt, aufgetragen wird. Alles kauert auf der Erde, in solcher Stellung, wie Jeder sie nehmen will; nachdem ein Sklave oder einer der Gesellschaft Wasser zum Abwaschen der Hände herumgereicht hat, spült man sodann diese ab, und ein *gemeinsames* Handtuch bei den Reichen dient zum Trocknen, bei Unbemittelten trocknet man sich einfach die Hände mit dem Zipfel seines Burnus. Dann, auf ein gegebenes Zeichen, greift mit dem Worte "Bi' Ssm' Allah" (Im Namen Gottes) ein Jeder mit der Rechten in die Schüssel, um den erhaschten Bissen zum Munde zu führen. Alle befleissigen sich einer ausserordentlichen Eile, um nicht zu kurz zu kommen, nur bei sehr Reichen wird langsam gegessen, weil da mehrere Schüsseln folgen. Es gehört übrigens zum guten Ton für die Frauen, Diener und Kinder, oder auch für die herumlungernden Armen, Anstandsbrocken in der Schüssel zu lassen. Eine grosse Auszeichnung aber ist es jedenfalls für einen Fremden, wenn der Wirth selbst mit seiner schmutzigen Hand in die Schüssel fahrt, einen Lockina, d.h. Bissen oder Mundvoll, hervorholt und ihn dem Gast in den Mund schiebt. Obschon ich nicht lange Zeit brauchte um mich an diese Art des Essens zu gewöhnen, denn Hunger überwindet Alles, so hatte ich doch längere Zeit nöthig zu lernen *geschickt* und *anständig* zu essen, denn es gehört Geschicklichkeit dazu die oft halb flüssigen Bissen mit Eleganz an den Mund zu befördern, namentlich, wenn man nicht zu kurz kommen will.

Ein Trunk Wasser, eine abermalige oberflächliche Handabspülung und ein nie unterlassenes "Hamd ul Lah" (Lob sei Gott) beschliesst jedes Mahl.

9. Mikenes und Heimreise nach Uesan.

Ben Thaleb hatte geglaubt, auf die Dankbarkeit des Sultans rechnen zu können, der seine Thronbesteigung gewissermassen ihm zum Theil verdankte. Verschiedene Male war Ben Thaleb um seinen Abschied eingekommen, er hatte nun seit mehr als 13 Jahren der reichsten Stadt des Landes vorgestanden. Vielleicht hoch in den Fünfzigen, hoffte er seine letzten Lebensjahre ruhig in seiner Heimath, inmitten seiner treuen Berbertribe beschliessen zu können. Da starb er eines Tags, plötzlich, ohne vorher auch nur ernstlich unwohl gewesen zu sein.

Dem Sultan musste der Tod des Bascha's äusserst erwünscht sein. Er hatte gerade jetzt Kriegsentschädigung zu zahlen. Spanien verlangte für Zurückziehung der Truppen aus Tetuan 23 Millionen spanische Thaler. Woher das Geld nehmen? Den grossen Schatz, der in Mikenes sein soll, wollte oder konnte er nicht anbrechen. Wie froh musste der Sultan sein, dass Ben Thaleb in diesem Augenblick ihm den Gefallen that, zu sterben; er war somit Erbe seines ganzen baaren Vermögens geworden.

Sobald der Tod Ben Thaleb's ruchbar geworden war, kamen seine Diener, Sklaven und Maghaseni vor meine Wohnung unter dem drohenden Geschrei, ich habe den Bascha vergiftet, und man müsse mich tödten. Glücklicher Weise für mich war der älteste Sohn des Bascha's da, um mich zu beschützen. Noch am Abend vorher waren wir bei seinem Vater, dem Bascha, gemeinsam zum Thee gewesen, derselbe hatte, genesen von einem leichten Unwohlsein, noch am Abend einen Ochsen, als Opfer und Geschenk an die Moschee Mulei Edris geschickt, und noch am selben Abend äusserte sich der Bascha in Gegenwart dieses Sohnes, dass Mustafa (mein angenommener Name) stets sein volles Vertrauen gehabt habe, und dass ich ihn bei seinem leichten Unwohlsein stets zur Zufriedenheit behandelt habe. "Und," fügte er hinzu, als ob er ein Vorgefühl seines nahen Todes habe, "wenn Gott mein Dasein verkürzen sollte, so beschütze Mustafa, der mein Gast gewesen ist."

Eingedenk der Worte seines Vaters, trieb Si-Hammadi (so hiess der Sohn) seine Leute auseinander, und schon nach zwei Tagen befahl er, mit ihm nach Mikenes zu reisen, zum Sultan. So sagte ich denn Fes Lebewohl, um es nie wieder zu betreten.

Si-Hammadi, von einer glänzenden Suite umgeben, dann mein Dolmetsch Si- Mustafa und ich mit unserem Tross, endlich eine Reihe von wenigstens 200, mit schweren Kisten bepackten Maulthieren und vielleicht 100 Kamelen ebenso beladen, von Maghaseni escortirt, das war unsere Karavane. Ich wusste nicht, was aus diesem gleichartig gepackten Zuge machen, seine Gepäckthiere hatte Si-Hammadi ausserdem noch, bis ich erfuhr, dass dies das vom Bascha hinterlassene Baarvermögen sei, ungefähr zwei Millionen spanische und französische Thaler. Die Summe mochte nicht übertrieben sein, in Anbetracht, dass ein Maulthier mit leichter Mühe hundert Pfund Silber = 2000 französische Thaler, ein Kamel aber ohne Beschwerde das Dreifache tragen konnte. Ohne Anhalt erreichten wir in einem Tage das nahe Mikenes.

In Mikenes angekommen, verabschiedete ich mich von Si-Hammadi und nahm im Funduk el Attarich in der Stadt Logis, ging Abends noch ins Lager hinaus, um meine militärischen Bekannten zu begrüssen, welche sich ebenso sehr wunderten, mich jetzt plötzlich wieder zu sehen, als sie vorher erstaunt gewesen waren, eines Morgens mein Hanut mit dem schönen Aushängeschild ohne Arzt zu finden, und

erst später nach und nach inne wurden, ich sei auf
allerhöchsten Befehl nach Fes zurückgeschickt worden.

Anderen Tages machte ich bei dem Grosswessier einen
Besuch, er war schon von meiner Ankunft unterrichtet, und
hatte, als ob ich selbst nichts dabei zu sagen hätte, schon
Befehl gegeben, für mich Zimmer einzurichten, in einem
Hause, welches neben dem seinigen lag. Ich hatte Abends
vorher Ismael (Joachim Gatell) im Lager gesehen, wie
kläglich er dort unter den thierischen Soldaten die Zeit
verbrachte, und war daher froh, mich von der Armee fern
halten zu können. Die mir von Si-Thaib zur Verfügung
gestellte Wohnung war neu und geräumig und ich lud
Ismael ein, dieselbe zu theilen. Da er dies Anerbieten gern
annahm, hatten wir beide jetzt eine angenehme Zeit vor
uns, wir konnten unsere Erlebnisse und Enttäuschungen
uns mittheilen, wieder einmal europäisch denken und
fühlen. So viel merkte ich wohl, dass Ismael von seiner Lage
noch weniger erbaut war, wie ich, der ich fern von den
marokkanischen Soldaten gelebt hatte.

Aber auch sein Unangenehmes hatte der Aufenthalt bei Si-
Thaib für mich. Der erste Minister hatte nicht aus
Uneigennützigkeit mir seine Wohnung angeboten, sondern
nur um mich zur Hand haben, Krankenwärterdienste bei
ihm zu verrichten. Jeden Mittag, wenn, er vom Maghasen
(Palais des Sultans und Sitz der Regierung) zurückkam,
wurde ich gerufen. Ich hatte dann die unangenehme Pflicht,
ihm seine kranken Füsse mit Kampherspiritus zu reiben.
Nur auf diese Art glaubte er Linderung in seinen
Podograschmerzen zu haben, versprach sich sogar Heilung
davon. Und dies Geschäft war keineswegs ein angenehmes,
beim Beginn der Operation unterhielt er mich meist über
Politik, wobei er die verrücktesten Ansichten auskramte,
auch Religion wurde aufgetischt, nach einer halben Stunde

pflegte er zurückgelehnt auf seiner Matratze einzuschlafen. Ich durfte aber nicht etwa das Reiben einstellen, sonst erwachte er sogleich und befahl fortzufahren; oft habe ich mit dieser Verrichtung zwei bis drei Stunden zubringen müssen.

Si-Hammadi, der Sohn des Bascha's von Fes, hatte dann bei Ablieferung der Gelder einen so günstigen Bericht über mich gemacht, dass ich eines Tags durch die Botschaft überrascht wurde, ich sei zum Leibarzt des Sultans ernannt und habe von jetzt an alle Tage die Frauen des Sultans zu behandeln. Vorher beschenkte mich Si-Hammadi noch mit einem meergrünen Tuchanzug, grosse Auszeichnung als Belohnung für die Dienste bei seinem Vater.

Es kamen nun jeden Morgen zwei Maghaseni aus dem Harem, um mich zu rufen. Dort angekommen, nahm mich der Oberste der Eunuchen, Herr Kampher, in Empfang und bald darauf wurde ich in ein Vorgemach geführt, wo ich die Damen vorfand, welche sich behandeln lassen wollten. Im Anfange wollten sich die Frauen nicht entschleiern, als ich aber darauf bestand, ging Herr Kampher, der sowie einige andere Eunuchen als Herr Moschus[95], Herr Atr' urdi (Rosenessenz) etc., natürlich immer zugegen war, ins Harem zurück, meldete dies dem Sultan, kam aber dann mit dem Bescheid: "Unser Herr (Sidna) sagt, da du ja doch nur ein Rumi und eben erst übergetretener Christenhund bist, brauchen sich die Frauen deinetwegen nicht zu geniren." Somit fielen die Umschlagetücher (eigentliche Schleier werden weder in Marokko, noch sonst wo von mohammedanischen Frauen zum Verdecken des Gesichtes benutzt) und ich hatte alle Tage Gelegenheit, die Reize der Frauen des Sultans bewundern zu können. Man glaube übrigens nur nicht, dass irgendwie besondere Schönheiten im Harem wären, oder diese müssten sich nicht gezeigt haben, meistens waren es sehr junge Geschöpfe mit recht vollen Formen. Die oft kostbaren Anzüge und die vielen Schmucksachen waren mit Schmutz überladen, and in der Regel an den Kleidern irgend etwas zerrissen. Die meisten schienen nur aus Neugier zu kommen, um den "Christenhund" zu sehen. Alle aber, abgesehen von ihrem albernen und läppischen Wesen, waren recht freundlich und hätte ich nicht die Vorsicht gebrauchte, Herrn Kampher zu sagen, die und die, nachdem sie zwei oder drei Mal zur Visite gekommen war, nicht wieder vorzuführen, so wäre wohl nach einiger Zeit der ganze Harem herausgekommen. Sie schienen das Krankmelden als einen angenehmen Zeitvertreib zu betrachten, eine ernstlich Kranke habe ich in der ganzen Zeit meines Aufenthaltes nicht gesehen. Ich hütete mich denn auch sehr, irgend wie selbst Medicin zu geben, obschon mir jetzt die dem Sultan von der Königin Victoria geschenkte Arzneikiste zur Verfügung stand. Ich beschränkte mich auf diätetische Anordnungen und culinarische Recepte, die oft grosse Heiterkeit hervorriefen, aber, wie mir Herr Kampher sagte, immer streng befolgt wurden, da die Marokkaner jedem Extraessen (d.h. alles was nicht Kuskussu ist) irgend eine besondere Heilkraft beilegen.

[Fußnote 95: Alle Eunuchen haben stets stark duftende, aromatische Namen.]

Von meinem Gehalt hatte ich seit meiner Reise nach Fes nichts mehr zu sehen bekommen, wahrscheinlich regalirte sich Hadj Asus damit, auch nach der Ernennung zum Leibarzte war von meiner Gehaltsauszahlung oder Erhöhung desselben keine Rede. Allerdings sagte mir Si-Thaib mehrere Male, ich solle nur zum Amin (Schatzmeister) des Sultans gehen, der Sultan habe Befehl gegeben, ich solle jetzt täglich 5 Unzen Silber, also ca. 8 Sgr. beziehen, ich enthielt mich aber dessen. Des Hofes war ich so müde, dass ich nur daran dachte, wie ich fortkommen könne. Ueberdies fehlte es nicht an Geld, die Grossen des Reiches glaubten alle verpflichtet zu sein, weil ich Arzt des Sultans war, sich von mir behandeln zu lassen, und irgend ein Bittsteller, der bei Si-Thaib erschien, kam sicher auch um sich von mir behandeln zu lassen. Und weil er glaubte, ich gehöre mit zum Hause des Ministers, hielt er sich verpflichtet, auch mir ein Geschenk zu machen; indem er Medicin dafür verlangte, meinte er auf diese Art zwei Fliegen mit einer Klappe zu fangen.

Ich war daher so beschäftigt, dass ich nur die Abende für mich hatte, bekam daher von Mikenes wenig zu sehen. Freitags hatte ich jedoch Zeit, eine oder die andere Moschee zu besuchen, die, welche den Namen Mulei Ismael hat, ist jetzt die berühmteste, und da der "blutdürstige Hund" Mulei Ismael längst einer der berühmtesten Heiligen von Marokko geworden ist, hat die Moschee, in der sich das Grabmal Mulei Ismaels, Mulei Sliman's, Mulei Abd-er- Rhaman's und noch anderer Sultane dieser Dynastie befindet, Asylrecht erhalten. Die Berühmtheit dieser Moschee als Asyl Verbrecher gegen das Gesetz zu schützen, scheint durch die Leichen der eben genannten Herrscher Marokko's fast eben so gross geworden zu sein, wie die der heiligen Moschee Mulei Edris Serone, und die des Mulei Edris in Fes.

Eines Tages war ich Zeuge, dass verschiedene Artilleristen, welche wegen nicht erhaltener Löhnung revoltirt hatten, in die Djemma Mulei Ismael's flüchteten. Sie blieben dort mehrere Tage, sogar während eines Freitag- Gebetes, an welchem Tage der Sultan selbst in dieser Moschee das Chotba zu hören pflegt, und erst die positive Zusage vollkommener Straflosigkeit machte sie aus ihrem Zufluchtsorte hervorkommen. Ob diese später gehalten worden ist, weiss ich nicht, glaube es aber, da dem Sultan natürlich daran liegt, die Heiligkeit des Ortes, worin seine Vorfahren begraben liegen, aufrecht zu erhalten und zu erhöhen.

Die Zahl der Einwohner wird von allen Schriftstellern über Marokko verschieden angegeben, Höst nennt über 10,000 Einwohner, Hemsö 56,000 Ew., Leo 6000 Feuerstellen, Marmol 8000 Ew., Diezo de Torres 5000 Ew., Jackson 110,000 Ew. Das Wahre dürfte auch hier in der Mitte liegen, wenn man eine ungefähre Zahl von 40,000-50,000 Seelen annimmt. Marmol, Höst und Hemsö haben das alte Silda des Ptolemaeus in Mikenes sehen wollen. Nach Walsin-Esterhazy[96] wurde Mikenes von einer Abtheilung der Znata, der Meknâca, gegen die Mitte des 10. Jahrhunderts gegründet. Der eigentliche Gründer der Stadt war aber Mulei Ismael, der hier beständig residirte, und unter dem sie ihre Berühmtheit erlangte und von der Zeit eine der vier Residenzen des Reiches geblieben ist. Einige Stunden südwärts vom Abhange des Berges Mulei Edris Serone gelegen, hat die Stadt die reizendsten Gärten, die man sich denken kann. Schon Leo hebt die kernlosen (?) Granaten und wohlriechenden Quitten hervor, und dass die Stadt einen grossen Oliven-Reichthum hat, bekundet das Beiwort Meknas-el-situna, d.h. das olivenreiche. Zum Theil liegen die Gärten innerhalb der Mauer.

[Fußnote 96: Siehe: Renou pag. 254.]

Das heisst die eigentliche Stadt mit der Kasbah und dem Palais des Sultans, ist durch eine sehr gut erhaltene, von hohen viereckigen Thürmen flankirte Mauer umgeben, und innerhalb dieser hohen Mauer befindet sich auch der prächtige Garten des Sultans. Dann zieht sich eine Stunde entfernt eine andere, niedrigere, an manchen Stellen zwiefache Mauer um die Stadt, um die nächsten Gärten zu schützen.

Mikenes hat fast durchweg eine Bevölkerung, die in irgend einer Beziehung zum Hofe oder zum Heere steht. Die von Hemsö angeführte und dem Leo nachgeschriebene grosse Eifersucht der Männer auf ihre Frauen dürfte wohl nicht grösser sein, als in den anderen marokkanischen Städten, besonders schön fand ich die Frauen nicht. Mikenes ist die einzige Stadt in Marokko, wo öffentliche Prostitutionshäuser sind. Im Uebrigen sind die Strassen gerader, reinlicher, die Häuser in einem besseren Zustande, als in irgend einer anderen Stadt des Reiches. Sogar der Palast des Sultans zeichnet sich dadurch aus, obschon der Theil, den Mulei Ismael mit Marmorsäulen, die er von Livorno und Genua kommen liess, schmückte, in Ruinen liegt. Diese schönen Monolithen liegen als Zeugen jüngst vergangener Grösse im Staube. Kein anderes Gebäude zeichnet sich irgendwie aus, selbst die Moschee Mulei Ismaels, welche doch Begräbnissstelle der jetzigen Dynastie ist, liegt halb in Verfall. Die Stadt wird durch eine ausgezeichnete Wasserleitung mit Wasser versorgt, irre ich nicht, von einem in den Ued Bet gehenden Bache aus, der nordwärts von der Stadt entspringt.

Erwähnen muss ich eines Abstechers nach Mulei Edris Serone, einer ungefähr 3 Stunden nördlich von Mikenes gelegenen Stadt; indess kann ich von diesem reizend gelegenen Orte nichts weiter anführen, als was ich bei Beschreibung der Stadt Fes schon mitgetheilt habe. Trotzdem ich Leibarzt des Sultans war, im Hause des ersten Ministers wohnte, alle Gebräuche und Sitten der Mohammedaner aufs Genaueste mitmachte, war ich dennoch immer mit misstrauischen Augen angesehen. Nach irgend einer Oertlichkeit direct fragen, ging schon gar nicht. Man würde gleich gesagt haben, ich sei ein Spion.

Glücklicher Weise trat ein Ereigniss ein, was mich aus des

Sultans Dienste befreite, eine englische Gesandtschaft wurde in Aussicht gestellt, und nach einigen Wochen traf auch Sir Drummond Hay mit zahlreichem Gefolge und escortirt von einer starken Abtheilung Maghaseni in Mikenes ein. Man kann sich denken, wie gross meine Freude war. Seit über einem Jahre, so viel Zeit war nun verflossen, hatte ich nichts von Europa gehört, hatte weder einen Brief noch eine Zeitung gehabt, und erhielt nun auf einmal Bücher, Zeitungen, und konnte mich mit gebildeten Herren unterhalten. Im Anfange hatte ich grosse Schwierigkeit zu Sir Drummond Hay zu gelangen, da die marokkanische Regierung den strengsten Befehl ausgegeben hatte, keinen Renegaten auf die Gesandtschaft zuzulassen. Nur durch eine List verschaffte ich mir Einlass, indem ich Si-Tbaib sagte: ich müsse seiner Krankheit wegen mit dem der englischen Gesandtschaft beigegebenen Arzte sprechen. Das wurde bewilligt und ich durfte dann, von meinem ehemaligen Dolmetsch begleitet, die Gesandtschaft betreten.

Sir Drummond bewohnte eines der schönsten Häuser der Stadt, worin es sogar an europäischen Möbeln nicht fehlte, da der Sultan alle dergleichen Utensilien besitzt, sie aber für seine Person nicht gebraucht. Ueberhaupt wurde die Gesandtschaft mit einer Zuvorkommenheit und Artigkeit behandelt, wie sie Sir Drummond Hay, dem eigentlichen geheimen Herrscher von Marokko, zukommt. Auf den Strassen, vom Volke, überall wo die Gesandtschaft sich zeigte, wurde sie aufs respectvollste begrüsst. So gut wie der Sultan, fühlt das Volk, dass nur England eine wirkliche Hülfe gegen die Spanier und Franzosen ist. Es versteht sich von selbst, dass Sir Drummond sich mit aller Freiheit bewegen konnte, ebenso die übrigen Herren der Gesandtschaft.

Was mich anbetrifft, so gab mir Sir Drummond ein

Schreiben (arabisch ausgefertigt) und sagte mir, dasselbe durch den ersten Minister dem Sultan vorzeigen zu lassen. In diesem Schreiben war betont, die marokkanische Regierung solle mich nicht mit den übrigen Renegaten verwechseln und mir meine Freiheit wiedergeben. Das Blättchen Papier wirkte Wunder. Als Si- Thaib mir dasselbe nach einigen Tagen wieder einhändigte, fügte er hinzu, der Sultan habe das Blatt gelesen, und gesagt, ich könne thun was ich wollte, sei vollkommen frei, Mikenes zu verlassen, ja ich dürfe überall im "Rharb" reisen und mich aufhalten, wo ich es für gut fände. Wer war froher als ich. Jetzt aber war auch der Wunsch das eigentliche Land Marokko zu durchreisen, erst recht wachgerufen, und namentlich fühlte ich einen starken Trieb von nun an weiter in das Innere Afrika's einzudringen. Aber ich war mir nun auch erst recht bewusst geworden, wie viel noch abging, solche gefährliche Reisen ohne Mittel ausführen zu können. Wenn auch einestheils gerade diese Mittellosigkeit ein grosser Schutzbrief für mich war, so hatte ich anderseits im Arabischen wenige Fortschritte bis dahin gemacht. Der Umstand, dass ich fortwährend einen Dolmetsch zur Seite gehabt, machte, dass ich kaum mehr von dieser Sprache verstand als beim Beginn meiner Reise. Auch war ich mit den Sitten und Gebräuchen des eigentlichen Volkes noch zu wenig vertraut. Ebenso wenig wie man diese z.B. in London was das englische Volk, in Berlin was das deutsche Volk anbetrifft, in Erfahrung bringen kann, zu dem Ende vielmehr das eigentliche Land selbst besuchen muss, ebenso wenig ist dies in Marokko in der Hauptstadt der Fall, und bislang war ich eigentlich nur in Fes und Mikenes gewesen.

Ich beschloss nun nach der heiligen Stadt Uesan zurückzukehren. Wo konnte ich besser Sitten, Gewohnheiten und auch die Sprache des Volkes kennen lernen, als in dieser grossen Pilgerstadt, wo täglich

Hunderte, oft Tausende von Pilgern aus ganz Nordafrika, ja oft noch von weiter her zusammenströmen. Und es traf sich nun sehr glücklich für mich, dass gerade zwei von den nächsten Anverwandten des Grossscherifs in Mikenes waren. Diese hatten in der Besoffenheit einen Maghaseni des Sultans ums Leben gebracht, und waren selbst nach Mikenes gekommen, um sich deshalb beim Kaiser zu entschuldigen. Sie wurden nicht nur nicht gerügt oder gar bestraft für ihre im Trunk begangene Handlung, sondern der Sultan betrachtete es als einen besonderen Act der Höflichkeit, dass solche heilige Leute und noch dazu wirkliche Vettern des Grossscherifs, keinen Anstand nahmen, sich wegen einer solchen Kleinigkeit bei ihm selbst zu entschuldigen, und im Grunde genommen sah er es wohl nur für einen Vorwand an, Geschenke von ihm zu bekommen. Die erhielten sie denn auch beide. Sidi Mohammed ben Abd-Allah und sein Bruder, Sidi Thami, verliessen reich beschenkt die kaiserliche Residenz.

Si Thaib Bu Aschrin hatte die Güte mir einen Brief für die beiden Schürfa zu geben, welche direct nach Uesan zurückreisen wollten. Und so sagte ich denn dem Hofe des Sultans Lebewohl, nur Trauer empfindend, dass Ismael (Joachim Gatell), der die ganze Zeit bei mir gewohnt hatte, jetzt wieder ins Lager zurück musste, und da er nicht, wie ich, die Protection der englischen Gesandtschaft genoss, nicht daran denken durfte, so bald seine Befreiung zu bekommen.

Den folgenden Morgen begab ich mich mit meinem Gepäck zur Wohnung der Schürfa, und bald war Alles gepackt und wir sattelfest. Sidi Mohammed, ein fetter junger Mann von dreissig Jahren, und sein einige Jahre jüngerer Bruder, Sidi Thami, waren noch von zwei alten Schürfa begleitet und hatten mindestens 30 Diener als Gefolge. Wir verliessen gegen 8 Uhr Morgens Mikenes durch das Nordthor, zogen den Bergen entgegen, indem wir die Stadt Serone etwas östlich liegen liessen. Die Reisen zu Pferde oder Maulthier sind in Marokko keineswegs unangenehm, die mit hohen Lehnen versehenen Sättel, vorn mit einem Knauf, worauf man die Hände legen, die grossen Steigbügel, in welche man den ganzen Fuss schieben kann, lassen die Ermüdung weit später erfolgen, als bei europäischem Reitzeuge. Freilich muss ein Europäer sich die Mühe nehmen, den Sattel durch wollene Decken etwas zu polstern, denn wenn sich die Härte desselben schon ertragen liesse, ist er doch sehr uneben, was auf die Dauer unbequem ist.

Wir waren ohne Rast den ganzen Tag unterwegs, da Sidi Mohammed Ben Abd-Allah wohl besonderen Grund haben musste so schnell zu reisen, denn sonst pflegen die Grossen in Marokko nur, kleine Tagemärsche zu machen. Als ich mich in der Höhe der Berge von Mulei Edris etwas entfernte von unserer Karawane, wurde ich der Gegenstand einer Ovation, die in der Nähe wohnenden Leute, die von der Durchkunft von Schürfa von Uesan gehört hatten, wohl im Glauben ich sei auch ein Scherif, kamen haufenweise herbei, mir die Hand und den Saum der Djilaba küssend. Sie verlangten auch das Foetha (Segen), das ich glücklicherweise auswendig wusste. Hoffentlich haben sie eben soviel Nutzen von meinem Segen gehabt, als von dem eines wirklichen Scherifs! Aber wenn sie es gewusst hätten, ich sei ein zum Islam Uebergetretener, wie würden sie mich verflucht haben. Gut, dass wir in den Zeiten leben, wo Fluch und Segen von Menschen gesprochen, den Zauber ihrer Allmacht verloren haben.

Bei Sonnenuntergang hielten wir bei einem dem Grossscherif von Uesan gehörenden Duar (Zeltdorf). Da ich kein Zelt hatte, luden die beiden Schürfa mich ein, das ihrige mit zu theilen. Das Zelt eines Grossen von Marokko zeichnet sich durch Geräumigkeit aus. Aus starkem weiss und blaugestreiften Leinenzeug bestehend, ist es inwendig weiss und mit verschiedenartig zusammengenähtem bunter Tuch gefüttert. Meist von nur einer Stange getragen, kann die rund ums Zelt gehende gerade aufstrebende Seitenumfassung abgenommen werden, was namentlich bei Sonnenschein und grosser Hitze eine grosse Annehmlichkeit gewährt, da das Dach des Zeltes, gewissermassen ein grosser Schirm, frei stehen bleibt und dem kühlenden Winde der Durchlass offen steht. — Ich war froh, als der Koch der Schürfa sogleich ein Mahl auftrug, da ich den ganzen Tag nichts genossen hatte, als ein Stückchen Brod und Trauben. Gegen Mitternacht kam denn auch der Mul' el Duar oder Dorfvorsteher, mehrere Schüsseln voll Kuskussu verschiedener Art, und andere mit gebratenem Fleisch wurden niedergesetzt. Meine Müdigkeit war indess so gross, dass ich vorzog weiter zu schlafen, trotz der wiederholten Aufforderungen am Mahle theilzunehmen.

Frisch gestärkt erweckte man mich am anderen Morgen mit einer Tasse Kaffee (die Schürfa von Uesan trinken auch Kaffee) und sodann kam wieder ein reichliches Mahl der Leute des Zeltdorfes, welche dafür mit Thee bewirthet wurden. Wie am vorhergegangenen Tage war die Gegend hügelig, wohlangebaut und zahlreiche Duar deuteten auf eine verhältnissmässig dichte Bevölkerung. Bald nach dem Aufbruche am zweiten Tage passirten wir die Flüsse Sebu und Uarga, letzteren etwas oberhalb der Stelle, wo er in den Sebu einfällt. Ueberall wie am ersten Tage waren die Schürfa der Gegenstand der grössten Verehrung, im ganzen Lande gelten die Schürfa Uesan's als die grössten Heiligen. Die Sitte will es, dass ein Vornehmer nie seinen Einzug Abends hält, so wurde denn auch an dem Tage schon um 5 Uhr Nachmittags Halt gemacht in einem Duar, der Sidi Abd-

Allah selbst gehörte. Nur noch einige Stunden am anderen Morgen, und wir hatten den Berg Bu-Hallöl vor uns, an dessen anderer Seite Uesan gelegen ist.

Sobald wir den Berg umgangen, kamen uns die Verwandten und Bekannten der Schürfa entgegen, die durch den jüngeren Bruder, der am Abend vorher noch die Stadt erreicht hatte, waren benachrichtigt worden. Sidi Thami hatte auch dem Grossscherif schon meine Zurückkunft mitgetheilt.

Ich konnte indess nicht direct nach der Wohnung des Grossscherifs gehen, da ich vorher bei Sidi Abd-Allah frühstücken musste. Ein naher Verwandter von Sidi el Hadj Abd es Ssalam, ist er, was Reichthum und Macht anbetrifft, von den Uesaner Schürfa der dritte, denn Sidi Mohammed ben Akdjebar, obschon entfernterer Linie, hat nach dem Grossscherif den grössten Einfluss und den grössten Reichthum. Die übrigen Schürfa, fast die ganze Stadt besteht aus Abkömmlingen Mohammed's, haben in Uesan selbst gerade keinen Einfluss, da ihrer zu viele sind.

Gleich darauf ging ich dann, nachdem ich meinen meergrünen Anzug angelegt hatte, zum Grossscherif, den ich von einer zahlreichen Menge umgeben in seinem Landhause antraf. Aufs freundlichste aufgenommen, liess er sogleich eine Wohnung für mich einrichten, und mich ein über das andere Mal willkommen heissend, sagte er, ich solle mich von nun an ganz wie zu seinem Hause gehörig betrachten.

Ehe ich nun meine Erlebnisse in Uesan schildere, möchte ich Einiges über die derzeitigen politischen Zustände in Marokko sagen, und knüpfe daran zugleich einige Worte über die sonstige und jetzige Stellung der christlichen Consuln.

10. Politische Zustände

Marokko hat eine Regierung so despotisch und tyrannisch eingerichtet, wie man sie eben nur da findet, wo zu gleicher Zeit geistige und weltliche Herrschaft in *einer* Person vereint ist, und der Grund zu diesem absolutesten Despotismus liegt doch keineswegs im Charakter des arabischen oder berberischen Volkes, einzig und allein die *mohammedanische Religion* ist Schuld daran.

In allen Ländern, auf welche sich der Islam ausgedehnt hat, ist es ähnlich. In der Türkei, in Persien, in Aegypten, in Tunis, überall die absoluteste monarchische Herrschaft, ja sogar in Centralafrika hat die mohammedanische Religion in den Staaten, von denen sie Besitz ergriffen hat, dem jeweiligen Fürsten unbeschränkte Macht verliehen, so in Uadai, Bornu, Sokoto und Gando.

Vor dem Islam lebten die Araber in kleinen Triben unter patriarchalischen Herrschern, und wenn die Berber Nordafrika's es zuweilen vermochten, sich zu Königreichen zu vereinigen, so war dennoch die Gemeindeabtheilung, kleine von einander unabhängige Republiken, ihre Urregierungsform. So finden wir in Nordafrika die Araber und Berber noch da, wo sie sich unabhängig von den grossen Staaten zu erhalten gewusst haben.

Nach der Entstehung des Islam folgte es von selbst, die politische Autorität mit der des obersten Priesters in einer Person zu vereinigen. Nach unten giebt es im Mohammedanismus keine Hierarchie, keine Priesterkaste, keine privilegirten Menschen, mit Ausnahme derer, welche Mohammed selbst als bevorzugt bezeichnete: das sind seine eigenen Nachkommen.

Freilich die vollkommene Unbeschränktheit, wie sie jetzt die Sultane von Marokko gemessen, "absolute Unfehlbarkeit," kam erst dann zu Stande, als im Anfange des 16. Jahrhunderts Sultane aus der Familie der Schürfa auf den marokkanischen Thron kamen. Seit der Zeit hat im eigenen Lande der Marokkaner die Macht und *Unfehlbarkeit* der Herrscher immer mehr zugenommen, das Wohl, die Bildung und der Fleiss des Volkes aber von dem Augenblick an auf merkwürdige Weise abgenommen.

Der Sultan von Marokko nennt sich "Beherrscher" oder auch "Fürst der Gläubigen," Hakem el mumenin, oder will er politisch als Herr des Landes sich bezeichnen, schreibt er Mul' el Rharb el Djoani[97].

> [Fußnote 97: Alle anderen Titel, wie z.B. bei Lempiere: "Emperor of Africa" (die Marokkaner wissen gar nicht was Afrika ist), "emperor of Marokko, King of Fes, Suz and Gago, Lord of Dara and Guinea and great Sherif of Mohamet" (?), sind Erfindungen der Europäer selbst.]

Von seinen Unterthanen wird er "Sidna," unser Herr, oder auch "Sultan," "Sultana," Sultan, unser Sultan genannt. Andere Ansprachen sind nicht üblich. Seine erste Frau, die nicht nothwendig ein weiblicher Scherif zu sein braucht, hat den Titel Lella-Kebira, und gebiert sie einen Thronfolger, so hat sie für immer das Recht den Harem zu regieren und bei der Wahl der übrigen Weiber eine gewichtige Stimme. Der älteste Sohn bekommt den Titel Sidi el Kebir oder Mulei el Kebir, denn Sidi und Mulei im Singular wird immer gleichbedeutend gebraucht, während Muleina, der Plural, nur auf den Propheten angewendet wird. Wie alle Mohammedaner, hat der Sultan gleichzeitig nur vier rechtmässige Frauen, die nach Belieben fortgeschickt oder erneuert werden; wie viele unrechtmässige, d.h. nicht angetraute junge Mädchen und Frauen in den vier Harems sind, weiss der Sultan, *trotz seiner Unfehlbarkeit* wohl selbst nicht.

Ein Gesetz über Erbfolge giebt es bei den Mohammedanern nicht, also existirt darin auch keine Regel für Marokko. Der augenblicklich auf dem Thron sitzende Fürst ist der zweite Sohn des verstorbenen Sultans, und dieser selbst war Neffe seines Vorgängers. Er heisst Sidi Mohammed ben Abd- er-Rhaman und ist im Jahre 1805 geboren. Wenn schon unter seinen Vorgängern, Sultan Sliman und Abd-er-Rhaman, Vieles anders am marokkanischen Hof geworden ist, so wechselte noch mehr unter der Regierung des jetzigen Herrschers, und trotzdem dieser nicht wie sein Vater Gelegenheit gehabt hat, mit Europäern auf gleichem Fuss zu verkehren und sie so besser kennen zu lernen, schätzt doch gerade Sidi Mohammed mehr als einer seiner Vorgänger die Christen. Der Vater Mohammed's war nämlich vor seiner Thronbesteigung Bascha in Mogador gewesen, hatte dort viel mit den Consuln verkehrt und somit europäische Gewohnheiten und Gebräuche kennen gelernt. Sidi Mohammed war aber fortwährend Bascha von der Stadt Marokko gewesen, ehe er Sultan ward.

Die Regenten von Marokko haben keinen eigentlichen Divan oder Midjelis, und die Etikette am Hofe ist äusserst streng. Es giebt aber gewisse Leute, die den Vorzug haben, sich setzen zu dürfen, z.B. die Prinzen, Gouverneure der Provinzen, vornehme Schürfa, während die gewöhnlichen Sterblichen vor dem Kaiser nur hocken oder knieen dürfen. Vorgelassene Bittsteller dürfen nur von weitem ihr Anliegen vorbringen in knieender Stellung, und nachdem sie vorher den Erdboden geküsst haben. In Gegenwart des Sultans darf das Wort "gestorben" nicht ausgesprochen werden, damit er nie an den Tod erinnert werde. Man umschreibt dies, z.B. mit: er hat seine Bestimmung erfüllt, ebenso darf nie die Zahl "fünf" vor dem Sultan ausgesprochen werden, man sagt dafür "4 und 1" oder "3 und 2". Dieser sonderbare Brauch[28] erklärt sich wohl daraus, weil fünf die Zahl der Finger das Symbol der Hand, der despotischen Macht ist. In allen mohammedanischen Landen wird man auch häufig an den Häusern eine rothangemalte Hand oder einfach den Abdruck einer Hand oder mehrerer finden, man glaubt dadurch Gewalt und Einbruch abhalten zu können, das Haus wird hiemit unter die unsichtbare Macht einer starken Hand gestellt.

[Fußnote 98: S. Jackson, Account]

Spricht man in Gegenwart des Sultans von einem Juden, so wird vorher "Verzeihung" gebeten, "Haschak," weil die Juden für unrein gehalten werden. Früher galt das auch von den Christen, aber schon unter Abd-er-Rhaman kam diese Unsitte ab. Es versteht sich von selbst, dass Niemand mit Pantoffeln vor dem Sultan erscheint, doch haben die hohen Beamten die Erlaubniss, ihre gelben ledernen Stiefelchen anbehalten zu dürfen. Decorationen giebt es in Marokko nicht, indess dachte man im Jahre 1864 daran, einen Orden zu stiften, den vom Sultan Salomon (dem jüdischen König). Modelle waren angefertigt, ähnlich wie die, welche König Theodor von Abessinien hatte machen lassen. Die grösste Auszeichnung, die der Sultan von Marokko gewährt, ist die, wenn er selbst seines Burnus sich entledigt, und ihn einem der Anwesenden schenkt. Vornehme Personen werden zum Handkusse zugelassen, seine Kinder, seine Brüder und die allernächsten Günstlinge dürfen auch die *innere* Fläche der Hand küssen[29].

[Fußnote 99: S. Aly Bei el Abassi.]

Der vom Sultan gemachte Aufwand ist verhältnissmässig gering und besteht hauptsächlich in schönen Waffen, herrlichen Pferden und einem grossen Harem, bewacht von einer glänzend gekleideten Schaar von Eunuchen. Die einflussreiche Stellung, welche diese unglücklichen Geschöpfe unter den früheren marokkanischen Fürsten hatten, hat indess jetzt ganz aufgehört und beschränkt sich lediglich darauf, unbeschränkt in dem Theile des Palastes zu herrschen, in den auser [außer] dem Sultan keine Mannsperson eintreten darf. Aehnlich gekleidet wie die marokkanischen Maghaseni oder Reiter, haben sämmtliche Eunuchen silbergestickte Leibgürtel. Alle haben einen stark riechenden duftenden Namen; so hiess in Mikenes der Eunuchenoberst "Kaid Kampher", andere hiessen Moschus, Amber, Thymian etc. Ein Theil des Harems ist stets mit dem Sultan unterwegs, dieser besteht aus den Lieblingsfrauen, Quintessenz der vier Harem von Fes, Mikenes, Rbat und Marokko. Marschirt der Sultan, so hat er zwei grosse Zelte, ein jedes umgeben von einer äusseren vom Hauptzelte unabhängigen Zeltwand. Beide Zelte sind durch einen Zeltgang verbunden: das eine bewohnt der Sultan, das andere ist für die Frauen. Im äusseren Umgang des für die Frauen bestimmten Zeltes halten sich die Eunuchen auf.

Die Regierung des jetzigen Sultans besteht aus dem ersten Minister, der vom Volke Uisir el Kebir genannt wird, sonst aber den Titel "Ketab el uamer", Schreiber des Fürsten, hat. Dieser ist der allmächtigste Mann im Reiche, ehemaliger Lehrer des Sultans, und sein Einfluss, namentlich in allen äusseren Angelegenheiten, ist entscheidend; sein Name ist Si-Thaïb-Bu- Aschrin-el-Djemeni. Der unmittelbare Verkehr mit den europäischen Consuln findet in Tanger statt, durch den dortigen Gouverneur, der den Titel Uisir- el-uasitha hat, und der seine Instructionen in dieser Beziehung vom Uisir-el-Kebir oder auch direct vom Sultan bekommt.

In allen despotischen Staaten, und vorzugsweise in mohammedanisch- despotischen Staaten, wird manchmal der niedrigste und dümmste Mann durch eine Laune des *unfehlbaren* Herrschers zum obersten Posten hinaufgehoben. Wer sollte sich dem auch widersetzen? In Marokko Niemand; allerdings giebt es fast allmächtige Kaids, unabhängig in ihren Provinzen regierend; allerdings giebt es die Classe der Schürfa, der Abkömmlinge Mohammeds, die sich wohl erdreisten, fern vom Sultan in Gegenwart des ganzen Volkes zu sagen: "Ich bin auch Scherif, und der Sultan hat kein besseres Blut in seinen Adern als ich;" allerdings ist da der Grossscherif von Uesan, der sagt, er stamme directer von Mohammed, als der Sultan selbst, und dieser allein wagt auch manchmal zu trotzen—aber sonst ist Niemand im Lande, der in Gegenwart des unfehlbaren Herrschers nicht von seiner eigenen Nichtigkeit und Unbedeutendheit überzeugt wäre.

So ist denn auch der zweitmächtigste Mann im Reiche, Si-Mussa, den ich gewissermaßen "Minister des kaiserlichen Hauses" tituliren möchte, weiter nichts, als ein ehemaliger Sklave, ein Neger von Haussa. Er hat nur das Verdienst, mit dem jetzigen Sultan aufgewachsen zu sein, und leitet augenblicklich alle inneren Palast-Affairen. Sein Bruder, Si-Abd-Allah, ebenfalls ein Haussa-Neger und ehemaliger Sklave, ist dermalen Kriegsminister.

Wichtiger Posten am Hofe von Marokko ist der des Mschuar. Der Kaid el Mschuar hat das Amt, Bittende, Fremde, Besuchende dem Sultan vorzuführen. Da man nur ausnahmsweise, um vom Sultan empfangen zu werden, sein Gesuch durch einen andern Minister anbringen lassen kann, ist dieser Posten sehr einträglich, folglich auch einflussreich. Denn jedes derartige Gesuch muss erst durch ein Geschenk, angemessen nach dem Reichthum des

Petenten, unterstützt sein. Ebenso werden Consuln, wenn sie in Gesandtschaft zum Sultan kommen, oder auch in Rbat in gewöhnlicher Audienz empfangen werden, durch den Kaid el Mschuar eingeführt. Wie viele Plackereien damit für Europäer verbunden sind, wie vom Kaid el Mschuar abwärts Jeder, der ein Aemtchen hat, seinen Fremden auszubeuten bestrebt ist, davon hat Maltzan eine anziehende Schilderung gegeben.

Der, welchen man in Marokko den Minister des Innern nennen könnte, der aber zugleich auch Gross-Siegelbewahrer ist, der Mul-el-taba oder Kaid-el-taba, ist derzeit auch eine vollkommen aus dem Staub, oder, wie der Marokkaner sich viel kräftiger ausdrückt, aus dem Dr. ... "Sebel" heraufgekommene Persönlichkeit. Der Mul-el-Taba beräth mit dem Sultan die Besetzung der Kaid- oder Gouverneurstellen in den Provinzen und Städten.

Es giebt keinen eigentlichen Schatzmeister in Marokko, oder gar einen Finanzminister, denn den Schlüssel zur Hauptcasse, welche in Mikenes sein soll, hat der Sultan selbst. Dass eine Hauptabtheilung des dortigen Palastes, von aussen einen vollkommen viereckigen steinernen Würfel darstellend, "el dar-el chasna," oder "bit el mel", Schatzhaus heisst, kann ich aus eigener Anschauung bestätigen; anscheinend hat dieses massive Gebäude von aussen gar keinen Zugang, indess liegt eine Seite nach dem Harem zu, von wo aus der Eingang wohl sein wird. Die Marokkaner behaupten, der Zugang zum Schatz sei unterirdisch vermittelst eines Tunnels. Das Innere wird beschrieben als eine ausgemauerte Höhlung, in deren Innerem wieder ein gemauertes Gemach enthalten sei[100]. Alles dies ist wohl Fabel, denn Niemand, auch nicht der Kaid-etsard oder Schatzmeister, hat wohl je einen Blick ins Innere gethan. Ebenso sind die Summen, welche im Schatzhaus angehäuft liegen sollen, wohl lange nicht so bedeutend, als Manche herausgerechnet haben. Französische Schriftsteller haben die Ersparnisse der marokkanischen Regenten auf 300 Millionen Franken, ja auf eine Milliarde veranschlagt, ohne zu bedenken, dass das, was der eine Sultan zurückgelegt hatte, oft vom folgenden, der durch Usurpation und Gewaltmittel auf den Thron kam, in einem Tage der Plünderung preisgegeben wurde. Als z.B. an Spanien jene 22 Millionen spanische Thaler Kriegsentschädigung gezahlt werden mussten, fand es sich, dass der Staatsschatz leer war. Oder durfte und wollte der Sultan ihn nicht angreifen? Das Nichtvorhandensein des Geldes ist das Wahrscheinlichere.

[Fußnote 100: S. Höst p. 221, der die Höbe des damaligen Schatzes auf 50 Millionen Thaler angiebt.]

Eine kirchliche Behörde giebt es in Marokko nicht, der Sultan als unfehlbar vereinigt Papst, Cultusministerium oder oberste Synode, wie man bei den Christen dergleichen Einrichtungen nennt, in seiner Person.

Ich unterlasse es, auf niedere Aemter am Hofe von Marokko einzugehen, werde jedoch einige derselben, wie sie jetzt noch existiren, erwähnen: den Mundkoch Mul' el tabach, den Sonnenschirmträger Mul' el schemsia, Säbelträger Mul' el skin, den Theeservirer Mul' el atei, Speiseträger Mul' el taam. Alle diese Aemter werden meist von Sklaven versehen, viele aber auch, und es giebt derer noch fünfzig, von freien weissen Leuten. Für die kleinste Handthierung ist ein besonderer Angestellter vorhanden, z.B. für den, der die Pantoffel des Sultans umdreht, damit er sie beim Anziehen gleich wieder fussgerecht vor sich hat. Um den Steigbügel zu halten, um eine Schale mit Wasser zu bringen, um die ausgetrunkene Theetasse in Empfang zu nehmen, um die Serviette zu reichen, um das Waschbecken zu präsentiren, für jeden kleinen Dienst hat der Sultan einen besonderen

Angestellten. Man glaube aber nicht, dass alle diese Leute besoldet sind. Ziemlich gute Kleidung, oft die, welche der Sultan oder die Prinzen abgelegt haben, und die sieh von der fürstlichen Tracht durch nichts unterscheidet, als durch grössere Fadenscheinigkeit—dann Nahrung, das ist Alles, was dieses Heer von Bedienten und Beamten bekommt. Aber keineswegs sind sie deshalb ohne Geld, von Jedem, der nach Hofe kommt, wissen sie etwas zu erpressen; gehen sie in die Stadt auf die Märkte, so entlocken sie bald hier einem unglücklichen Juden, dort einem leichtgläubigen Landmann eine Mosona, wer würde der Bitte oder der Drohung eines Ssahab sidna widerstehen? Es ist das officieller Name aller Beamten und Diener. Der erste Minister des Sultans, wie sein letzter Sklave, schämt sich dieses Titels nicht, was wiederum seinen Grund daher hat, weil in den Augen des Sultans der höchste Beamte keinen grösseren Werth hat als der letzte Sklave. Vor der marokkanischen Unfehlbarkeit verfällt mit derselben Leichtigkeit das Haupt des rechtschaffensten Beamten dem Schwert, wie das eines Verbrechers, der es wirklich verdient hat. Eigentlich kann daher Unfehlbarkeit nur in einem solchen Lande vollkommen blühen und existiren wie in Marokko, d.h. in einem Lande, wo das Gesetz nichts gilt, sondern Alles sich der Laune eines schwachköpfigen Fanatikers fügen muss.

Es giebt kein höchstes Justizamt in Marokko; vom Kadi einer einzelnen Provinz oder einer Stadt, oder eines kleinen Ortes kann nur an den Uisir oder an den Sultan appellirt werden, welche letztere nach ihrem Gutdünken das gefällte Urtheil bestätigen oder verwerfen.

Die einzelnen Provinzen und Ortschaften werden manchmal von Kaids und Schichs regiert, die direct, wenn es sich um Provinzen und um grössere Städte handelt, vom Sultan ernannt werden. So wie wir auf den meisten Karten die verschiedenen Provinzen abgegrenzt finden, existiren sie in administrativer und gerichtlicher Beziehung nicht. Die Kaid stehen einem Kaidat vor, das manchmal aus einer Stadt mit verschiedenen Triben oder Dörfern besteht. Oft ist ein Kaid direct vom Sultan abhängig, oft hat ein Kaid oder Schich 40 oder gar 100 Kaids, die unter ihm stehen. Ein Kaid hat manchmal nur einen Duar[101], einen Tschar[102], eine Tribe zu commandiren, manchmal deren 20, 50 und noch mehr. Ein Kaid commandirt z.b. vielleicht zu einer Zeit die beiden Rhabprovinzen mit den Triben darin, oder wie zur Zeit des jetzt regierenden Sultans sind sie getheilt, und werden von zwei Kaids regiert. Der Titel "Kaid" ist der allein officielle, sowohl für die Beamten einer grossen Provinz, wie für die einer kleinen Ortschaft. Gleichbedeutend ist der Name "Schich", den man vorzugsweise in den Gegenden von überwiegender Berber-Bevölkerung antrifft. Der Titel "Bascha" wird nur einzelnen besonders hervorragenden Gouverneuren, z.B. dem von Alt-Fes, verliehen. Der Titel "Chalifa" schliesst immer eine Stellvertretung in sich, so hat z.B. der älteste Sohn des Sultans unter der Regierung des jetzigen Kaisers, sobald dieser nach Marokko übersiedelt, den Titel "Chalifa von Fes" als seines Vaters Stellvertreter. Kehrt der Sultan nach Fes zurück, hat einer der Brüder des Sultans, Mulei Ali, in der Hauptstadt Marokko den Titel "Chalifa". Es ist dies die einzige Erinnerung daran, dass ehemals Fes und Marokko getrennte Königreiche waren.

[Fußnote 101: Zeltdorf.]

[Fußnote 102: Bergdorf aus Häusern.]

Es würde unmöglich sein, genau die Grenzen der verschiedenen Provinzen Marokko's angeben zu wollen, da überhaupt je nach den Launen der Regierung heute eine Provinz vergrössert, morgen verkleinert oder gar entzwei geschnitten wird, heute eine Tribe dieser, morgen jener

Provinz einverleibt wird, manchmal mit den Provinzen eine geographische Bezeichnung für immer verbunden ist, manchmal auch nicht.

Auf der Abdachung des Atlas nach dem Mittelmeer und Ocean, umfasst von der Gebirgskette, welche zwischen Cap Gehr und Cap el Deir hinzieht, haben wir im Norden die Andjera und Rif-Provinz, südlich von Andjera die beiden Rharb-Provinzen, und dann längs des Oceans von Norden Beni-Hassen, Schauya, Dukala, Abda, Schiadma und Haha. Südlich vom Rif die Hiaina, und südlich von der Hiaina die Provinz Fes. Auf den Stufen des Atlas liegen östlich von Haha die Ahmar und die Erhammena, dann Maroksch (District der gleichnamigen Stadt), und nördlich von Maroksch, Temsena und östlich Scheragna. Diese soeben aufgeführten Districte, die aber keineswegs alle eine besondere Regierung haben, und deren Grenzen nicht genau bestimmt sind, dürften die Benennungen für die bezeichneten Oertlichkeiten sein. In denselben, sind indessen Districte enthalten, die ebenso gut den Namen Provinz führen könnten. Die östliche Partie des Garet, welche Provinz westlich mit dem Rif zusammenhängt, ist in den letzten Jahren als Beni-Snassen bekannt geworden, ein eigener politisch begrenzter District, mit eigenem Kaid. Südlich von der Provinz Fes, von Scheragna, Maroksch und Erhammena sind Atlas aufwärts noch die verschiedensten Districte bis zum Kamme des Gebirges, aber die Namen derselben zum Theil unbekannt, zum Theil wissen wir nicht mit derselben Sicherheit anzugeben, wohin sie setzen. Von Fes in südöstlicher Richtung könnte ich constatiren den District der Beni Mtir und der Beni Mgill.

Südlich vom Cap Gehr längs des Oceans sind die Provinzen Sus und Nun (mit Tekna), der Staat des Sidi Hischam existirt nicht mehr[103]. Die Provinz Draa kommt natürlich nur soweit hier in Geltung, als sie bewohnt ist, das ist bis zum Umbug des Flusses nach Westen. Es folgt sodann östlich vom Draa Tafilet mit seinen verschiedenen Districten, und nordöstlich von Tafilet die verschiedenen kleinen Oasen am südöstlichen Atlasabhange, die bedeutendste davon ist Figig. Endlich die südöstlichste Provinz von Marokko ist Tuat.

[Fußnote 103: Per Name "Dschesula" oder, wie Renou auf seiner Karte hat, Gezoula, existirt nirgends südlich vom Atlas, vielleicht soll er auf den Karten bloss die Gaetuler der Alten in Erinnerung bringen.]

Ueber die Einnahmen und Ausgaben des Sultans von Marokko lässt sich nichts Bestimmtes sagen, da keine Staatsbücher darüber existiren, die Einkünfte dem Zufall unterworfen und der Laune der einzelnen Kaids anheimgegeben sind, oft auch andere Umstände eintreten, die ganz unvorhergesehen sind.

Im Jahre 1778 veranschlagte Höst, auf Koustroup fussend, die Einnahme auf eine Million Piaster[104], hervorgegangen aus Zoll, Schutzgeldern, Thorsteuern, Judenabgaben, Monopolen, Miethen, Strassenzöllen und ausländischen Geschenken, letztere figuriren allein mit 250,000 Piastern. An Ausgaben giebt er nur 300,000 an, so dass 700,000 Piaster für den Schatz geblieben wären. Da der zu der Zeit regierende Sultan im Jahr 1778 zwei und zwanzig Jahre regierte, meint Höst den Schatz in der Bit el mel auf 13 Millionen Piaster veranschlagen zu können.

[Fußnote 104: Ein spanischer Piaster ungefähr 1 Thlr. 13 Sgr.]

Im Jahr 1821 giebt Hemsö die Einkünfte auf 2,600,000 Thaler an, darunter an Geschenken für 225,000 Thaler. Die

Ausgaben berechnet er auf 990,000 Thaler, und wie Höst schliessend, dass Sultan Soliman seit seiner Thronbesteigung im Jahre 1793 jährlich eine Ersparniss von 1,600,000 Thaler gemacht habe, meinte er, müsse in der Bit ei mel nach einer Regierung von 34 Jahren zum mindestens die Summe von 50 Millionen Thaler sein.

Neuere Nachrichten liegen über den Staatshaushalt nicht, vor, denn Jules Duval in der Revue des deux Mondes von 1859 hat einfach von Hemsö abgeschrieben, die Zahlen für die neuesten ausgegeben, ohne der Quelle dabei auch nur zu gedenken; ebenso wenig verdienen Calderons Angaben Glauben.

Auch über Gesammtausfuhr und Einfuhr, über Handel und Wandel liegen keine statistischen Nachrichten vor. Ueber verschiedene Häfen besitzen wir in dieser Beziehung gar kein Material. Agadir mit sehr bedeutender Importation von Naturalien aus Sudan, der Sahara, Nun, Draa und Sus hat, wie Asamor, keine Consuln irgend eines Staates. Und Asamor ist eine der bedeutendsten Städte. Aus einzelnen Häfen jedoch liegen über ein- und ausgelaufene Schiffe, Tonnengehalt, Aus- und Einfuhrartikel, Nationalität der Schiffe etc. genaue Angaben vor[105].

[Fußnote 105: Siehe Richardson Vol II, p. 316.]

Serafin Calderon schätzt den Gesammtwerth des Handels auf 50,000,000 Thaler. England vermittle davon zwei Drittel, das dritte vertheile sich auf Spanier, Portugiesen, Franzosen, Belgier etc. Beaumier giebt die Handelsbewegung von Marokko mit einem jährlichen Mittel von etwa 40 Millionen Franken an, und was die Wichtigkeit der daran theilnehmenden Häfen anbetrifft, stellt er Mogador mit 5/8 voran, während L'Araisch, Tanger, Rbat, Casablanca und Masagan je mit 1/8, und Tetuan und Saffy mit je 1/16 im gleichen Verhältniss daran Theil nehmen[106].

[Fußnote 106: Siehe Beaumier, Déscription sommaire de Maroc, p. 31.]

Obschon nun verschiedene Tractate mit den christlichen Nationen geschlossen sind über Zoll bei Einfuhr und Ausfuhr, so hebt sie der Sultan manchmal ohne besonderen Grund auf, weshalb sollte er auch nicht? Braucht er, der unfehlbare Herrscher der Gläubigen, Sklave seines Wortes zu sein? ist er nicht Herr und uneingeschränkter Gebieter aller Leute, die im Rharb sich aufhalten, folglich auch der Christen, so lange wie sie dort wohnen? Giebt es überhaupt einen Fürsten, der sich mit ihm messen kann? Freilich regiert der Sultan von Stambul die andere Hälfte[107] der Gläubigen, aber das ist von Gott so geschrieben. Freilich schlugen die Franzosen bei Isly den jetzt regierenden Sultan aufs Haupt, aber das war auch Mektub Allah (von Gott geschrieben); freilich nahmen die Spanier Tetuan, aber auch das war Mektub Allah; einige alte Wahrsager sagen sogar, die Christen werden einst in Mulei Edris (Fes) einrücken, und man antwortet in Marokko: "Gott verfluche sie, aber vielleicht ist es *geschrieben*."

[Fußnote 107: Anschauungsweise der Marokkaner.]

11. Consulatswesen.

Kein einziger Staat auf der ganzen Erde hat sich so in seiner Abgeschlossenheit zu erhalten gewusst wie Marokko. Während die Türkei schon seit langer Zeit in diplomatischem Verkehr mit allen europäischen Mächten steht, in allen europäischen Ländern Gesandte und Consuln unterhält; während China, wenn es auch noch keine Agenten in Europa hat, doch fortwährend in diplomatischer Verbindung mit den christlichen Mächten steht und das Reich der Mitte jetzt den Europäern geöffnet ist, bleibt der äusserste Westen, el-Rharb-el-Djoani, geheimnissvoll verschlossen.

Weder die Schlacht von Isly oder des Prinzen von Joinville Bombardement von Tanger und Mogador, noch die Einnahme von Tetuan haben vermocht, irgendwie eine Veränderung herbeizuführen. Mit Ausnahme einer einzigen Macht, Englands, sind die Beziehungen Marokko's zu allen übrigen Mächten förmlich und kalt; sie beschränken sich eigentlich auf Differenzen der Mohammedaner und Christen in den marokkanischen Hafenstädten.

Es haben indess früher wohl bessere Zeiten existirt, wir wissen, dass nach den heftigsten Feindseligkeiten der Christen mit den Mohammedanern Spaniens und Marokko's Pausen eintraten, in welchen beide vereint den Wissenschaften oblagen. Die erste Vertreibung der Mohammedaner aus Spanien, endlich die letzte im Jahre 1609, legte Grund zu jenem unauslöschlichen Hasse, den die Norwestafrikaner [Nordwestafrikaner] von nun an gegen alles Christliche kund geben. Dazu kamen auf den Thron von Marokko neue Dynastien, die erste der Filali oder

Schürfa, dann zu Anfang des 17. Jahrhunderts die zweite Dynastie der Schürfa.

Marokko wetteiferte um diese Zeit mit den übrigen Raubstaaten im Capern christlicher Schiffe, keine Macht war sicher, und hatte je ein europäisches Schiff das Unglück an der gefährlichen Küste, die sich von der Strasse Gibraltars bis zur Sahara hinerstreckt, zu stranden, so waren das Schiff und was es enthielt unbedingt Beute der umwohnenden Völker, die Bemannung aber wurde gemordet, verstümmelt, geschändet, im besten Fall aber ins Innere geschleppt, um dort als Sklaven mittelst härtester Arbeit das Leben zu fristen.

Und haben diese Verhältnisse vielleicht Besserung erfahren? Keineswegs! Allerdings hat schon Sultan Soliman, oder Sliman, wie ihn die Marokkaner nennen, die Aufhebung der christlichen Sklaven decretirt, und erleidet jetzt ein Schiff irgendwo an der marokkanischen Küste Schiffbruch, so wird die Mannschaft nicht mehr verkauft, sondern gemeiniglich nach langen Leiden ausgeliefert. Werden unter der Zeit einige davon gemordet, werden, falls Frauenzimmer dabei sind, diese nicht respectirt, so hat das noch nie Folgen gehabt. Eigenthum wird aber auch heutigen Tages noch nie geachtet; der Schiffsladung beraubt, des persönlichen Eigenthums bestohlen, so werden die armen Verunglückten dem betreffenden Consul überhändigt. Sicher verlangt der mit der Uebergabe Betraute vom christlichen Consul noch ein bedeutendes Geschenk, möglicherweise wird auch noch eine Rechnung für Verpflegung eingereicht. Und die Consuln zahlen und danken.

Im selben Jahr 1852, als der englische Admiral Napier marokkanische Unbilden, gegen englische Unterthanen begangen, rächen wollte, aber nur unnützerweise seine Flotte angesichts der marokkanischen Küste spazieren führte, im selben Jahre wurde die preussische Brigg Flora an der Rifküste geplündert. Vier Jahre später wurde Prinz Adalbert von Preussen, der jetzige Admiral des Deutschen Reiches, an der nämlichen Küste beim Wassereinnehmen verrätherisch angegriffen und verwundet. Marokko hat nie Satisfaction dafür gegeben, gegen Preussen liess es sich durch den schwedischen General-Consul damit entschuldigen (wie mir später der marokkanische Grosswessier Si Thaib Bu Aschrin selbst bestätigte): der Sultan habe keine Gewalt über die Rif-Bewohner, und lehne daher jede Verantwortung für dergleichen Acte ab, und mit England wurden die guten Beziehungen dadurch wieder hergestellt, dass das stolze Königreich dem Sultan Geschenke machte.

Um die Politik Englands zu verstehen, müssen wir bis zum Jahr 1684 zurückgehen, zu welcher Zeit England die Stadt Tanger, welche Karl II. von seiner portugiesischen Gemahlin Katharina zwanzig Jahre früher bekommen hatte, freiwillig aufgab. Dieser unkluge Streich, einen Stützungspunkt am Eingange des Mittelmeers freiwillig zu verlassen, wurde für die englische Regierung dadurch neutralisirt, dass schon 20 Jahre später der kaiserliche Feldmarschall Prinz Georg von Hessen-Darmstadt Gibraltar für England eroberte, und Grossbritannien ist seitdem im stetigen Besitze dieser Veste geblieben.

War es nun in früheren Zeiten England hauptsächlich darum zu thun, mittelst Gibraltars die dortige Meerenge beherrschen zu können, dort am Eingange des Mittelmeeres einen sichern Punkt für eine Kriegsflotte zu besitzen, so hat die Dampfschifffahrt hierin eine vollständige Veränderung hervorgerufen. Seitdem ein Dampfschiff in einer Stunde 15, ja ausnahmsweise 20 Knoten zurücklegen kann, beherrscht der Fels von Gibraltar die Meerenge nicht mehr. Ueberdies lässt sich mit den weittragendsten Kanonen die ganze Passage bis zum afrikanischen Ufer nicht bestreichen. Für England aber wird Gibraltar immer Wichtigkeit behalten wegen der Nähe von Marokko und als Sammelplatz für eine Flotte. Aber weit wichtiger in dieser Beziehung würde für England der Besitz von Ceuta sein. Was die Lage dieses Ortes anbetrifft, so ist sie ebenso günstig wie die von Gibraltar, in Beziehung zu Marokko aber bedeutend günstiger. Und insofern ist es wohl zu verstehen, dass in jüngster Zeit immer wieder das Gerücht auftauchte, England beabsichtige Gibraltar gegen Ceuta auszutauschen.

Das Interesse nun, welches England an Marokko bindet, liegt zum Theil darin, weil der englische Handel, die englischen Producte fast ausschliesslich den marokkanischen Markt beherrschen, dann in Eifersucht gegen fremde Mächte, vorzugsweise Spanien und Frankreich. Und diese Eifersucht entspringt hauptsächlich wieder daraus, dass England fürchtet von eben diesen Mächten vom marokkanischen Markte verdrängt zu werden. Wir wollen nicht zurückgreifen, und daran erinnern, wie England der Staat war, der die Eingeborenen Algeriens und namentlich Abd-el-Kader thatsächlich gegen Frankreich unterstützte, wir wollen bei den letzten Ereignissen stehen bleiben.

Als am 25. März 1860 Mulei Abbes und O'Donnell Frieden schlossen, hatte bald darauf der spanische General Kos de Olano, von seinen Soldaten Abschied nehmend, vollkommen Recht zu sagen: "Wir haben einen für uns neuen, ja einzigen Krieg in seiner Art beendigt, in welchem, nach meinem Urtheile, wir bei jeder Action siegreich gewesen sind, aber dennoch die Campagne verloren haben."

Olano hatte vollkommen Recht so zu sagen, denn gewonnen haben die Spanier in diesem Feldzuge nichts. Das

Versprechen Agadir abzutreten ist nicht gehalten worden, im Gegentheil, im Jahr 1862 konnte ich mich überzeugen, dass der Sultan Sidi Mohammed aufs eifrigste damit beschäftigt war, diesen Ort, der früher nur mangelhaft befestigt war, durch neue und gut ausgeführte Befestigungen zu schützen. Eine Mission in Fes und Mikenes einzurichten, daran haben die Spanier bis jetzt nicht denken können, trotzdem, dass auch dies beim Friedensschluss verabredet war. Tetuan musste wieder herausgegeben werden, und die Kriegskosten sind noch lange nicht bezahlt, und werden es auch, wenn es so fort geht, nach eigener spanischer Berechnung in hundert Jahren noch nicht sein.

Und wer brachte diesen für Spanien so ungünstigen Frieden zuwege? Wer verhinderte die Spanier von Tetuan nach Tanger zu marschiren, wer verhinderte das Bombardement von Tanger, Mogador und anderen marokkanischen Hafenplätzen? Nur England! Sidi el Hadj Abd es Ssalam, Grossscherif von Uesan, erzählte mir sogar ein Jahr später, dass englische Soldaten als Marokkaner verkleidet, an den Batterien in Tanger gestanden haben, um die Kanonen zu bedienen, falls die Spanier dennoch einen Angriff wagen würden. Natürlich kann ich nicht einstehen für die Wahrheit dieser Aussage, sie bekundet aber, wie innigen Antheil England derzeit an Marokko nimmt.

Die ersten regelmässigen Beziehungen Spaniens mit Marokko fanden im Jahr 1767 und 1798 statt. Wie die übrigen christlichen Nationen verstand auch Spanien sich zu einem jährlichen Tribut, der sich indess nur auf etwa 1000 Thlr. belief. Freilich mussten bei einem jeden Consulatswechsel 12,000 Thlr. extra bezahlt werden. Spanien betonte übrigens in dem 1798 abgeschlossenen Vertrage, die Geschenke nur deshalb leisten zu wollen, damit die in Mikenes, Marokko, L'Araisch und Tanger bestehenden Klöster ohne Hinderniss ihre Religion ausüben könnten. Die Klöster im Innern waren hauptsächlich errichtet, christliche Sklaven freizukaufen und ihnen in Krankheit Beistand zu leisten, namentlich auch sie in der christlichen Religion zu stärken und zu erhalten. Höst in seinem 1781 erschienenen Werke erwähnt noch dieser Klöster. Aber da der religiöse Fanatismus in Marokko bis jetzt immer noch wachsend gewesen ist, sah sich Spanien genöthigt, schon Ende des vorigen Jahrhunderts die Klöster von Mikenes und Marokko aufzuheben; das von L'Araisch wurde 1822 geschlossen.

Augenblicklich lebt der spanische Generalconsul in Tanger mit der Regierung von Marokko auf gutem Fusse, spanische Agenten theilen mit denen des Sultans sämmtliche Hafeneinkünfte aller Häfen, damit Spanien so zu seiner Kriegskostenentschädigung komme.

Der einzige Staat, der es verschmäht hat, je Verbindung mit Marokko anzuknüpfen oder gar Tribut zu zahlen, ist Russland, und eigenthümlich, Russland ist in Marokko am meisten gefürchtet, den Namen "Muscu" spricht jeder Marokkaner mit einer gemessenen ehrfurchtsvollen Scheu aus.

Frankreich behauptet[108], schon 1577 Consuln in Fes gehabt zu haben, ob dem so ist, wollen wir dahin gestellt sein lassen. Die ersten diplomatischen Beziehungen waren der Vertrag vom 3. Sept. 1630, vom 17. und 24. Sept. 1631, vom 16. Jan. 1635 und vom 29. Jan. 1682[109], endlich 1693 zur Zeit Louis XIV. Letzterer trat erst 1767 in Kraft. Frankreich bezahlte keine bestimmte jährliche Summe, aber die jährlichen Geschenke giebt Hemsö auf mehr als 100,000 Thlr. an.

[Fußnote 108: Jules Duval, Rev. des deux mondes 1859.]

[Fußnote 109: Du Mont, Corps diplomatique t. V. VI. u. VII.]

Von dem ersten Tage der Eroberung Algeriens an hat Frankreich beständig mit Marokko auf dem qui vive gestanden. Die Schlacht von Isly, durch den jetzt regierenden Sultan Sidi Mohammed verloren, das Bombardement von Mogador und Tanger haben keineswegs dazu beigetragen, die Franzosen beliebt zu machen. 1844 als Friede und ein neuer Vertrag geschlossen wurde, konnte Abd-er- Rhaman sich nicht dazu verstehen, den französischen Gesandten in Fes zu empfangen, er ging eigens zu dem Ende nach Rbat.

Seit der Zeit hat Frankreich keine ernste Streitigkeiten mit Marokko gehabt, die Expedition gegen die Beni-Snassen war lokal und geschah mit Genehmigung des Sultans, andere Differenzen, z.B. manchmal Auslieferungen algerinischer Verbrecher und Revolteure, wurden immer dadurch beigelegt, dass Marokko wo es nur konnte aufs schnellste Frankreichs Wünsche erfüllte. Denn England wird in Marokko geliebt, Spanien gehasst, aber Frankreich gefürchtet. Das ist die eigene Aussage des marokkanischen ersten Ministers.

Obgleich England nicht zu den Mächten gehört, welche die ältesten Tractate mit Marokko geschlossen haben, so sehen wir doch schon, dass zur Zeit der Regierung der Königin Elisabeth englischer Handel sich an der marokkanischen Küste entwickelte. Am 2. Januar 1718 wurde der erste[110] und unter Georg II. und Sultan Mulei Hammed el Dahabi im Juni 1729 ein zweiter Vertrag geschlossen. Von den Sultanen Sidi Mohammed 1760, von Mulei Yasid 1790, und von Mulei Sliman 1809 wurde dieser Vertrag bestätigt[111]. Denn die

Sultane von Marokko anerkennen die Acte ihrer Vorgänger nur, wenn sie dieselben ausdrücklich bestätigt und erneuert haben, namentlich solche mit den christlichen Mächten. Ein Hauptgrund zu einem solchen Verfahren ist, dass bei einer Vertragserneuerung die betreffenden Staaten bedeutende Geschenke an den Sultan und seine Regierung zu machen haben. In einer 1815 vom englischen Parlament veröffentlichten Liste ersehen wir, dass Marokko mit einer jährlichen Liste von 16,177 Pfd. St. von 1797 bis 1814 figurirt als Kriegsunterstützung[112]. Ausserdem hat die grossbritannische Legation in Marokko über jährliche 10,000 Piaster zu Geschenken zu verfügen, und versorgt zum Theil Marokko gratis mit Munition[113] und Waffen wegen der Erlaubniss, nach Gibraltar Vieh und Getreide so viel es braucht ausführen zu können.

[Fußnote 110: Du Mont, Corps diplom. T. VIII.]

[Fußnote 111: Gråberg di Hemsö, p. 232.]

[Fußnote 112: Revue des deux mondes 1844. Maroc, ses moeurs et ressources.]

[Fußnote 113: S. Calderon.]

Die grössten Erfolge verdankt England jedoch seinem jetzigen Repräsentanten in Marokko, Sir Drummond Hay. Um Männer zu haben, die genau mit den Sitten und mit der Sprache des Volkes bekannt sind, hat England zu seinen Vertretern in Marokko nur solche Leute genommen, die dort im Lande geboren sind. So auch Sir Drummond, der wie kein anderer das Land kennt, und mit Hoch und Niedrig umzugehen weiss. Am 9. December 1859 schloss Sir Drummond mit Abd-er-Rhaman einen neuen Handelsvertrag, und traf Bestimmungen, von denen alle christlichen Mächte profitiren sollten. Indess beanspruchte im Vertrage von 1861, der, was das Commercielle anbetrifft, revidirt wurde, England für sich eine Ausnahmestellung.

So heisst es z.B., Englands Consuln dürfen residiren, in welchem Hafen oder in welcher Stadt[114] es Grossbritannien für gut findet, während für die Consuln der übrigen Mächte nur die Hafen erwähnt sind. Andererseits ist anzuerkennen, dass England in diesem Vertrage zum erstenmal für alle europäischen Agenten das Recht erlangte, die Fahne da aufzuhissen, wo man es wollte, und nicht bloss wie früher im "unreinen Ghetto" der Juden. Und vor allen Dingen ist hervorzuheben, dass England den Protestanten volle Freiheit bei Ausübung ihres Cultus zusicherte. Im Jahre 1862 war Sir Drummond selbst in Mikenes während eben der Zeit wie ich dort war, und ich konnte mich selbst überzeugen, wie allmächtig sein Einfluss, mithin der Englands in Marokko ist, und irre ich nicht, so hat Drummond Hay im Jahre 1867 sogar in Fes den Sultan besucht. Derjenige, der weiss, wie sehr schwierig es ist, mit den marokkanischen Monarchen in Person zu verkehren, namentlich in einer der Hauptstädte des Landes selbst, wird ermessen können, welch grosses Zutrauen der derzeitige Sultan zum jetzigen grossbritannischen Consul hat.

[Fußnote 114: Um Marokko nicht zu verletzen, würde übrigens England wohl nie darauf bestehen, im Innern des Landes Consuln zu halten.]

Aber die englische Regierung, die weiss, dass solchen Völkern hauptsächlich durch Glanz, Reichthum und Macht imponirt wird, hat in Tanger ein Consulatsgebäude herstellen lassen, das seiner Zeit mehr als 70,000 Thaler kostete, der Generalconsul und Ministerresident bezieht einen Gehalt von mindestens 50,000 Francs; ausserdem stehen dem englischen Minister zur Seite ein bezahlter Viceconsul, ein Arzt, Prediger, verschiedene Dolmetsche,

Cavassen und Diener, alle gleichfalls hoch besoldet. In Mogador, Asfi, Darbeida, Dar-Djedida, Rbat, L'Araisch, Arsila und Tetuan unterhält England ebenfalls bezahlte Consulate, Viceconsulate und Agenturen.

Im Anfang der 60er Jahre vertrat England ausserdem das Königreich Dänemark, Oesterreich und die deutschen Hansestädte.

Die Hanseatischen Städte zahlten auch Tribut. 1750 musste Hamburg 50 Lafetten liefern, ausserdem 300 Centner Pulver etc.[115].

[Fußnote 115: Pacy, La piraterie musulmane, Revue africaine. 1858.]

Am 18. Juni 1753 (Höst, p. 284) schloss Dänemark einen Tractat mit Marokko; da die meisten älteren Tractate ähnlicher Art sind, heben wir daraus hervor: § 6 und 10. Jeder Däne kann im Lande reisen und hat Sicherheit (?). Keine andere Nation ist der dänischen bevorzugt. § 9. Kein dänisches schiffbrüchiges Schiff darf beraubt, oder die Mannschaft davon misshandelt werden (?). Kein Maure darf den Dänen zwingen, seine Waare unter dem Werthe zu verkaufen. Kein Matrose darf mit Gewalt von einem dänischen Schiffe genommen werden. § 12. Wenn ein dänisches Schiff einige von seinen in einem marokkanischen Hafen bereits verzollten Waaren nach einem anderen Hafen in Marokko bringen möchte, so soll kein Zoll aufs neue von den an Bord befindlichen Waaren erlegt werden, die anderwärts hin bestimmt sind. Von Munition und Schiffsbaumaterialien wird kein Zoll bezahlt.—Dänemark bezahlte dafür (Hemsö p. 235) jährlich 25,000 Thaler, und auserdem [ausserdem] für die Erlaubniss, eine Handelscompagnie an der Küste von Sla bis Asfi anzulegen, ein Annuum von 50,000 Thlrn.

Im Jahre 1844 hat Dänemark erst aufgehört Tribut an Marokko zu zahlen, während Schweden, welches im Jahr 1763 den ersten Vertrag mit Marokko unterzeichnete, hierfür dem Sultan einen jährlichen Tribut von 20,000 Thalern gab. Vorher bestanden die Geschenke Schwedens in Naturalien: Holz, Tauwerk, Munition etc. 1771 unter Gustav III. wurde ein neuer Vertrag vereinbart, wonach Schweden jährlich zweimal einen Gesandten mit Geschenken zu schicken hatte, aber 1803 derselbe alte Vertrag wieder erneuert, wonach Schweden 20,000 Thaler leistete, und noch die Demüthigung erfuhr, dass dieses Geschenk *öffentlich* durch den Consul überreicht werden musste. Unter Bernadotte wurde der Tribut dann gänzlich aufgehoben; der schwedische Generalconsul hatte die Annuität von 20,000 Thalern eines Jahres zum Bau eines Consulatsgebäudes[116] benutzt, und später die Zahlung nicht weiter geleistet. Zur Zeit, als ich in Marokko anwesend war, vertrat Schweden und Norwegen zugleich Preussen.

[Fußnote 116: Siehe von Maltzan: "Drei Jahre im Nordwesten von Afrika."]

Oesterreich, das sich jetzt auch durch England vertreten lässt, schloss, nachdem der Kaiser Rudolph II. im Anfange des 17. Jahrhunderts einen Gesandten an Sultan Abu Fers geschickt hatte, einen Vertrag mittelst des Engländers Shirley; im Jahre 1783 am 17. April, also ungefähr 150 Jahre später (Schweighover, Staatsverfassung von Marokko und Fes), erneuerte es den Vertrag. Zu der Zeit hatte Sidi Mohammed einen Gesandten an Joseph II. geschickt, Namens Mohammed Abd-el-Malek, der mit dem Rath von Jenisch den Vertrag erneuerte und besiegelte. Im Jahre 1815 verpflichtete sich Kaiser Franz gegen Marokko für Venedig einen jährlichen Tribut von 10,000 Sequinen zu zahlen, wozu sich 1765 die Republik verpflichtet hatte. Im selben

Jahre jedoch brach Oesterreich jede Verbindung mit Marokko ab, und hörte, wohl von allen europäischen Staaten der erste, auf, Tribut zu zahlen. Oesterreich verwies seine Unterthanen an Spanien. Die vielen Vexationen, die Sultan Abd-er-Rhaman aber gegen Oesterreicher ausübte, zwangen diesen Staat zu einer militärischen Demonstration. 1829 bombardirte der österreichische Admiral Bandierra einige Küstenstädte, aber ohne grossen Erfolg. Unter Dänemarks Vermittelung kam am 12. Februar 1830 ein Vertrag mit Marokko zu Stande, von dem nur bekannt [bekannt] ist, dass Oesterreich sich nicht zu Geschenken oder Tribut verpflichtete. Die Vertretung blieb Dänemark und später England überlassen.

Mit dem Sultan Sliman hatte im Jahr 1817 Preussen versucht ebenfalls einen Vertrag abzuschliessen, der aber nicht zu Stande kam, und seit der Zeit blieb, wie angeführt, die Vertretung dieses Landes Schweden überlassen. Im Anfange dieses Jahrhunderts hatte denn auch Hamburg versucht, einen Vertrag zu Stande zu bringen, da ein Hamburger Artikel früher wie auch jetzt (wenigstens dem Namen nach), nämlich weisser Kattun, "Amburgese" genannt, sehr gesucht war; auch dieser kam nicht zu Stande; Hamburg liess sich dann später durch Portugal vertreten, und zuletzt mit den übrigen Hansestädten durch England.

1825 schloss Sardinien mit Marokko einen Vertrag und verpflichtete sich, bei jedesmaliger Erneuerung des Consulats 25,000 Frcs. in Geschenken zu erlegen.

Die durch die kleinen italienischen Staaten abgeschlossenen Verträge, von Sardinien (und vordem von Genua), von Toscana, vom Königreich beider Sicilien, wurden 1859 durch einen neu zwischen Gesammt-Italien und Marokko vereinbarten Tractat aufgehoben. Mau hat im letzten Jahre von Differenzen gehört, die zwischen Marokko und Italien ausgebrochen waren. Italien hat ebenfalls ein Generalconsulat in Tanger, und in den meisten Hafenplätzen Agenturen.

Die Niederlande, die am frühesten mit Marokko in Rapport waren, der erste Vertrag wurde am 5. Mai 1684, dann später einer 1692 am 18. Juli (von Du Mont, t. VII.) geschlossen, zahlten jährlich dem Sultan 15,000 Thaler. Schon 1604 hatte Sultan Abu Fers einen Gesandten nach Holland geschickt, der dort starb. Im Jahr 1815 schickte Wilhelm, König der Niederlande, eigens einen General nach Marokko, um dem Sultan zu notificiren, er sei nicht mehr tributär. Die Holländer, heute durch England vertreten, besitzen eines der schönsten Consulatsgebäude in Tanger.

Portugal unterhält wie England, Frankreich und Spanien einen Generalconsul und Ministerresidenten. Seitdem 1769 der Sultan Mohammed Masagan den Portugiesen genommen hat, sind die Beziehungen gut gewesen. Und Portugal ist der einzige Staat, von dem man sagen kann, Marokko behandle ihn auf gleichem Fuss, denn die jährlichen Geschenke, welche der Sultan von Marokko an den König von Portugal schickt, sind allerdings nicht so werthvoll, wie die, welche er empfängt, deuten aber doch die Achtung vor der portugiesischen Macht an.

Selbst die Vereinigten Staaten von Nordamerika konnten dem Tribute nicht entgehen, den fast alle christlichen Staaten die Feigheit begingen, Marokko jährlich zu entrichten. 1795 wurde mit Mulei Sliman ein Vertrag auf 50 Jahre geschlossen, also bis 1845; in diesem verpflichteten sich die Amerikaner zwar nicht zu einer bestimmten jährlichen Summe, indess die Zwangsgeschenke betrugen alle Jahre ungefähr 15,000 Thaler. 1845 wurde eine neue, diesmal für Amerika günstigere Uebereinkunft getroffen. Amerika hat in

Tanger ein Generalconsulat.

Brasilien und einige kleinere amerikanische Staaten haben ebenfalls in Tanger und den übrigen marokkanischen Hafenorten Vertretung.

Heute ist die Stellung der europäischen Consuln in Marokko eine ganz verschiedene, aber dennoch ist die Macht derselben weit entfernt von der, welche die christlichen Consuln in der Türkei haben. Für das Innere gelten auch heute alle Verträge und Bestimmungen nicht, sobald sie Europäer betreffen; das Ansehen eines europäischen Consuls ist im Innern gleich Null. Tribut zahlt heute kein einziges Consulat mehr, aber die mehr als königlichen Geschenke, die vor und nach namentlich England und Spanien an Marokko geleistet haben, habe ich selbst bewundern können; und so erfordert es ausserordentliche Klugheit und Gewandtheit für einen Consul mit den Marokkanern zu verkehren. Wenn Fälle wie ehedem auch wohl nicht mehr vorkommen, wo europäische Consuln willkürlich auf ein Schiff gepackt und fortgeschickt wurden[117], falls sie den Marokkanern nicht gefallen, so verweigerte doch 1842 der Sultan dem französischen Consul Pelissier in Mogador das Exequatur, bloss weil es Sr. marokkanischen Majestät so gefiel. Leon Roche musste von Tanger abberufen werden, weil er zu genau die marokkanischen Interessen und Zustände kannte, und England und Marokko dies nicht dulden wollten. Nach 1844 ist zwar Frankreich ganz anders aufgetreten.

[Fußnote 117: Die marokkanische Regierung kann dies heute schon deshalb nicht mehr, weil sie kein einziges Schiff zur Disposition hat.]

Was Marokko selbst anbetrifft, so hat es nie daran gedacht sich im Auslande vertreten zu lassen, oder aus eigenem

Antriebe diplomatische und commercielle Verbindungen mit fremden Mächten anzuknüpfen. Die verschiedenen Gesandtschaften, welche die Regenten Marokko's nach Europa schickten, hatten alle nur den Zweck Geschenke flüssig zu machen und Gelder zu erpressen. Eine möchten wir ausnehmen: die von Mulei Abbes, Bruder des jetzigen Sultans, nach Spanien im Jahre 1860/61. Sie hatte natürlich nicht im Auge Gelder oder Geschenke zu bekommen, es handelte sich darum eine Ermässigung der Entschädigungsgelder für Marokko zu erlangen, und auch diese wurde nicht aus freiem Antriebe entsandt. Spanien hatte ausdrücklich erklärt über diesen Gegenstand nur mit dem Bruder des Sultans im eigenen Lande verhandeln zu wollen. Und Marokko erlitt die Demüthigung, dass, nachdem man Mulei Abbes durch Spanien spazieren geführt hatte, kein Deut von den Kosten erlassen wurde.

An Consuln besitzt Marokko nur einen[118]. Es ist dies der Hadj Said Guesno, der in Gibraltar gewissermassen das ganze Consulatswesen seines Monarchen gegenüber den Christen repräsentirt. Was für eine Art dieser Consul ist, davon kann sich der Leser am besten einen Begriff machen aus dem Briefe eines Freundes in Gibraltar, datirt vom 18. Mai 1871: "Mein marokkanischer College, ein Ex-Slave, jetzt Pantoffelnfabrikant und schwarz wie ein Teufel, würde sehr staunen, wenn ich fragen würde, ob er mir einige Aufklärungen geben könnte über diesen oder jenen Stamm, ob er arabischen oder berberischen Ursprungs sei—er würde mich gar nicht verstehen, erstens weil er über solche Dinge wohl nie nachgedacht hat, und zweitens weil sich sein ganzes Sinnen und Trachten auf seine gelben Pantoffeln concentrirt[119]."

[Fußnote 118: Der ehemals in Genua residirende marokkanische Consul existirt dort seit Jahren nicht mehr.]

[Fußnote 119: Ich hatte diesen Freund gebeten, mir vom marokkanischen Consul einige Noten über marokkanische Stämme zu erbitten.]

Dies ist der einzige würdige Repräsentant seiner unfehlbaren marokkanischen Majestät im Auslande.

Es tritt nun noch die Frage auf, wäre es wünschenswerth für das *deutsche Reich* eine Vertretung in Marokko zu haben? Wir müssen dies auf alle Fälle bejahen. Unsere politischen Interessen sind in Marokko so ziemlich identisch mit denen Englands, das ausserdem seine wichtigen commerciellen Angelegenheiten zu wahren hat. Wir stimmen insofern mit den Ansichten Englands vollkommen überein, dass Frankreich seine Herrschaft nicht auf Marokko ausdehne. Allein schon die Nähe der französischen Colonie macht es für uns nothwendig in Marokko Vertreter zu haben.

Da natürlich eine Consulatseinsetzung in Marokko nicht so ohne weiteres vor sich gehen kann, so müssten vor allen Dingen erst Unterhandlungen angeknüpft werden, entweder vermittelst eines schon in Marokko bestehenden und anerkannten Consulats oder direct mit der Regierung des Sultans. Wählt man das erstere, so würde jedenfalls das grossbritannische Generalconsulat am geeignetsten sein, es ist die Persönlichkeit Sir Drummond Hay's, des englischen Ministers, die in Marokko beliebteste und geachtetste. Wählt man den Weg einer directen Verständigung, so würde jedenfalls das Beste sein den Zeitpunkt abzuwarten, wo der Sultan, der ganze Hof und die Regierung sich in Rbat befinden, dort den Abgesandten des deutschen Reiches durch einige Kriegsschiffe hinbegleiten zu lassen, damit dadurch zugleich Marokko eine *sichtbare* Vorstellung von der Macht unseres Landes bekäme. Natürlich müsste mit der

Anknüpfung diplomatischer Beziehungen ein Geschenk verbunden sein, aber einige 1000 Chassepots, dem Sultan gegeben, würde ein ebenso angenehmes Geschenk für ihn wie ein für uns erpriessliches [erspriessliches] sein.

12. Aufenthalt beim Großscherif von Uesan.

Ein volles Jahr verlebte ich nun in Uesan unter, im Ganzen genommen, angenehmen Verhältnissen. Und die Zeit verbrachte ich hauptsächlich damit, recht viel unter die Leute zu gehen, um mich mit ihren Eigenthümlichkeiten vertraut zu machen. Dabei fehlte es keineswegs an Unterhaltung, Gatell hatte mir einen Theil seiner Bücher geliehen, so dass, wenn ich allein war, ich durch Lectüre meinen Geist auffrischen konnte.

Ueberdies wurde der Aufenthalt in Uesan durch verschiedene kleinere Touren unterbrochen, die ich theils allein, theils in Gesellschaft des Grossscherifs machte. So unternahm ich von hier einen Abstecher nach L'xor, um einige Medicamente zu kaufen, die in Uesan, wo man nur mit Amuletten heilt, nicht zu haben waren. Merkwürdigerweise schien, was seine Person und seine Familie anbetraf, Sidi-el-Hadj Abd-es-Ssalam nicht sehr an die Wunderkraft seiner Unfehlbarkeit zu glauben, da ich mehrere Male sowohl ihm selbst als auch seinen beiden kleinen Söhnen Medicin verabfolgen musste. Der Grossscherif hatte so viel Zutrauen zu mir, dass er nicht das vorherige Kosten der Medicamente verlangte.

Es fiel in später Herbstzeit ein Besuch, den der Grossscherif dem Sultan in Arbat machte, wohin er von Mikenes übergesiedelt war, und auf welcher Reise ich ihn begleitete. Und gerade auf Reisen wird das Ansehen und der Einfluss des Grossscherifs am anschaulichsten. Man hat keine Idee davon, wie weit in Marokko der Menschencultus getrieben wird. Sidi-el-Hady Abd-es-Ssalam reist entweder zu Pferde oder in einer Tragbahre, die fast wie eine verschlossene vergitterte Kiste aussieht, und die so niedrig ist, dass man nur darin liegen kann. Zwei Maulthiere, von denen eines vorne, das andere hinten geht, tragen die Bahre. Es würde vergeblich sein, die Zahl der sich herandrängenden Leute schätzen zu wollen, das ganze Land scheint herbeizuströmen, aus weitester Ferne kommen ganze Stämme an den Weg, den der Grossscherif durchzieht. Man sucht ihn selbst zu berühren, oder die Tragbahre, das Pferd oder irgend einen anderen dem Grossscherif gehörenden Gegenstand. Man glaubt aus einer solchen Berührung den göttlichen Segen ziehen zu können. Oft genügen die bewaffneten Diener nicht, mit der flachen Klinge den andringenden Haufen fern zu halten, und es müssen dann förmliche Angriffe gemacht werden, die Leute auseinander zu treiben.

Die Gouverneure der Provinzen, die durchzogen werden, nahen sich immer schon von weitem ehrerbietig, und natürlich nie mit leeren Händen, sie betrachten es als eine besondere Gunst, wenn Sidi bei ihnen absteigt, um ein Mahl einzunehmen, oder wenn er gar in der Nähe ihrer Residenz seine Zelte aufschlägt.

Der Grossscherif reist immer nur in kleinen Etappen, und mit einem zahlreichen Gefolge, welches nie aus geringerer Zahl als hundert Personen zusammengesetzt ist. Alle einflussreichen Schürfa, die nächsten Verwandten, seine Tholba (Schriftgelehrten) müssen mit. Alle haben, ausser dass jeder beritten ist, Maulthiere für ihr Gepäck und ihre Zelte, welche vom Grossscherif gestellt werden. Dieser Lagertrain marschirt immer voraus, so dass man, wenn man ankommt, das Lager schon aufgeschlagen findet. Der Grossscherif selbst hat für seine Person drei grosse Zelte, eins, in dem er die Nacht zubringt, eins zum Empfang bestimmt, und eins, worin er nur seine nächsten Freunde empfängt.

Sobald er installirt ist, d.h. auf den weichen Teppichen, welche die Beni- Snassen[120] verfertigen, und von denen ein einziger 4 Centner (eine Kameelladung) wiegt, Platz genommen hat, kommen aus Nah und Fern die Bittenden. Hier bringt einer ein Schaf, und verlangt, dass seiner Frau ein Sohn geboren werden soll, dort bringt einer Korn, und fleht um Segen für seinen Acker, da fragt einer ob er sein Pferd verkaufen soll, ob er Glück dabei habe, das und das Haus zu kaufen; hier will ein Blinder sehend gemacht werden. Der Grossscherif hilft Allen, und je mehr die Bittsteller Geld und Gaben bringen, desto wirksamer ist der Segen.

[Fußnote 120: Berbervolk an der Oranischen Grenze.]

Manchmal kommen die komischesten Scenen dabei vor. So einstmals als ich mit dem Grossscherif im festverschlossenen Zelte sass, die Diener und Sklaven aber strengen Befehl hatten, Niemand ans Zelt herankommen zu lassen, sie jedoch dem andrängenden Publikum nicht gewachsen sein mochten, rissen plötzlich die Gurten, das Zelt wurde gewaltsam geöffnet, und herein wälzte sich der Haufen: alte schmutzige Weiber, starkriechende Kinder, Männer und Greise, alle fielen über mich her und bedeckten mich mit ihren fanatischen Küssen. Im Halbdunkel hatten sie mich als auf dem Teppich sitzend (der Grossscherif sass in dem Augenblick auf einem Stuhl) für den Abkömmling Mohammed's genommen. Und während ich unter Geschrei und Streiten ihnen klar zu machen suchte, ich sei nicht der Grossscherif, sass dieser auf seinem Stuhle, lachte aus vollem Herzen und rief: "Mustafa hennin", d.h. Wohlbekomm's. Ich musste nachher eine Extrareinigung mit mir und meinem Anzüge vornehmen, um die greulichen und fühlbaren

Andenken dieser heiligen Umarmungen loszuwerden.

In Arbat blieben wir nur wenige Tage, nahmen indem wir auf dem Hinwege den Weg durch das Gebiet der Beni-Hassen genommen hatten, den Rückweg längs des Meeres bis zur Mündung des Ssebu. Von hier gingen wir stromaufwärts bis fast zu dem Punkte, wo der Ordom-Fluss den Ssebu vergrössert, und von da aus direct nordwärts nach der Karia ben Auda. Die Karia ben Auda, eine Art befestigter Häuserhaufen, liegt an den westlichsten Vorbergen der südlich von Uesan streichenden Berge, die Karia selbst jedoch in vollkommener Ebene. Sie ist Residenz des Bascha's vom Rharb-el-fukani oder dem oberen Westen, wie diese Statthalterschaft heisst, dicht um die Karia liegen noch die von hohen Cactushecken umgebenen Dörfer. Die Häuser sind wie im ganzen Rharb von Steinen und Lehm gebaut und mit Strohdächern gedeckt, so dass man von Weitem ein deutsches Dorf zu sehen glaubt. Der vorzügliche Reichthum des Landes besteht in Viehheerden, hier wie in Beni-Hassen vorzugsweise in grossen Rinderheerden; Schafe und Ziegen hingegen werden in diesen Provinzen verhältnissmässig in geringerer Zahl gezüchtet. Die marokkanischen Rinder halten aber keineswegs einen Vergleich auch nur mit den schlechtesten in Europa aus. Klein von Statur giebt eine marokkanische Kuh kaum mehr Milch als eine gute europäische Ziege. Der Grund davon ist die Sorglosigkeit, mit der überhaupt die Viehzucht in Marokko betrieben wird, und dann auch die mangelhafte Nahrung im Winter. Es fallt keinem Marokkaner ein, daran zu denken Vorrath von Heu zu machen, wie denn überhaupt Wiesen zum Heumachen nirgends existiren. Natürlich giebt es hier und da längs der Flüsse, dann auch in den feuchten Niederungen namentlich der Kharbprovinzen und Beni-Hassen ausgezeichnete Wiesen und Wiesengründe, aber das Gras wird nur grün benutzt, und ist, ohne dass Jemand daran denkt es zu mähen oder zu schneiden, Mitte Juli verbrannt von der Alles austrocknenden Sonne. Im Winter sind daher Rinder und auch Schafe und Ziegen auf die vertrockneten, kraftlosen Kräuter angewiesen, welche sie draussen finden. Für die Pferde dient im Winter Stroh von Gerste oder Weizen.

Wir waren kaum Angesichts der Karia, als der Kaid Abd-el-Kerim, von seinen Brüdern begleitet, auf uns zugesprengt kam, und uns zu einem Frühstück einlud. Das konnte nicht ausgeschlagen werden, und so zog der ganze Tross nach seiner Wohnung, wo wir ein reichliches Mahl schon vorbereitet fanden. Und der Kaid, der den Titel Bascha hat, bat Sidi so inständig einen Tag zu bleiben, dass Befehl gegeben wurde, Zelte zu schlagen.

Es waren dies förmliche Essschlachttage, denn je höher man in Marokko einen Gast ehren will, desto mehr Speisen setzt man ihm vor. Abends kam der Kaid ins Zelt des Grossscherifs, wo er nun gleichfalls mit vielen Schüsseln bewirthet wurde, aber kaum war er fort, als er eine noch grössere Anzahl Gerichte zurück schickte, und am anderen Morgen, als wir eben unser reichliches Frühstück genossen hatten, kam auch schon der Kaid, um uns zu einem, zweiten Mahle abzuholen, ausschlagen durfte man nicht, kurz während der Zeit unseres dortigen Aufenthaltes hatte der Magen kaum eine Stunde Ruhe. Als wir uns verabschiedeten, legte der Kaid dem Grossscherif noch einen Beutel mit 5000 Frcs. zu Füssen, wofür er natürlich einen recht langen Segen erhielt.

So langweilig, was Natur anbetrifft, die Gegend in den Rharb- und Beni- Hassen-Districten ist, wo Ebenen von Zwergpalmen, Lentisken und Lotusbüschen bestanden mit Kornfeldern und Wiesen wechseln und allerdings das Bild des fruchtbarsten Bodens zeigen, aber auf die Dauer einförmig erscheinen, so sehr ändert sich dies, wenn man das Gebirge erreicht. Gewiss giebt es keine romantischere Umgegend, als die der heiligen Stadt Uesan. Die dicht bewachsenen Berge der nächsten Umgebung, im Hintergründe die zackigen Felsen der Rifberge, die strotzende Fruchtbarkeit des Bodens, der dem Auge überall das saftigste Grün der verschiedenen Bäume und Stauden bietet, wie sie überhaupt die Länder um das Mittelmeer in so grosser Mannichfaltigkeit hervorbringen, alles dies verursacht, dass die Zeit und wenn auch der Weg beschwerlich und ermüdend ist, rasch verläuft.

Gegen Mittag wurde im Westen der Stadt Halt gemacht, da der Einzug am anderen Tage stattfinden sollte. Aber Abends hatten wir schon viel Besuch von Uesan, unter anderen kamen auch die kleinen Söhne des Grossscherifs, von denen der eine 9, der andere 7 Jahre haben mochte, mit ihrem Lehrer herangeritten, so dass der Abend recht munter und vergnügt verbracht wurde.

Vor Sonnenaufgang am folgenden Tage weckten mich schon die Flintenschüsse und die schrecklichen Klänge der unvermeidlichen Musik, es war dies nur die Einleitung zur statthabenden Feierlichkeit. Nachdem wir in aller Eile den Kaffee (ich genoss immer die Auszeichnung zum Kaffee in des Grossscherifs Zelt gerufen zu werden, sowie ich dort auch mit essen musste) getrunken und gefrühstückt, stiegen wir zu Pferde und unter knatterndem Feuer, dem Lärm der Musikanten, dem Lululu der Weiber setzte sich der Zug in Bewegung. Aber obschon wir nur eine Stunde von der Stadt entfernt waren, erreichten wir dieselbe erst gegen Mittag. Alle Augenblick kam eine neue Musikbande mit ihren abscheulichen Instrumenten und es wurde Halt gemacht, oder es kamen mit Flinten bewaffnete Abtheilungen, und gaben eine Salve dicht vor den Füssen des Grossscherifs, man bildete Kreise und dann, wie die Teufel herumspringend, schossen sie ihre Flinten in den Boden und warfen sie darauf hoch in die Lütt, um sie hernach geschickt wieder aufzufangen. Reiter organisirten sich, und im gestreckten Galopp auf uns losjagend, schossen sie dicht vor uns die Flinten ab und schwenkten dann mit ihren Pferden zu beiden Seiten auseinander. Ich war froh, als wir endlich die Stadt erreichten, aber hier war uns das Entsetzlichste noch vorbehalten, gewissermassen der Triumphbogen, durch den der Grossscherif den Einzug in seine getreue und heilige Stadt Uesan halten sollte.

Es nahten sich ungefähr zwanzig der Secte der Aissauin. Unter zitternden convulsivischen Bewegungen, unter einförmigen Tönen: "Allah, Allah" tanzten sie heran; jeder hatte eine Lanze, einige waren ganz nackt, andere hatten nur die unentbehrlichsten Lumpen um. Die Lanze trugen sie in der einen Hand, in der anderen einen Rosenkranz. Die Verwundungen, welche sie sich selbst beigebracht hatten, verursachten, dass der ganze Körper mit Blut bedeckt war, einige schlugen sich auf die Nase, dass das Blut in Strömen herausschoss, andere schlitzten sich die Lippen zu Ehren Sidi's, andere zerkratzen sich die Brust und Gesicht, Gott zu Ehren und um dem Grossscherif, dem Abkömmling des "Liebling Gottes", ihre Hingebung zu bezeugen. Dabei steigerte sich ihr Allah, Allah zu einem wahren Geheul, einigen traten die Augen aus dem Kopfe, sie schienen wahnsinnig zu werden, andere schäumten, die von Gott am meisten Inspirirten wollten sich vor die Füsse des Pferdes des Grossscherifs werfen, um überritten zu werden, nur ein schneller Spornstich drückte rasch das Pferd in die Menge, welche dicht zu beiden Seiten war. Ich sah, wie es auch dem Grossscherif schauderte, und er war wohl eben so froh als ich, als die eigentliche Sauya, das Allerheiligste von Uesan, erreicht war.

Auch der Winter wurde nicht unangenehm verbracht; ob
schon die Spitzen der Rif-Berge alle mit dickem Schnee
überzogen, merkte man in Uesan nicht viel von der Kälte.
Eine Einrichtung zum Heizen hat natürlich Niemand, bei
grosser Kälte, d.h. wenn das Thermometer Morgens auf +6
oder +4° R. herabsinkt, oder gar wohl einmal unter Null ist
(es soll vorkommen, ich habe es indess nicht erlebt), lässt
man sich ein Becken mit glühenden Kohlen ins Zimmer
bringen. Und diesmal war der Winter so milde, dass die
Gesellschaft, welche der Grossscherif täglich bei sich
empfing, in einer Art von Veranda seines Hauses empfangen
wurde, keineswegs aber in einem geschlossenen Zimmer.

Bald darauf, im Januar 1862, trat ein anderes Ereigniss ein,
welches abermals eine Reise des Grossscherifs nothwendig
machte, und weil es charakteristisch für die politisch-
socialen Zustände des Landes ist, verdient, hier erzählt zu
werden. Es hatte sich eine Art von Gegen-Sultan gebildet.

Man erfuhr zuerst in Uesan gerüchtweise von einem
Marabut oder Heiligen, der in der Nähe der Stadt sich
aufhielt, und vorgab alle Kranke gesund machen zu
können; er predigte zugleich den heiligen Krieg gegen die
Ungläubigen (der Krieg gegen Spanien hatte den alten
Fanatismus der Gläubigen gegen die Christen recht wieder
ins Leben gerufen) und proclamirte die Stunde des Sultans
habe geschlagen, es würde ein neuer kommen, der bestimmt
sei die gesunkene Macht der Gläubigen wieder aufzulichten,
und der mit erneuerter Kraft und Herrlichkeit den Islam der
ganzen Welt auferlegen werde. Es strömte ihm natürlich viel
Volks zu, da der spanisch-marokkanische Krieg Räuber und
Strolche genug herangebildet hatte, und überdies, je
unwahrscheinlicher eine Prophezeiung ist, sie um so leichter
bei den Marokkanern gläubige Anhänger findet, namentlich
wenn den Leidenschaften und religiösen Eitelkeiten des

Volkes geschmeichelt wird.

Der Grossscherif verhielt sich äusserst ruhig bei diesem Treiben, da seiner Macht und seinem Einfluss kein Abbruch geschehen konnte, weil der Weltverbesserer kein Scherif seiner Herkunft war, nicht einmal ein Thaleb, d.h. ein der Schrift kundiger Mann. Nach einigen Wochen, während der Zeit Sidi Djellul (er hatte sich den Scheriftitel angemasst) einen Haufen von einigen Tausenden von Taugenichtsen um sich versammelt hatte, beging er indess die Frechheit, dem Grossscherif einen Brief zu schreiben, d.h. schreiben zu lassen, ihm zu sagen, er (Sidi Djellul) sei der Mann der Stunde (mul' el uogt, d.h. der erwartete Messias), der Grossscherif habe sich Angesichts dieses Briefes zu ihm zu begeben, und in Gemeinschaft wollten sie sodann gegen den Sultan und die grossen Städte ziehen. Sidi-el- Hadj Abd-es-Ssalam würdigte ihn natürlich keiner Antwort; sandte aber sofort an den Sultan einen Courier, um ihn auf die Gefahr dieses Abenteurers aufmerksam zu machen.

Mittlerweile wuchs der Anhang Sidi Djellul's in grossen Proportionen. Seine Genossen lebten von Raub und Plündern, und grössere Raubzüge stellte er in Aussicht: "Die grossen Städte, wie Fes, Mikenes, müssten ganz verschwinden, die Bewohner hätten ihr Geld durch Handel mit den Christen gewonnen, daher sei es ein gutes Werk sich dieser in den Städten angehäuften Schätze zu bemächtigen."—Merkwürdigerweise rührte sich nach mehreren Wochen die Regierung noch immer nicht, denn es hält ungemein schwer, den Sultan zu irgend einem entscheidenden Schritt zu bringen.

Im Anfange Februar desselben Jahres wagte er sich schon an befestigte Punkte; mit seinem ganzen Anhang, von denen einige mit Flinten, die meisten aber nur mit Knütteln und Lanzen bewaffnet waren, zog er gegen die Karia- ben-Auda, und nach einer dreitägigen stürmischen Belagerung bemächtigte er sich derselben mit Gewalt, und enthauptete denselben Bascha Abd-el-Kerim, der vor Kurzem dem Grossscherif eine so grossartige Gastfreundschaft erwiesen hatte. Die 16 oder 20 Mann Maghaseni, eine ebenso grosse Anzahl Diener des Bascha's wurden ebenfalls ermordet, die Bewohner der um die Karia gelegenen Dörfer entflohen zum Theil nach Uesan, zum Theil gingen sie zu Sidi Djellul über.

Der Bascha wurde übrigens vom Volke kaum betrauert, seine Habsucht und Grausamkeit hatten ihn zum Feinde aller deren gemacht, denen er als Gouverneur vorstand. Was Sidi Djellul anbetrifft, so stieg nach der Einnahme der Karia sein Einfluss von Tage zu Tage, und obschon er durch den Bascha, der sich in der Karia hinter hohen Mauern gut vertheidigt hatte[121], einigen Verlust erlitten hatte, so behauptete das leichtgläubige Volk, alle die mit Sidi Djellul zögen seien kugelfest, und namentlich er selbst unverwundbar. Während 14 Tagen schwelgten die Räuber sodann auf der Karia, ihr Chef erliess Proclamationen, worin er verkündete mit allen Baschas so verfahren zu wollen, und namentlich auch mit dem Sultan.

[Fußnote 121: Er musste sogar Revolver und Lefaucheux'sche Flinten gehabt haben, da der Grossscherif später von Leuten mehrere derartige Waffen geschenkt bekam, und die als in der Karia gefunden bezeichnet wurden.]

Endlich rührte sich der Sultan; sein Bruder Mulei Arschid hatte Befehl bekommen mit 1000 Mann Soldaten, ebenso vielen Reitern und 4 Kanonen über Media, an der Mündung des Ssebu gelegen, nach der Karia zu marschiren, und Sidi-el-Hadj Abd-es-Ssalam war gebeten worden zum Heere zu stossen, um durch seine Anwesenheit der Sache des Sultans in den Augen des Volkes grösseres moralisches Gewicht zu geben. Der Grossscherif leistete der Bitte des Sultans Folge und mit grossem und kriegerischem Trosse wurde auf die Karia-el-Abessi marschirt, die wir in zwei Tagemärschen erreichten, am selben Tage, an welchem von der anderen Seite der Bruder des Sultans, Mulei Arschid anlangte. Der Eindruck, den das Erscheinen des Grossscherifs hervorbrachte, war ein ausserordentlicher. Die ganze Rharbprovinz war im offenen Aufruhr gewesen, Mulei

Arschid hatte sich von Media nur mit Gewalt einen Weg bis zur Karia-el-Abessi bahnen können. Wir selbst aber waren dort ohne auf irgend feindselige Leute zu stossen angekommen, und die Leute, welche zurückgeblieben waren, sagten aus: Sidi Djellul habe sich mit seinem Anhang durch die Berge nach Sidi Kassem, einem südlich gelegenen Orte, geflüchtet. Mit Ausnahme derer, die keine Heimath hatten und fest zu Sidi Djellul standen, war damit der eigentliche Aufstand gedämpft; d.h. die beiden Rharbprovinzen waren durch die Anwesenheit des Grossscherifs bei der Armee Mulei Archid's vollkommen beruhigt und hatten sich ohne weitere Zwangsmassregeln unterworfen.

Merkwürdigerweise wurde nun aber Sidi Djellul nicht durch einen raschen Marsch auf Sidi Kassem beunruhigt und er selbst mit seinen Anhängern vernichtet oder gefangen gebracht. Wir lagerten bis Mitte März ruhig bei der Karia-el-Abessi. Aber der Anhang Sidi Djellul's verlor sich nun immer mehr, freilich hatte er auch den Ort Sidi Kassem noch überrumpeln und plündern können, die Behörde war mit den meisten Bewohnern schon vorher geflohen, es war dies aber sein letztes Heldenstück. Von fast Allen verlassen, versuchte er es das Grabmal von Mulei Edris el Akbar in Serone zu erreichen, wo er eine sichere Zufluchtsstätte gefunden haben würde. Aber gleich beim Eintritt in die Stadt, wurde er erkannt und von den Schürfa gefangen genommen. Diese, ohne weitere Umstände, enthaupteten ihn, schnitten dem Rumpfe Hände und Füsse ab, und diese Trophäen wurden dem Sultan geschickt. Sidi Mohammed, der Sultan, befahl den Rumpf ans Stadtthor von Serone zu nageln, der Kopf wurde zur Ausstellung nach Maraksch geschickt, und die übrigen Extremitäten den anderen Städten zur Ausstellung überlassen. Die Schürfa aber, die eigenmächtig getödtet hatten, bekamen vom Sultan ein Geschenk von 3000 Mitcal (c. 5000 frcs.), ein für Marokko sehr ansehnliches Geldgeschenk. Von seinen Parteigängern wurden viele gefangen genommen, einfach enthauptet, einige aber auch, die etwas Vermögen hatten, eingekerkert, um erst ihrer Habe beraubt zu werden. So endete der Versuch eines Marokkaners den Thron des Sultans umzustürzen und eine andere Regierung einzusetzen. Nicht immer aber sind solche Revolten ohne Frucht geblieben, namentlich wenn der Empörer ein Scherif war, und am Hofe selbst schon Ansehen hatte, endete oft genug eine aus ebenso kleinen Anfängen entsprungene Revolution damit, dass der regierende Sultan das Feld räumen musste, oft sogar das Leben verlor.

Uebrigens war damit das Land keineswegs ganz beruhigt, die Hiaina, die Beni-Hassen, die Rifprovinzen waren in Gährung, man wusste nicht ob die Rifbewohner das Gebiet um Melilla abtreten wollten; der zu dem Ende vom Sultan an die Gebirgsstämme entsandte Scherif von Uesan, Sidi Mohammed ben Akdjebar, kehrte unverrichteter Sache zurück.

Endlich verliessen wir mit der Armee die Karia-el-Abessi, und in östlicher Richtung marschirend, zogen wir über den Ued-Teine und den Ued-Ardat, und campirten an einem Orte Had genannt. Hier blieben wir wiederum einige Tage liegen, und marschirten dann längs des Ardatstroms aufwärts, um bei einem Orte Arba zu campiren. Das Wort Arba bedeutet Mittwoch, und an dem Orte wird Mittwochs Markt abgehalten. In ganz Marokko stösst man überall auf Oertlichkeiten, die manchmal ohne alle Bewohner, die Bezeichnung Had Sonntag, Tnein Montag, Tleta Dienstag, Arba Mittwoch, Chamis Donnerstag, Djemma Freitag und Sebt Samstag führen. Solche Oertlichkeiten dienen als Marktplätze, und es giebt ihrer Hunderte im ganzen marokkanischen Reich.

Das Land war in dieser Gegend durchaus gewellt, überall gut angebaut, und das Erdreich, schwarzer Humus, sehr fruchtbar. Wie man an den Ufern der Flüsse sehen konnte, hat die Humusschicht meistens eine Dicke von 5-6 Meter. Von hier aus zogen wir nach einigen Tagen nach dem Ued-Uarga und lagerten südlich, Angesichts der Bergkette der Uled-Aissa. Das Lager war hier in reizender Gegend aufgeschlagen, die schönen Ufer des Flusses, von 20 Fuss hohen Oleanderstauden und Tamarisken dicht bestanden, die Gebirge mit zahlreichen Dörfern, die aus ihren Oliven- und Feigengärten herauslugten, im Südosten der eigenthümlich geformte Berg Mulei Busta, geben der ganzen Landschaft eine grosse Abwechselung. Aber der Ramadhan war angebrochen, und da wir im Lager waren, musste ich natürlich aufs strengste die vorgeschriebenen Fasten mitmachen, was bei der grossen Hitze, wir waren jetzt Ende April, keineswegs angenehm war.

Endlich kam ein Danksagebrief vom Sultan an den Grossscherif, wir verabschiedeten uns von Mulei Arschid und erreichten, rasch heimwärts ziehend, in anderthalb Tagen Uesan. Mulei Arschid aber vereinigte sich mit dem Sultan, der von Arbat aus mit der ganzen übrigen Armee gegen die Beni-Hassen ins Feld gerückt war. Da wir ganz unerwartet in Uesan eintrafen, so war natürlich auch kein Empfang.

Nachdem der Ramadhan vorüber, das Aid-el-Sserir mit grossem Gepränge gefeiert worden war, und ich mich von den Anstrengungen des mehrere Monate dauernden Feldzuges erholt hatte, brach ich von Uesan auf, um Tetuan zu besuchen. Reichlich mit Medicamenten versehen und unter dem Titel "ssahab Sidi", d.h. Freund, Diener oder Anhänger des Grossscherifs, wollte ich es wagen, allein die

Gegenden zu durchstreifen, es sollte dies gewissermassen als Versuch und Vorbereitung zu meiner Abreise dienen. Ein Spanier, schon seit 15 Jahren in Uesan ansässig und dort verheirathet, begleitete mich[122].

[Fußnote 122: Einige Monate später wurde er, als er allein von Uesan ins Gebirge reiste, ermordet.]

Von Uesan aufbrechend, ich hatte ein eigenes Maulthier und einen vom Grossscherif geliehenen starken Esel, ging es über Tscheralia nach L'xor, und nach einem mehrtägigen Aufenthalt auf dem Westabhange der Rif-Berge, welche man von L'xor aus in einigen Stunden erreicht, nordwärts. Vom Orte Arba el Aiascha gingen wir nach Had bei Arseila, wo ich mein Maulthier verkaufen wollte, da es sich, als nicht besonders stark, schlecht bewährt hatte. Aber wegen zu schlechten Wetters, welches uns zwang, einen ganzen Tag in einem Duar zuzubringen, war der Markttag des Had verpasst worden, und dicht bei dem Sanctuarium Mulei Abd-es-Ssalam ben Mschisch, einer berühmten Sauya und sehr besuchtem Wallfahrtsorte vorbeikommend, zogen wir dann durchs Gebirge Tetuan entgegen.

Bis jetzt waren wir überall gut aufgenommen worden, aber je näher wir Tetuan kamen, desto misstrauischer zeigten sich die Bergbewohner, und eines Abends wollten Tholba eines Dorfes, wo wir zu übernachten beschlossen hatten, uns nur gegen Erlegung von einigen Metkal Quartier geben, "dann würden wir überdies ihres Segens theilhaftig werden." Auf meine Erwiederung, der Segen des Grossscherifs von Uesan, dessen Freund ich sei, genüge mir, zogen sie sich drohend zurück, indessen schienen sie später ihre Gesinnungen geändert zu haben, denn sie brachten ein reichliches Nachtessen. Auf dem Wege von Tanger nach Tetuan angekommen, brachten wir dann eine Nacht in dem Caravanserai zu, bekannt geworden durch den letzten Krieg der Spanier. Hier erblickte ich in den Gebirgsschluchten zum ersten Male die deutsche Eiche wild wachsend, welche mir sonst nirgends mehr in Marokko aufgestossen ist. Sonst hat man in Marokko in den Ebenen vorzugsweise die Korkeiche und auf den Abhängen der Berge die immergrüne Eiche und die Cerriseiche.

Im Caravanserai oder Funduk hatten wir für nächtliches Unterkommen, d.h. für eine leere Zelle und Hofraum fürs Vieh, einige Mosonat zu zahlen, für Geld bekamen wir auch etwas Brod, Milch und einige Eier. Am anderen Morgen erreichten wir gegen 10 Uhr die Stadt Tetuan oder Tetaun, wie die Marokkaner sie nennen. Die Spanier waren gerade beim Abmarsch, denn Tetuan liegt bekanntlich nicht unmittelbar am Meere, so dass die Truppen nicht direct eingeschifft werden können. Ich unterlasse es eine Beschreibung dieser von reizenden Orangengärten umgebenen Stadt zu geben, sie ist hinlänglich aus dem letzten Kriege bekannt.

Nach einigen Tagen Aufenthalt kehrte ich Tetuan den Rücken, und begab mich mit einer grossen Karavane nach Tanger. Der Weg wird gewöhnlich in zwei Tagen gemacht, wir brauchten indess nur Einen. Sehr belebt war er durch heimkehrende Tetauni (Bewohner Tetuans), welche während der spanischen Besatzung die Stadt verlassen hatten, und die nun zurückkehrten, um von ihren Immobilien wieder Besitz zu nehmen. Nachdem ich sodann in Tanger mein Maulthier verkauft hatte, trat ich den Rückweg nach Uesan an, zuerst längs des Strandes.

Man muss indess nicht glauben, dass ein eigentlicher Weg längs des Meeres läuft, davon ist keine Spur vorhanden. Aber der Strand ist so breit, besteht aus so festem Sande, dass er, ausgenommen für Wagen, vollkommen eine macadamisirte Chaussee ersetzt. Man muss aber die Ebbezeit wählen, weil bei Fluth das Meer bis dicht an die Dünen oder Felsen hinantritt. Man kann hier sehen, wie der Atlantische Ocean, dessen breiteste Stelle hier ist, selbst nach tagelangen Windstillen, dennoch immer grosse Wellen schlägt, und alle Zeit ist die Brandung oder das Rauschen der den Sand hinaufrollenden Wellen weit im Innern des Landes zu hören.

Man kann recht gut, längs des Strandes reisend, in einem Tag Arseila erreichen, aber wir hatten ein Hinderniss an der Mündung des Ued-Morharha, worüber ein ganzer Tag verging. Zu breit und tief an der Mündung, um durchwatet werden zu können, hat man für Fahr-Einrichtung gesorgt, das Boot aber lag auf der anderen Seite, und kein Fährmann war zu finden oder durch Rufen herbeizulocken. Wir zogen, nachdem wir vergeblich versucht hatten, hindurch zu schwimmen, flussaufwärts, ohne eine Furt zu finden, auf das Bereden der Leute eines Duars kehrten wir um, und diesmal war denn auch der Fährmann an Ort und Stelle, und wir wurden hinüberbefördert. Ehe man Arseila erreicht, hat man dann noch die Mündung des Ued-Aiascha zu passiren.

Arseila, von den Alten Zilia. Zelis und Zilis genannt, wird von einigen Schriftstellern, darunter Hemsö, Höst und Barth, Asila genannt. Wenn nun aber auch die Herleitung des Namens von Zilis unzweifelhaft ist, so ist heute doch nur die Schreibweise mit einem r die einzig richtige, und ist es wohl seit Jahrhunderten gewesen, da Leo, Marmol, Lempriere, Jackson und die meisten Schriftsteller so schrieben. Ohne Zweifel von den Eingeborenen gegründet, später im Besitze der Carthager, der Römer, der Gothen, wurde nach Leo Arseila 712 n. Chr. von den Mohammedanern erobert und 200 Jahre von ihnen behauptet. Dann sollen die Engländer (nach Leo) eine

Zeitlang die Stadt besessen haben, und später wieder im Besitze der Mohammedaner wurde sie 1471[123] von den Portugiesen erobert und bis zum Jahre 1545 behauptet. Seit der Zeit ist die Stadt im Besitze der Marokkaner geblieben.

[Fußnote 123: Nach Leo 1477.]

Ob das alte Zilis übrigens genau an der Stelle des heutigen Arseila gewesen ist, ob es nicht vielmehr an der Mündung des Ued-Aiascha einige hundert Schritte weiter im Norden gelegen hat, möchte wohl erst noch festzustellen sein. Jedenfalls ist die heutige Stadt so gelegen, dass sie nie besonders durch Handel und Wandel blühend gewesen sein kann. Am Strande ziehen sich allerdings rechtwinkelig ins Meer hinein Felsblöcke, aber angenommen, sie hätten ehemals einen Hafen gebildet, so würde dies Bassin kaum gross genug gewesen sein 12-16 Fischerböte aufzunehmen. Ueberdies sind die Blöcke so klein, dass sie bei halber Fluth schon vom Wasser bedeckt sind. Die Mündung des Ued-Aiascha, wo man ebenfalls Mauerüberreste bemerkt hat, muss in früherer Zeit ein guter Hafen gewesen sein. Plinius sagt überdies: "Zilis juxta flumen Zilia", welcher Fluss wohl kein anderer sein kann, als der ebenerwähnte Aiascha.

Arseila, in der Gegend von Hasbat gelegen, liegt unmittelbar am Meere. Ein rechtwinkliges Oblongum, von halbverfallenen Mauern und Thürmen umgeben, mit zwei Thoren, von denen das eine nach Norden, das andere nach Osten sieht, hat Arseila c. 500 Einwohner mohammedanischer und israelitischer Confession. Man findet in Arseila wie in allen Seestädten Marokko's zahlreiche Spuren christlicher Herrschaft an den alten Bauwerken. Einige am Boden liegende Säulen, ebenso Säulen, die jetzt im Innern der Djemma sind, dürften vielleicht römischen Ursprungs sein. Ein Djemma, ein elendes Funduk sind die öffentlichen Gebäude, ein marokkanischer Jude versieht das englische Consulat. Arseila besitzt nicht einmal Fischernachen, geschweige grössere Schiffe. Trotz der nächsten sandigen Umgebung haben die Bewohner es verstanden, leidlich gute Gärten anzulegen und Feigen, Melonen, Pasteken und die Rebe gedeihen vortrefflich. Aber kein Ort ist so theuer, was Lebensmittel anbetrifft, wie Arseila, und selbst Früchte, die in anderen Theilen von Marokko fast umsonst zu haben sind, kosten hier verhältnissmässig viel Geld.

Die ganze Stadtbevölkerung fanden wir unter Zelten auf einer grünen Wiese dicht am Meere gelagert, da der Sultan für sein ganzes Reich eine dreitägige Festlichkeit angeordnet hatte aus Freude über den glücklich bewältigten Aufstand Sidi Djellul's. Wie der Juden Laubhüttenfest, werden alle derartigen Feierlichkeiten der Marokkaner im *Freien* abgehalten, wie ja auch bei den grossen religiösen Festen, Aid el kebir, aid sserir und Molud die gottesdienstliche Ceremonie nicht in der Moschee, sondern draussen auf freiem Felde celebrirt wird. Zwischen Tanger und L'Araisch können auch Christen in christlicher Tracht längs des Meeres reisen, ohne befürchten zu müssen belästigt zu werden. So traf denn auch am selben Abend, wo wir in Arseila waren, ein spanischer Kaufmann ein (Christen giebt es sonst keine im Städtchen), der in eben dem Funduk die Nacht zubrachte, welches uns beherbergte.

Von Arseila, das wir am anderen Morgen verliessen, bis L'Araisch hat man längs des Meeres, dessen Ufer immer denselben Charakter beibehält, nur einen halben Tagemarsch, und man muss, um in die Stadt zu gelangen, die Mündung des Ued-Kus übersetzen. Ohne uns aufzuhalten, erreichten wir immer durch einen schönen Korkeichenwald reisend, am selben Tage L'xor. Und auch hier war kein Aufenthalt für uns, da uns die Kunde wurde

Sidi-el-Hadj Abd- es-Ssalam beabsichtige eine Reise nach Marokko. Zwei Tage darauf waren wir wohlbehalten in Uesan nach einer Abwesenheit von drei Wochen.

Der Grossscherif, der mich wie immer sehr freundlich empfing, sagte mir, allerdings habe er eine Einladung vom Sultan erhalten, ihn nach Maraksch zu begleiten, aber später habe der Sultan in einem anderen Briefe den Wunsch ausgedrückt, nicht zu kommen, da seine Anwesenheit in der Nähe des Rharb, dessen Bevölkerung eben erst eine Revolution durchgemacht hätte, notwendiger sei, als in Maraksch.

So glaubte ich denn auch, dass die Zeit gekommen sei, mein Geschick von dem des Grossscherifs zu trennen, dessen liebenswürdige und uneigennützige Gastfreundschaft ich nun seit einem Jahre genoss; zudem fühlte ich, dass ich der arabischen Sprache täglich mächtiger wurde, denn hat man die ersten Schwierigkeiten überwunden, so ist diese Sprache als Umgangssprache nicht schwer. Und wenn man ausgerechnet hat, dass ein europäischer Landmann, ein englischer Bauer z.B. in seinen gewöhnlichen Lebensverhältnissen nur ca. 400 Wörter braucht, mit deren Hülfe er alle seine Ideen seinen Mitmenschen mittheilen kann, so hat man sicher in Marokko auch nicht mehr nöthig.

Die ganze Lebensart ist so einfach, der Gegenstände, die der Mensch dort nöthig hat, sind so wenige, die Unterhaltung ist so stereotyp und dreht sich so ziemlich immer um dieselben Gegenstände, dass, wenn man einmal erst mit der Construction der marokkanischen Redeweise vertraut ist, und den nöthigen Wörtervorrath im Gedächtniss angesammelt hat, das Reden ganz von selbst geht. Hauptsache ist dabei, immer Gott und Prophet im Munde zu haben, von Paradies und Hölle zu sprechen, den Teufel nicht zu vergessen, und dabei andächtig mit dem Munde murmelnd den Rosenkranz durch die Finger gleiten zu lassen. Fällt einem dann auch nicht gleich eine Redewendung ein, hat man ein Wort plötzlich vergessen, und sagt statt dessen: "Gott ist der Grösste", oder "Mohammed ist der Liebling Gottes", oder "Gott verfluche die Christen", so findet das kein Marokkaner, auch wenn diese Redensarten gar nicht dahin passen, auffallend, und er wird selbst den Satz ergänzen, oder das gesuchte Wort finden.

Ehe ich indess Uesan verliess, bot sich mir Gelegenheit dar, mit einem "Emkadem", Intendant, des Grossscherifs nach der kleinen zwischen Fes und Udjda gelegenen Stadt Tesa zu reisen; derselbe war abgeschickt worden, rückständige Gelder für die Sauya Uesan einzukassiren. Den ersten Tag verfolgten wir den von Uesan nach Fes führenden Weg und lagerten am Ued- Ssebu an einer Oertlichkeit, Manssuria genannt, welche aus einigen Hütten bestand und einem Duar, beides Eigenthum des Grossscherifs. Merkwürdig ist diese Gegend dadurch, dass in der Nähe von Manssuria ein steinigtes Feld ist, aus dem beständig Schwefeldämpfe und nach den Aussagen der Eingeborenen mitunter auch kleine Flammen emporsteigen[124]. Es ist dies die mir einzig in Marokko bekannte Oertlichkeit, wo vulkanische Erscheinungen heute noch in Thätigkeit sind. Am zweiten Tage, im Thale des Ssebu aufwärts gehend, das die zahlreichen Krümmungen abgerechnet von Osten herkommt, blieben wir noch eine Nacht in einem Tschar (Bergdorf) und erreichten am dritten Tage das malerisch am Berge gelegene Städtchen Tesa.

[Fußnote 124: Vielleicht das Pyrron Pedion, dessen Ptolemaeus in Mauritania Tingitana erwähnt.]

Nach Ali Bey liegt Tesa auf dem 34° 9' 32" N. B. und 6° 15"

W. L. v. P. auf dem Unken Ufer des Ued-Asfor (gelber Fluss, wie hier der Ssebu heisst), jedoch fast eine halbe Stunde von ihm entfernt. Ausserdem wird die Stadt vom kleinen Ued-Tesa durchströmt, der vom Süden kommt. In der Lage, d.h. am Abhange eines Berges gelegen, hat Tesa eine ausserordentliche Aehnlichkeit mit Uesan. Leo giebt der Stadt 5000 Feuerstellen, was jedenfalls jetzt viel zu hoch ist, denn sie dürfte kaum mehr als 5000 Einw. haben, von denen ca. 800 Seelen jüdischen Bekenntnisses sind. Hemsö wagt die Vermuthung, dass Tesa das Babba der Alten ist.

Die Stadt, mit einer einfachen Mauer umgeben und einer Kasbah, hat eine beständige Garnison von 500 Maghaseni, eine Auszeichnung, die sie nur noch mit Udjda theilt, welches eine ebenso grosse Besatzung hat, während in allen anderen Städten des Reiches nur ca. 20 Soldaten dem Gouverneur zur Verfügung stehen. Die Lage der Stadt, die Nähe der unruhigen Hiaina, und der anderen vollkommen unabhängigen Bergvölker im Osten und Süden der Stadt machen eine so starke Besatzung sehr nothwendig. Tesa ist Hauptmittelpunkt des Handels zwischen Algerien, resp. Tlemçen und Fes. Aber östlich von Tesa ist die Gegend so unsicher, dass jede Karavane von einer Abtheilung Maghaseni begleitet sein muss. Stark besuchte Karavanenwege führen ausserdem von Tesa nach dem Figig und Tafilet. Die Häuser im Innern der Stadt bekunden Wohlhabenheit der Einwohner, die grosse Moschee, mit antiken monolithischen Säulen im Innern, deutet darauf hin, dass einst die Stadt noch bedeutender gewesen ist, als jetzt, und was die Gesundheit der Luft, die Reichhaltigkeit der Fruchtbäume und die wunderbar schöne Gegend anbetrifft, so kann man nur mit Leo übereinstimmen, der sagt: "Billig sollte dieser Ort, wegen der gesunden Luft, die im Winter sowohl als im Sommer hier stattfindet, die königliche Residenz sein."

Wir waren in Tesa in der Sauya der Tkra Mulei Thaib abgestiegen, und wurden selbstverständlich gut bewirthet. Nach zwei Tagen Aufenthalt, als der Emkadem seine Gelder einkassirt hatte, gingen wir auf demselben Wege nach Uesan zurück, da der directere aber durch die Hiaina führende Weg nicht genug Sicherheit bot, selbst für den Emkadem des Grossscherifs.

In Uesan wieder angekommen, waren meine Tage gezählt; es handelte sich nur darum, die Erlaubniss zur Abreise zu bekommen. Ich durfte nicht daran denken, dem Grossscherif zu sagen, dass ich ihn für immer verlassen wollte, da er sich einmal vollkommen mit dem Gedanken vertraut gemacht hatte, ich würde immer bei ihm bleiben. So bekam ich denn endlich die Erlaubniss eine kleine Reise machen zu dürfen, und sagte der Stadt Uesan für immer (wie ich damals glaubte, später kam ich aber doch noch wieder nach Uesan) Lebewohl.

13. Reise längs des atlantischen Oceans

Nach Tanger aufbrechend, deponirte ich ein Kästchen mit Papieren bei Sir Drummond und zog längs der Küste, denselben Weg bis L'Araisch weiter. Als Ausrüstung hatte ich weiter nichts als einen Esel mit zwei Schuari (Seitenkörben), welche einige Vorräthe enthielten; ein spanischer Renegat, der gewissermassen mein Gefährte, Diener, Eselwärter und Doctorgehülfe war, hatte sich angeschlossen. Ehe wir weiter zogen, blieben wir noch einige Zeit in der Stadt.

L'Araisch liegt auf der äussersten Seite des linken Ufers des Ued-Kus derart, dass eine Seite nach dem Flusse, die andere nach dem Ocean Front macht. Ungefähr 4 K.-M. stromaufwärts des Ued-Kus am rechten Ufer lag das alte Lya der Punier oder wie es später von den Griechen und Römern genannt wurde Lina, ehedem die bedeutendste Niederlassung an dem atlantischen Ocean. Etwas weiter stromaufwärts fällt dort der Ued-Maghasen in den Kus.

Die Ruinenstätte ist von Sir Drummond Hay und Barth besucht worden, ohne dass jedoch Beide besondere Entdeckungen gemacht hätten, die auch wohl kaum ohne Reinigung des Bodens und Ausgrabungen zu machen sind. Von Drummond Hay werden die Ruinen Schemmies genannt. Barth will aus den Grundmauern bei der Kasbah erkannt haben, dass auch auf dem heutigen Boden der Stadt L'Araisch eine alte libysche Stadt gelegen habe, was durch Scylax's Aussage bestätigt würde.

Von der von den Alten als in der Mündung des Lixos liegend erwähnten Hesperiden-Insel ist heutzutage keine Spur vorhanden. Allerdings taucht bei tiefer Ebbe eine etwa

1 K.-M. haltende Sandbank, in der beutelartigen Mündung des Flusses auf, und möglicherweise, man braucht nur eine allgemeine Senkung der atlantischen Küste anzunehmen, war dies die einst so fruchtbare Hesperiden-Insel. Diese Mündung, im Norden durch hohe Sandberge geschützt, könnte, wollte man sich die Mühe geben die Barre wegzubaggern, zu einem trefflichen Hafen eingerichtet werden. Jetzt können bei Fluth höchstens Schiffe von 150 Tonnen Gehalt einlaufen; als wir in L'Araisch waren, befanden sich sechs europäische Schiffe im Hafen, ausserdem verfaulten am Strande die beiden letzten Kriegsschiffe der Marokkaner, zwei elende Brigantinen. Und doch hatte Marokko vor noch nicht hundert Jahren die Frechheit, mit seiner elenden Seemacht die ganze Welt herauszufordern.

Der Name L'Araisch ist nach Hemsö entstanden aus dem Worte el-araisch-ben- Aras, d.h. der Weinspalier der Beni Aros. Nachdem die Stadt wechselsweise im Besitze der Marokkaner und Portugiesen gewesen war, bemächtigte sich 1689 nach einer fünfmonatlichen Belagerung Mulei Ismaïl derselben. Seit der Zeit ist L'Araisch von den Europäern noch oft angegriffen worden, so im Jahre 1785 von den Franzosen, 1829 von den Oesterreichern, die dabei der marokkanischen Flotte den Gnadenstoss versetzten.

Man bemerkt in L'Araisch an den Gebäuden der Stadt noch deutlich den christlichen Einfluss. So ist der hübsche Marktplatz ein regelmässiges Rechteck mit gewölbten Arcaden versehen, die Säulen sind Monolithen aus Sandstein. Die Hauptmoschee, die ebenfalls nach dem Marktplatze zu Front macht, muss eine christliche Kirche gewesen sein, die Façade ist in dem sogenannten Jesuitenstyl gehalten. Ausserdem befindet sich noch ein anderes stattliches und mehrstöckiges Gebäude, mit hohen schönen Fenstern versehen, am Marktplatze. Vielleicht war es ehemals Gouvernementsgebäude, vielleicht ein Kloster, denn erst im Jahre 1822 musste eine hier bestehende spanische Mission aufgegeben werden. Heute steht das Haus leer und unbenutzt da, und der durch die Fenster streichende Wind, und die fressende Atmosphäre wird bald das ihrige thun, um das Gebäude zu einer Ruine zu machen.

Ausser recht gut erhaltenen aber widerstandslosen Mauern ist die Stadt durch ein mit vier Bastionen versehenes Fort, christlicher Anlage und ursprünglich aus gutem Material erbaut, geschützt. Dieses Fort liegt auf der westlichsten Spitze der Stadt nach dem Meere zu. Im Inneren dieses Forts ist ein Schloss, dessen runde Kuppeln man schon von Weitem sehen kann. Das Schloss soll vom Sultan Mulei Yasid erbaut sein. Unterhalb des Forts nach dem Hafen zu sind zwei gemauerte Strandbatterien. Nach S.-O. zu die Stadt beherrschend, befindet sich die Kasbah, ein Fort von viereckiger Form, an den vier Ecken mit sehr scharfwinkligen Bastionen versehen. Die Mauern der Kasbah, welche auch wohl eine Baute der Portugiesen oder Spanier ist, sind gut erhalten, aber trotz aller Vertheidigungsanstalten wird L'Araisch einem Angriffe der Europäer nicht lange Widerstand entgegensetzen können, einerlei ob er vom Ocean aus oder vom Lande her unternommen wird. Sonst hat L'Araisch keine merkwürdigen Gebäude, wenn nicht eine kleine Grabstätte in den Gärten südlich von der Stadt, der Lella-Minana gewidmet, einer Sherifa, die dort begraben liegt. Bei Lebzeiten soll sie Wunder gethan haben, und auch jetzt noch sollen die in der Grabcapelle der Lella- Minana betenden Frauen von Unfruchtbarkeit geheilt werden: zwei fromme in der Nähe wohnende Einsiedler öffnen den Frauen gegen eine kleine Gabe die Thür zum Grabmal und unterstützen sie im Beten.

Die Stadt hat ca. 5000 Einwohner, von denen wohl 1200 Juden sein mögen, welche letztere, wie alle Juden in den Hafenstädten Marokko's, sich der spanischen Sprache bedienen. Die wenigen Europäer, vielleicht 30 oder 40 Individuen stehen unter dem Schutze ihrer Consuln, deren es hier mit Ausnahme eines deutschen von allen Nationen giebt.

Der Handel der Stadt ist nicht unbedeutend und umfasst dieselben Artikel, die in Tanger zur Aus- und Einfuhr kommen, d.h. ausgeführt werden besonders Wolle, Thierhäute, Wachs, Oel, Butter, Früchte: als Mandeln, Orangen, Citronen und Feigen, getrocknete Oliven, Eier, Federvieh (anderes Vieh auszuführen ist verboten), Getreide und Hülsenfrüchte. In L'Araisch kommt noch hinzu die Rinde der Korkeiche, die in Europa verarbeitet wird. Gummi und Kupfer wird aus Marokko nach Europa nicht mehr ausgeführt, da man Kupfer in Europa und Gummi von Senegal billiger beziehen kann. Blutigel werden ebenfalls von L'Araisch ausgeführt, doch mehr noch von Tanger und Mogador. Einfuhrartikel sind: Baumwollenstoffe, Tuche, rohe und gefertigte Seide, Papier, Waffen, Metalle, wie Eisen, Blei, Quecksilber, Schwefel, Alaun, Salpeter, Colonialwaaren, darunter besonders Thee und Zucker, und verschiedene Gegenstände, schlechte Schmucksachen, Porzellan und Glaswaaren, Spiegel u. dergl. m. Die eben angeführten Gegenstände sind so ziemlich in allen Häfen des Landes im Handel dieselben.

Der Weg zwischen L'Araisch und Media oder Mehdia läuft ununterbrochen auf einer Sandzunge hin, zwischen dem Meere einerseits, den Sümpfen und Landseen andererseits gelegen. Auf der ausgezeichneten Karte von A. Petermann, Mittheilungen Jahrgang 1865, Taf. 4, dann auch auf der Karte von Renou ist dies recht deutlich zur Anschauung gebracht. Nehrungen und Haffe können nur an flachen, sandigen Küsten entstehen, und so ist es ganz natürlich, dass, wo die übrigen Bedingungen zur Haff- und Nehrungbildung vorhanden sind, diese entstehen. Wie der Sand Product des Meeres ist, so sind die Nehrungen, die aus Sand bestehen, immer nur an flachen Küsten mit vielem Sande zu beobachten. Es giebt nun Nehrungen, die an beiden Seiten noch mit dem Festlande zusammenhängen, oder solche, die am Meere durchbrochen sind. Erstere können entstehen dadurch, dass hohe Dünen bei ausserordentlichen Fluthen nicht durchbrochen werden, vom Ocean aber Wasser durchlassen, welches Wasser dann hinter den parallel mit dem Meere laufenden Dünen einen See bildet, oder es sammelt sich landwärts der Dünen das Wasser von kleinen Flüssen an, bildet einen See, das Wasser, ist aber nicht stark genug, die Nehrung zu durchbrechen, oder auch das Wasser aus dem Landsee ergiesst sich unter der Nehrung in den Ocean. Nehrungen werden durchbrochen dadurch, dass sich die Flüsse einen Ausgang bahnen, oder durch den Ocean selbst, in beiden Fällen sind Haffe hergestellt.

An verschiedenen Stellen von Afrika hat man Nehrungen und Haffe, so vor dem Delta des Nil in Aegypten, die bedeutender sind, als unsere deutschen in der Ostsee, oder an der Küste von Guinea; die Nehrung an der Küste von Marokko zieht sich von L'Araisch bis Rbat hin, hat also eine Länge von fast 17 deutschen Meilen.

Landeinwärts von der Nehrung ist im Winter ein 2-3 Meilen breiter See, der im Sommer zum Sumpf wird, daher im Norden bei Mulei Bu Slemm der Name Mordja[125] Ras el Daura, und südlich von Mehdia, Mordja el Mehdia. Gleich unmittelbar östlich vom See oder Sumpf stösst jener ausgedehnte Korkeichenwald, der nördlich bei L'Araisch beginnend im Süden bei Rbat endet.

[Fußnote 125: Mordja heisst Sumpf]

Zahllose Wasservögel, Enten, Pelicane, Ibisse und andere halten sich hier auf, und im Sommer kommen Hyänen, Schakale und Wildschweine aus dem Korkeichenwald, um im feuchten Sumpfe zu jagen. Die ganze Nehrung selbst ist bewohnt von Arabern. Meistens haben sie ihre Zelte auf der Landseite und zwar nie kreisförmig, sondern, als ob sie gewissermassen der langen Form der Nehrung sich anpassen wollten, immer in einer langen Reihe aufgeschlagen. Die Dünen sind zum Theil gut bewachsen, meist mit Lentisken, aber auch Grasfutter für Rind- und Schafheerden ist reichlich vorhanden.

Gewöhnlich legt man den Weg bis Mehdia längs des Wassers in zwei Tagemärschen zurück, der grossen Hitze wegen, und weil wir uns häufig damit aufhielten, im Ocean zu baden, brauchten wir vier Tage. Ueberall fanden wir übrigens ausgezeichnete Gastfreundschaft, und die herrlichen Wassermelonen, welche die Nehrung hervorbringt, haben mir nirgends besser gemundet als hier. Zwei hübsche Grabstätten sind unmittelbar am Meeresstrande erbaut: Mulei Bu Slemm[126], eine Tagereise südlich von L'Araisch, aus mehreren Domen bestehend, dann Mulei Hammed bel Cheir, gleich vis-à-vis von Mehdia auf einer kleinen Anhöhe. Gegen 3 Uhr Nachmittags am vierten Tage erreichten wir Mehdia, am linken Ufer des Sebu gelegen.

[Fußnote 126: Die meisten Geographen halten Mulei Bu Slemm für das alte Mamora, Mamora antica, und doch glaube ich kaum, dass jemals bei Bu Slemm dieser Ort gestanden hat.]

Um überzusetzen mussten wir aber erst eine ziemlich weite Strecke ca. ein K.-M. stromaufwärts gehen, wo sich die Fähre befand, sodann kehrten wir auf das linke Ufer zurück und erklommen den Pfad, der auf den steilen 417 Fuss (nach Barth) hohen felsigen Hügel führt, auf dem Mehdia liegt. In einem sehr schlechten Funduk fanden wir Unterkommen. Mehdia ist ein kleines elendes Dorf, von vielleicht zweihundert Einwohnern, wegen seiner beherrschenden Lage war es einst wichtig und könnte am schiffbaren Sebu, dem Flusse, an dem Fes liegt, leicht wieder zu einer blühenden Stadt gemacht werden. Die Mündung des Sebu ist jedoch nicht breiter als vielleicht 1000 Schritt, aber sehr tief unmittelbar unterhalb der Stadt. Der Sebu ergiesst sich aber nicht in gerader Linie in den Ocean, sondern, schief nach Norden geneigt. Eine starke Barre sperrt den Fluss ab.

Als ich von Aussen den Ort besichtigte, fand ich unterhalb desselben ein Labyrinth von Mauern, 4 Fuss dick und 20 Fuss hoch aus massiven Steinen aufgeführt; ein Netz von viereckig gemauerten Räumen darstellend. Die darüber befragten Bewohner wussten keine Auskunft zu geben, aber in Leo finden wir vollkommenen Aufschluss darüber:

Von Jacob el Mansor, der von 1184 bis 1199 regierte, erbaut, als Vertheidigungsfeste des Eingangs des Sebu, wurde Mehdia später zerstört und im Jahre 1515 schickte Don Manuel von Portugal eine Flotte dahin ab, um dort eine Festung anzulegen. Kaum im Bau begriffen, kam aber der zu der Zeit in Fes regierende Sultan Mohammed ben Oatas mit einem Heere und überfiel Soldaten und Arbeiter. Leo, der als Augenzeuge diesem Ueberfalle beiwohnte, giebt davon eine ergreifende Schilderung. Die Portugiesen wurden alle getödtet, die Schiffe verbrannt. Von 6-7000 Mann Besatzung, durch Verrath zur Streckung der Waffen bewogen, wurden die Meisten niedergemacht. Aus der Mündung des Sebu soll der König von Fes hernach 400 Kanonen herausgefischt haben.

Später, am 6. August 1614, nahmen die Spanier noch einmal Mamora (wie die Europäer und auch Leo Mehdia nannten), errichteten ein Fort, welches aber am 2?. April 1681 [? unlesbar in der gedruckten Ausgabe] von Mulei Ismail überfallen und zerstört wurde. Seit der Zeit ist Mehdia, was es jetzt ist, ein elendes Dorf.

Was nun die eben erwähnten Constructionen anbetrifft, so sagt Leo[127] davon: "Die Portugiesen fingen gleich nach ihrer Ankunft den Bau an; alle Fundamente waren schon gelegt, mit den Mauern und Bastionen war ein Anfang gemacht etc." Einen solchen *unfertigen*, nicht aber *zerstörten* Eindruck machen denn auch die Bauten bei Mehdia. Was Mamora antica anbetrifft, so dürfte dasselbe am anderen Ufer des Sebu zu suchen sein, oder vielleicht der Hügel der Stadt, der ebenfalls befestigt war, "Alt- Mamora", die am Strande von den Portugiesen errichteten Bauten dagegen "Neu-Marmora" gewesen sein. Aber in dem entfernten Mulei Bu Slemm Alt-Mamora suchen zu wollen ist vollkommen unstatthaft, weil "Mamora" immer einen felsigen Hügel bedeutet in Tamasirht-Sprache, ein solcher aber bei Bu Slemm nicht vorhanden ist.

[Fußnote 127: Uebersetzung von Lorsbach, p. 185.]

Barth fügt noch hinzu, dass keineswegs, wie die meisten Geographen anzunehmen geneigt seien, hier Banasa gestanden habe (Hemsö meint, Banasa habe gelegen, wo jetzt Mulei Bu Slemm ist, eine Oertlichkeit, die gar nichts Einladendes zur Gründung einer Stadt hat), welches eine Binnenstadt am oberen Laufe des Sebu gewesen, sondern dass in Mamora die vom Ptolemaeus erwähnte Stadt Subur zu erblicken sei. Ich füge noch hinzu, dass im Lande bei den

Eingebornen der Name Mamora vollkommen unbekannt ist.

Wir blieben in Mehdia nur Nachts, am anderen Morgen früh aufbrechend, waren wir Mittags in Sla, setzten gleich über und blieben in Rbat in einem Funduk. Der Weg bot nichts Neues, Nehrungformation war auch hier, nur müssen die hiesigen Dünen älter sein, denn sie waren nach der Landseite dicht mit Eichen, welche eine ausserordentlich zart- und süssschmeckende Frucht tragen, bestanden, ausserdem waren Korkeichen, Lentisken und wilde Oliven sichtbar.

Die Stadt Sla auf dem rechten Ufer des Bu Rgak oder Bu-Raba[128] gelegen, ist ein Ort, welcher von Aussen gesehen das allerregelmässigste Ansehen hat. Fast viereckig ist die Stadt von hohen aber widerstandslosen Mauern, welche ausserdem viereckige Vertheidigungsthürme haben, umgeben. Mit ca. 10,000 Einwohnern, dürfen bis auf den heutigen Tag in Sla keine Christen und Juden wohnen, der Grund davon ist, dass die Bevölkerung sich hauptsächlich aus aus Spanien vertriebenen Mohammedanern bildete, somit den glühendsten Hass gegen Juden und Christen bewahrt hat. Am Ende des vorigen Jahrhunderts war Sla, das sich den marokkanischen Herrschern gegenüber fast als Republik gerirte, der berüchtigtste Seeräubersitz am atlantischen Ocean. Im Hafen von Sla und Arbat, oder in der Mündung des Sebu, fanden die Piraten vor den verfolgenden Kriegsschiffen der Christen sichere Stätten.

[Fußnote 128: Buragrag bei Leo und Maltzan.]

Sla ist offenbar, wenn auch nicht genau der Lage nach, doch was den Namen anbetrifft, das alte Sala. Ptolemaeus verlegt Sala südöstlich von der Mündung des Flusses, also da wo Arbat heute steht. Ebenso Plinius, der Buch V, 1 sagt: "Die Stadt Sala am Flusse gl. N. gelegen, schon nahe der Wüste, und durch Elephantenheerden, noch mehr aber durch den Stamm der Autolalen unsicher gemacht, durch welche der Weg zum Atlasgebirge führt" etc. Dass nun Arbat heute nicht den Namen Sla, sondern Arbat hat, erklärt sich wohl aus dem Umstände, dass nach der Zerstörung des alten Sala, die neue Stadt auf dem rechten Ufer des Bu Raba angelegt wurde, während gegenüber die Stadt Rbat um 1190 von Jacub el Mansor neu gegründet wurde, und nach Delaporte den Namen Rbat el Ftah, d.h. Wahlstätte des Sieges erhielt. Es ist also nicht nöthig um das alte Sala im heutigen Rbat wiederzufinden, wie Barth es thut, auf die Grabmäler der Beni-Merin bei der Mssala von Arbat hinzuweisen, welchen Ort Barth: "Schaleh", Hemsö: "Scella, Seialla" und Marmol: "Mensala" aussprechen hörten. Ich habe an anderen Orten gezeigt, dass jede grössere marokkanische Stadt ihr Mssala hat, wo bei grossen religiösen Festen die Gebete abgehalten werden[129].

> [Fußnote 129: Maltzan sagt B. IV, p. 129: In der Nähe von Rabat liegt auf demselben Ufer des Flusses ein kleiner Ort esch = Schaleh genannt. Dieser Ort hat eine auffallend grosse Aehnlichkeit mit dem des antiken "Sala". Es sind dies aber weiter nichts als Hütten und Häuser, und Grabmäler um die "Mssala" gebaut, wie das auch bei Fes, Uesan etc. vorkommt.]

Die Stadt Sla ist von ihrem einstigen durch Piraterie erworbenen Reichthum sehr heruntergekommen, so dass auch die Häuser der Einwohner, die sich Slaui nennen, sehr klein und unansehnlich sind. Als ich mit dem Grossscherif in der Stadt war, fand sich kein einziges Gebäude gross genug ihn aufzunehmen, wir campirten daher am Strande in unseren Zelten. Innerhalb der Mauern ist die Hälfte der Stadt jetzt unbebaut. Die beiden Moscheen sind gross und geräumig, aber sonst zeichnen sie sich durch nichts weiter aus. Der Markt oder Bazar, Kessarieh, ist überdacht wie in den meisten Städten, wie zur Zeit Leo's findet man hier auch heute noch eine grosse Kammfabrikation aus Lentiskenholz.

Rbat, sowie es jetzt steht, eine Stadt von ca. 30,000 Einwohnern, hat ein fast modernes südeuropäisches Aussehen, namentlich von der Westseite her. Hier haben sich hauptsächlich Christen und Juden Häuser gebaut, und besonders letztere sind in Rbat zahlreich vertreten, da sie wie auch die Christen in Sla nicht wohnen dürfen. In der Mündung des Flusses könnten Rbat und Sla einen guten Hafen haben, wenn nicht eine gefährliche Barre auf der Rhede wäre, und wenn für eine gehörige Ausbaggerung gesorgt würde. Jetzt kann der Hafen nur Schooner und kleine Briggs aufnehmen. Der Handel ist indess ziemlich lebhaft, denn eigentlich ist Rbat jetzt der natürliche Hafen für Mikenes sowohl, als auch für Fes. Man exportirt hier vorzugsweise Oel, Häute und Kork. Als eigne Fabrikation betreibt man in Rbat hauptsächlich die Verfertigung wollener Teppiche, an Güte und Dauerhaftigkeit kommen sie den syrischen gleich, im Muster und in den Farben stehen sie allerdings zurück. Ferner sind Schuhe, Burnusse und Matten gerühmt.

Rbat auf dem bedeutend höher gelegenen linken Ufer des Flusses gelegen, hat ein Castel auf seiner äussersten nach dem Meere gerichteten Seite, mit sogen. bombenfesten Gewölben, und dicht dabei eine ziemlich grosse Djemma (Moschee) mit einem sehr hübschen Smah (Minaret). v. Maltzan taxirt den Thurm auf 180' und zieht ihn der Giralda von Spanien vor. Dieser Sma-Hassan ist wie die Moschee selbst von Sultan Mansor erbaut. Leo sagt von ihm: "Vor dem Süderthor liess er auch einen Thurm, dem zu Marokko ähnlich, errichten, er hat aber viel breitere Treppen, worauf 3 Pferde nebeneinander hinaufkommen können. Ich (Leo) rechne diesen Thurm in Rücksicht auf seine Höhe zu den bewundernswürdigen Gebäuden."—Für Marokko, welches in keiner einzigen Stadt einen nur irgend bedeutend hohen Minaret hat, ist dieser Thurm des Hassan allerdings eine ausnahmsweise hohe Baute, aber im Orient trifft man bei den Mohammedanern bei Weitem höhere Minarets.

Der Palast des Sultans ausserhalb der Stadt Rbat im Süden und fast hart am Meere gelegen, ein vollkommen neues Gebäude, und irre ich nicht, erst vom jetzigen Sultan erbaut, zeichnet sich nur durch Kasernenhaftigkeit aus. Es ist ein ziemlich unbedeutendes Gebäude, mit einer Beletage, hat viele Fenster, die aber nicht Glasscheiben besitzen, sondern durch hölzerne Jalousien verschlagen sind. Vor dem Schlosse nach dem Strande zu befinden sich Erdschanzen auf europäische Weise errichtet; einige Kanonen sind ebenfalls darin.

Der von Maltzan erwähnte "römische Aquaduct" ausserhalb der Stadt, dessen Ruinen noch heute vorhanden sind, ist indess nicht römischen Ursprungs, wenn man anders den Aufzeichnungen von Leo Glauben schenken kann. Derselbe sagt p. 177: "Weil in der Nähe der Stadt kein sonderlich gutes Wasser war, so liess Sultan Mansor eine Wasserleitung von einer Quelle, die ungefähr 12 Meilen von der Stadt entfernt ist, hier anlegen; sie besteht aus schönen Mauern, welche auf Bogen ruhen, gleich denen, die man hier und da in Italien, vornehmlich um Rom sieht. Diese Wasserleitung theilet sich in viele Theile: einige führen Wasser in die Moscheen, andere in die Schulen, andere in die Paläste des Königs, andere in die öffentlichen Brunnen, dergleichen für alle Districte der Stadt gemacht wurden. Nach Mansor's Tode nahm die Stadt allmälig so ab, dass nicht ein Zehntel mehr übrig ist. Die schöne Wasserleitung ist in den Kriegen der Meriniden gegen Mansor's Nachfolger zerbrochen worden." So Leo. Ich muss indess bekennen, dass nach Besichtigung der Ruinen dieser Wasserleitung ich ebenfalls geneigt bin mit Maltzan sie für römischen Ursprungs zu halten, da nirgends anderswo, soviel ich das Land habe kennen lernen, die Marokkaner selbst irgend ähnliche Bauten aus massiven Quadersteinen errichtet haben.

Heutzutage entbehrt Rbat sehr dieser Wasserleitung, die Einwohner behelfen sich zum Theil mit dem Wasser ihrer Cisternen, zum Theil holen sie weither ihr Trinkwasser in Schläuchen. Nirgends ist daher auch das Trinkwasser theurer als in Rbat. In allen grösseren marokkanischen Städten durchziehen Wasserverkäufer mit einem grossen Schlauch auf dem Rücken, in der einen Hand eine Glocke, in der anderen einen Becher haltend, die Strassen und verkaufen dem Durstigen für einen Fls. den Labetrunk, der dann so bemessen ist, dass der Käufer so viel trinken kann, wie er Durst hat. In Rbat aber muss ganz genau das Maass inne gehalten werden.

Im Uebrigen hat die Stadt nichts Merkwürdiges, nur will ich nicht unterlassen auf die unvergleichlich schönen Gärten aufmerksam zu machen, die sich längs des linken hohen Flussufers hinziehen. Was nur das glückliche Klima des Mittelmeeres hervorbringt, findet man hier blühen und grünen.

Ich blieb nur kurze Zait [Zeit] in Rbat, und durch die lang ausgedehnte jetzt leere Stätte der Mhalla (die Armee des Sultans), welche südwärts der Stadt sich befand, dahin eilend, zog ich dem Süden weiter entgegen. Ich hatte nun vollkommen unbekanntes Land vor mir, bis Rbat, wo ich auch früher schon gewesen war, hatte ich fast alles Land kennen gelernt, was im Bereiche des "civilisirten Marokko" lag. Einsam ohne Karavanen zogen meine Begleiter und ich längs des Strandes dahin, den grauen Esel vor uns hertreibend. Der Weg längs des Strandes bleibt auch hier einförmig und langweilig. Indess so wenig die Natur bietet, so belebt ist andererseits dieser Weg durch Menschen, denn bis Asamor ist hier die Hauptroute von Rbat nach Marokko, von Asamor verlässt die Strasse das Meer, um ins Innere sich hineinzuziehen.

Längs der Küste ziehen sich eine Menge Kasbahs hin, zum Theil in leidlichem Zustande, zum Theil verfallen; sie erinnern lebhaft an die Befestigungen in Spanien und Italien, deren Küsten ebenfalls überall mit Thürmen und Festungen garnirt sind. In diesen Kasbahs kann der Wanderer Schutz vor schlechter Witterung finden, oder übernachten, sonst bieten sie aber in der Regel nichts, und die meisten sind ohne Insassen. Wir gingen bis Mitternacht und nächtigten sodann in der Kasbah Scharret, am Flüsschen gl. N. gelegen. Diese Kasbah bildet zugleich eine Cavalleriekaserne, es befanden sich etwa 200 Reiter mit ihren Pferden in derselben. Wir konnten von diesen Reitern unser Abendbrod kaufen, eigentliche Kaufleute waren aber nicht vorhanden.

Zwischen Rbat und Asamor finden sich eine Menge von kleinen Flüssen, die von Osten kommend alle das Meer *mit Wasser* erreichen, und auch das ganze Jahr Wasser halten. So passirten wir am folgenden Tage den Ued-Bu- Steka und drei andere kleine Flüsse, und befanden uns Mittags am Ued- Mansuria, der an seiner Mündung, zur Fluthzeit, nicht zu passiren ist. Nach langem Suchen fanden wir endlich stromaufwärts gehend eine Furth, die uns durchliess. Der auf den Karten angegebene Ort Mansuria *existirt nicht*. Auf dem linken Ufer des Flüsschens befinden sich die Trümmer der Kasbah Mansuria. Der Ort Mansuria soll nach Leo auch nicht am Ocean, sondern zwei Meilen

stromaufwärts am Flüsschen, das er Guir nennt, gelegen
sein. Aber schon zu Leo's Zeiten war das genannte
Städtchen nur noch ein Trümmerhaufe.

Wir gingen selben Tags noch bis zur Mündung des Flusses
Ued-el-Milha, an dessen linkem Ufer die Kasbah Fidala liegt.
Ob Fidala nach der Meinung Gosselin's das alte Kerne[130]
gewesen sei, wage ich nicht zu entscheiden; eine Insel ist in
der Mündung des Flusses nicht, wohl aber ist auch hier eine
Nehrung. Im Innern der sehr geräumigen Kasbah lagerte
ein ganzer Stamm unter Zelten, aber auch feste Wohnungen
waren da. Namentlich zeichnete sich die in der Mitte der
Burg liegende Djemma durch Sauberkeit der Arbeit und
gute Conservirung aus. Die Tholba (Schriftgelehrten) luden
uns freundlichst ein, in derselben die Nacht zuzubringen.
Die meisten Häuser, die in Fidala sind, liegen in Ruinen, der
edle Styl derselben, die Abwesenheit des maurischen
Schwibbogens an Fenstern und Thüren sagen uns mit
Sicherheit, dass diese Gebäude von Europäern erbaut
wurden. Renou behauptet indess, dass Fidala 1773 von
Sultan Mohammed gegründet sei. An vielen der Fenster
waren sogar noch Balcons.

[Fußnote 130: Kerne möchte eher beim heutigen Agadir
zu suchen sein, obgleich auch dort in der Bucht keine
kleine Insel sich befindet, aber keineswegs, wie Knötel
meint, die Insel im Rio do Ouro sein.]

Am folgenden Morgen passirten wir eine lange über den
schmalen Fluss Ued- Dir führende Brücke, derselbe soll
jedoch manchmal weit austreten. Die Gegend bleibt immer
dieselbe, rechts das Meer, und links die nicht enden wollende
Gegend der Provinz oder Landschaft Temsena, nur einmal
unterbrochen durch den grossen längs der Küste sich
hinziehenden Sumpf Um- Magnudj. Die gut bevölkerte
Gegend bringt hauptsächlich Mais hervor, der den Leuten

als Hauptnahrung dient, indem sie ganz wie die Italiener eine Polenta davon bereiten. Man kann sagen, dass an der ganzen Küste von L'Araisch bis Asamor nicht die zu Kuskussu verarbeitete Gerste, sondern der Mais oder türkische Weizen die Nationalkost ist. Auch wird davon viel nach Spanien und Portugal exportirt.

Am selben Abend noch waren wir in Dar-beida (Weissenstadt und von den Spaniern Casa bianca übersetzt), wo wir bald bei einem Kaffeehausbesitzer, den ich von Fes her kannte, ein gastliches Unterkommen fanden. Dar-beida bildet eine Art befestigten Vierecks, dessen Mauern jedoch ausser Stande sind, den geringsten Widerstand gegen Europäer zu leisten. Sowie von Masagan und Safi wird auch von hier aus bedeutend exportirt, und hauptsächlich sind es Wolle, Oel, Mais, Weizen, Mandeln und Felle, welche die Eingeborenen den Europäern zu Markte bringen. Die Einwohnerschaft von Dar-el-beida beläuft sich auf ca. 300 [3000] Seelen, unter denen sich eine zu den übrigen Hafenstädten Marokko's verhältnissmässig grosse Zahl von Europäern befindet. Ich fand es höchst auffallend, dass alle Lebensmittel hier so theuer waren, vielleicht ist die Concurrenz der Europäer daran Schuld. In der Meeresbucht befanden sich sieben grössere europäische Fahrzeuge, im Begriffe, ihre Ladungen einzunehmen. Sie kommen meist ohne Waaren an, wenn man anders nicht die Silberthaler (spanische und französische) als Importationsartikel rechnen will. Aber der Vortheil, den die Europäer auf die eben angeführten Exportationsartikel machen, ist ein sehr grosser. Deutschland betheiligt sich gar nicht daran. An Merkwürdigkeiten hat die Stadt nichts aufzuweisen.

Maltzan nimmt an, dass Dar-beida oder Dar-el-beida die Stadt Anfa Leo's sei. Es ist auch wohl nicht daran zu zweifeln, aber Leo's Angaben über die Entfernung Anfa's sind höchst ungenau, er sagt: "Anfa ist eine grosse von den Römern erbaute Stadt am Ufer des Oceans, ungefähr 60 Meilen vom Atlas gegen Norden, ungefähr 60 Meilen von Azemur gegen Osten und ungefähr 40 Meilen von Rabat gegen Westen gelegen." Leo scheint die Stadt gleich nach der Zerstörung derselben durch die Portugiesen besucht zu haben, er fand sie ganz verödet und von Einwohnern verlassen. Nach Maltzan wurde sie erst 1750 von Mulei Ismaïl unter dem Namen Dar-el-beida wieder aufgebaut. Nach Renou wiedererbaute sie Sultan Mohammed, was wahrscheinlicher ist, da Ismaïl von 1672-1727 regierte. Von Dar-beida nach Asamor brauchte ich zwei Tage. Der auf fast allen Karten Marokko's angegebene Ort Mediona, der an der Küste liegen soll, existirt dort nicht, wohl aber ca. 3 Meilen landeinwärts; Mediona ist weiter nichts als eine von einigen Duar umgebene Kasbah.

Endlich war die weite Mündung des Um-Rbea, oder wie man gewöhnlich sagt Mrbea erreicht. Der Fluss ist so tief, dass er selbst zur Ebbezeit nie durchwatet werden kann, aber eine gute Fähre ist vorhanden, mit der man übergesetzt wird. Der Fluss Um-Rbea, vom Atlas entspringend, hat auf seinem linken Ufer die bedeutende Stadt Asamor; aber so bedeutend dieselbe ist, ich schätze die Einwohnerzahl auf 30,000 [3000] Seelen, so wird ihrer selten in den geographischen Handbüchern gedacht. Der Name Asamor bedeutet aus der Tamasirht-Sprache übersetzt, die Oelbäume, und eigentlich hat die ganze Stadt den Namen Asamor-es-Sidi-Bu-Schaib, d.h. die Oelbäume des gnädigen Herrn Bu-Schaib. Ursprünglich war hier nämlich weiter nichts als ein Sanctuarium dieses Schaib's, dessen kleine "Kubba", in der er begraben liegt, sich noch heute in Asamor befindet und die in naher Umgegend als ein grosses Heiligthum gilt. Die Zahlenangaben über den Angriff von Asamor durch die Portugiesen sind bei Maltzan nicht genau. Erst 1508 begannen die Portugiesen zu belagern, jedoch ohne Erfolg, aber im Jahre 1513 wurde die Stadt erobert, zerstört und nach einem zweiunddreissigjährigen Besitze von den Christen freiwillig aufgegeben[131].

[Fußnote 131: Siehe darüber Leo, Dapper und Renou.]

Asamor, auf einer ca. 150' hohen Anschwellung des Erdbodens gelegen, wird merkwürdigerweise von Arlett mit nur 700 Einwohnern angegeben. Andere aber, die doch auch gute Notizen über die Stadt hatten oder auch Asamor selbst gesehen haben, sind darüber auch anderer Meinung, so nennt Dapper sie "überaus volkreich", Lempriere "ein grosser Ort." Die Sache ist nämlich die, dass von allen Häfen, Asamor und Agadir die einzigen sind, wohin Europäer selten kommen. In *allen* marokkanischen Hafenstädten, so klein sie auch sein mögen, giebt es Consuln und Consularagenten. So in Arseila, in L'Araisch, in Masagan etc., aber in der Stadt Asamor und Agadir sind weder christliche Consuln noch Europäer. Allerdings sind in Sala auch keine Consuln, aber der Grund liegt mehr in der Nähe von Neu-Sala oder Arbat, als in einer anderen Ursache.

So ist denn auch Asamor eine vollkommen marokkanische Stadt, der ganze Handel, die Industrie hat etwas urwüchsig Marokkanisches an sich. In dieser schönen Flussmündung, welche meilenweit nach oben hin noch salziges Meerwasser hinauftreibt, sieht man nie europäische Schiffe. Der ganze Handel von Asamor mit dem Binnenlande beruht auf eigner Production und Manufactur. Man verfertigt namentlich Haike, Burnusse, Matten, Schuhe und Töpfergeschirr. In der Nähe der Stadt ist bedeutender Gemüsebau, aber die Früchte werden mehr nach aussen hin, nach Dar-beida und Masagan exportirt, als in der Stadt selbst aufgebraucht.

Ich durfte nicht unterlassen "den berühmten Heiligen Mulei Bu-Schaib zu besuchen", so sagt man in der That in Marokko, einerlei ob der Heilige noch lebt oder todt ist. Man redet dann auch einen solchen Heiligen wenn er gestorben ist so an, als ob er noch lebte: "es ssalamu alikum ia Mulei Bu- Schaib" etc. Als ich eintrat in den kleinen Grabdom, war denn auch das ganze Mausoleum voller Bittsteller, alle umhockten oder Umlagen den Sarkophag, d.h. ein hölzernes mit rothem Tuch und reich mit Seide gesticktes umhangenes Holzgestell. Den grössten und eigentlichen Segen hatten indess nur die Schriftgelehrten des Mulei Bu-Schaib, die von jedem Betenden eine Gabe zu erpressen wussten. Als höchst merkwürdig fiel mir auf, dass diese Tholba (Schriftgelehrte) durch besondere Tracht sich auszuzeichnen suchten von ihren Mitgläubigen, wie die Pharisäer der Bibel. Bei den übrigen Marokkanern unterscheidet sich aber, wie schon angeführt, der Schriftgelehrte von seinen Mitgläubigen nie durch Tracht, und wenn er auch der erste Faki der Djemma Mulei Abd Allah Scherif von Uesan wäre. Sowie durch eigne Tracht, so zeichneten sich denn auch diese Tholba durch grosse Selbstgefälligkeit und religiöse Eitelkeit aus.

Ehe ich von Asamor aus weiter zog, muss ich eines kurzen Abstechers erwähnen, den ich von hier aus mit einer Karavane nach der Stadt Marokko, von den Eingebornen Marakesch genannt, machte. Es war nur eine kleine Karavane aus lauter Eseltreibern bestehend, welche Töpferwaaren ins Innere des Landes führten, dabei bis Marokko wollten, um von dort andere Waaren zurückzubringen. In Gesellschaft dieser Leute war es vollkommen unmöglich irgendwie nur Aufzeichnungen zu machen. Die Gegend sah zu der Zeit sehr traurig aus, da es Herbst war und die ersehnten Regen wollten sich nicht einstellen, so dass man hatte glauben können in der

Vorwüste zu sein. Und doch muss diese Landschaft im Winter und Frühling ein ganz verändertes Aussehen haben. Die kahlen Lotusbüsche bekleiden sich dann mit frischen hellgrünen Blättern, die einförmige Zwergpalme sendet neue Fächer aus der Erde und reift ihre kleinen äusserlich der Weintraube nicht unähnlichen Beeren, Zwiebeln und Gräser spriessen aus der Erde und die Heerden kehren von den immergrünen Weideplätzen der Atlasstufen zurück.

Wir marschirten den ersten Tag sehr anstrengend, um zur rechten Zeit auf dem Markte el Had (Sonntag) zu sein, und noch denselben Tag wieder aufbrechend, überzogen wir sodann einen niederen Gebirgszug von Nordwest nach Südost streichend, der an der Gegend, wo wir ihn überschritten, den Namen Dj. Ssara führte. Sobald man den Kamm dieser Hügel, welche zugleich die Wasserscheide zwischen dem Mrbea und Tensift bilden, überschritten hat, erblickt man die schneeigen Gipfel des grossen Atlas. Aber so nahe die Berge zu sein scheinen, so fern sind sie noch; ehe man nur die Stadt Marokko erreicht, hat man noch drei Tagemärsche.

Der Sultan war zu der Zeit mit der ganzen Armee dort; er hatte sich den Eintritt in die zweite Hauptstadt seines Landes erkämpfen müssen. Die Stämme der Rhammena, südwestlich von Marokko auf den Abhängen des Atlas heimisch, hatten sich kurz vor seiner Ankunft empört und hielten die Stadt umschlossen. Aber die Rhammena hatten nicht auf die Kanonen des Sultans gerechnet, trotzdem sie sich ziemlich hartnäckig bei der Sauya-ben-Sassy südlich von der Stadt vertheidigten. Sobald die Kanonen erdröhnten, wurden sie leicht bewältigt, und nachdem so und so viel Köpfe waren abgeschnitten worden, welche als Warnung an sämmtliche Städte des Reiches vertheilt wurden, nachdem sie aller Habe waren beraubt worden, war wieder Ruhe im Lande.

Ich blieb nur zwei Tage in Marokko und verliess das Funduk (Gasthaus) nur Abends, um nicht Bekannten zu begegnen. Denn trotzdem der Sultan durch Vermittelung des englischen Gesandten mir beim Weggange von Mikenes freigestellt hatte, im Lande zu bleiben und überall frei hingehen zu können, fürchtete ich, falls er erführe, ich sei in Marokko, festgehalten zu werden.

Die Stadt Marokko ist nach Beaumier's Beobachtungen mit einem holosterischen Barometer 408 Meter über dem Meere gelegen. Die Einwohnezahl [Einwohnerzahl] der Stadt ist, sehr wechselnd, je nachdem der Sultan anwesend ist oder nicht. Sir Drummond Hay, der zuverlässigste Gewährsmann, und der von allen Europäern am besten die Städte des Innern kennen lernte, nimmt 70,000 Einwohner an. Zur Zeit, als er dort den Sultan besuchte, ist das auch wohl richtig gewesen, in gewöhnlichen Zeiten sind aber wohl nicht mehr Bewohner in der Stadt, als wie Maltzan, Beaumier und Lambert annehmen: 50,000.

Nach Leo und den meisten Geographen soll Marokko von Yussuf-ben-Taschfin erbaut sein, Renou, sich auf Cooley stützend, giebt das Jahr 1073 als Erbauungsjahr an. Es ist indess wohl genauer, wenn wir mit Sedillot festhalten, dass der Feldherr Abu-Bekr, ein Partisan von Abd-Allah-ben-Taschfin, einige Jahre früher die Stadt anlegte. Von der Bedeutung aber, wie Marokko unter Yussuf, unter seinem Sohne Ali gewesen ist, von welcher Epoche Leo sagt, die Stadt habe hunderttausend Häuser gehabt, davon hat dieselbe nur den grossen Umfang behalten. Nach Lambert sollen die jetzigen Mauern der Stadt, die aus Tabi (d.h. einer Mischung aus Thon, Kalk und kleinen Steinchen, welche Masse zwischen Brettern gestampft und gepresst wird) bestehen, und die wie die Umfassungsmauern aller marokkanischen Städte von Entfernung zu Entfernung flankirende Thürme haben, vom Sultan Mohammed ben Abd-Allah (1757-1790), dem fähigsten und bedeutendsten marokkanischen Kaiser der Neuzeit, gegründet sein.

Ganz entgegengesetzt zu Fes hat die Stadt Marokko mit wenigen Ausnahmen nur einstöckige Wohnungen, und an den Seiten der *breiten* Gassen findet man oft grosse Gärten. Nur im Handelscentrum der Stadt verengen die engstehenden Häuser die Strassen. Im Uebrigen hat die Stadt ihre Kessaria (eine ganz neu erbaute für fremde Artikel ist nach Lambert kürzlich hinzugekommen), ihre Ataria, ihre grossen und kleinen Funduks, ihre Marktplätze, auf denen der bedeutendste Markt vor der Djemma el Fanah und der andere ausserhalb der Stadt vor dem Thore "Chamis" abgehalten werden. Auch ein Narrenhaus, Morstan, befindet sich in Marokko mit ähnlicher Einrichtung wie in Fes.

An öffentlichen Gebäuden ist die Stadt arm, der Palast des Sultans, obschon äusserst umfangreich, zeichnet sich durch nichts aus. Die berühmteste Moschee ist die Kutubia, so genannt von den Adulen (Schreibern) und Ketabat (Büchern), welche dort, erstere ihr Handwerk treiben, letztere ebenda zu kaufen sind. Der hohe Thurm der Kutubia soll nach Lambert ca. 250 Fuss, nach Maltzan ca. 210 Fuss hoch sein, und v. Maltzan schätzt die Architektur auch dieses Thurmes höher als die der Giralda von Sevilla, welche doch von Lübke in seiner Geschichte der Architektur als eines der schönsten Baudenkmäler spanisch-maurischer Architektur hervorgehoben wird. Was die innere Anordnung der Djemma anbetrifft, so gleicht sie fast der grossen den "Erzengeln" gewidmeten Moschee in Fes. Auch hier die grosse Zahl von Säulen, die von Spanien hergeholt sein sollen, auch hier die reizenden Springbrunnen, die aber oft genug kein Wasser spenden. Denn die einst so schönen Wasserleitungen der Stadt, weiche von den Bergen Misfua und Mulei Brahim das Wasser der Stadt zuführen, liegen in verwahrlosetstem Zustande. Von den übrigen Moscheen ist wenig zu berichten. Das grösste Heiligthum der Stadt ist die Sauya des Sidi-bel-Abbes, im Norden der Stadt gelegen. Sidi-bel-Abbes ist zugleich der Schutzpatron der Stadt, er liegt dort in einer kleinen Kubba begraben. Alle Fremde, namentlich Pilger, werden hier unentgeltlich drei Tage lang verpflegt; es versteht sich, dass diese Sauya auch Zufluchtsort für Verbrecher und unrechtmässig Verfolgte ist.

Das Ghetto der Juden, wie in allen marokkanischen Städten "Milha" genannt, d.h. der gesalzene Ort, wird nach Lambert häufig Spasses halber von den Mohammedanern "Messus", d.h. der "salzlose Ort" genannt; man schätzt die Zahl der Juden auf 6000 Seelen. Moses Montefiori, der im Jahre 1864 in Marokko war, um beim Sultan eine verbesserte Lage für seine unglücklichen Glaubensgenossen herbeizuführen, hat dies trotz seiner reichen Geschenke keineswegs zu Wege bringen können, sie leben dort heute noch in derselben unglücklichen und unterdrückten Art, wie bisher. Für die Christen scheint aber dort ein Umschwung eingetreten zu sein. Beaumier konnte mit seiner Frau, freilich in seiner Eigenschaft als Consul, im Jahre 1868 unbehindert die Stadt nach allen Richtungen hin durchziehen, und der schon mehrere Male genannte Hr. Lambert bewohnt Marokko seit Jahren. Um dies zu können, muss man aber vor allem der Sprache vollkommen mächtig sein, und man muss es verstehen, Demüthigungen und Vexationen, ähnlich wie sie von den Mohammedanern den Juden täglich auferlegt werden, zu ertragen. Aber keineswegs möchte ich doch empfehlen, wie Hr. Lambert das am Ende seines der Pariser geographischen Gesellschaft überreichten Berichtes thut: "die Touristen einzuladen, statt nach oft besuchten

Gegenden zu gehen, nach Marokko zu kommen, um
Ausflüge in die Umgegend zu machen". Solche sichere
Zustände herrschen heute im Innern dieses Landes noch
nicht[132].

[Fußnote 132: Die Folge eines solchen französischen
Berichtes verursachte auch den Tod von Alexandrine
Tinne. Sie berief sich stets auf die zwischen Colonel
Mircher und den Tuareg vereinbarten Verträge, als man
ihr rieth nicht ins Land der Tuareg zu gehen; Obschon
sie wissen musste, dass diese Verträge nur auf dem
französischen Papiere existirten, da von Seiten der
mächtigen und besitzenden Tuaregfürsten Niemand
erschienen war mit Oberst Mircher zu unterhandeln.]

Ausser diesen vereinzelten Christen und den der Zahl nach
genannten Juden besteht die Bevölkerung von Marokko aus
Berbern, Arabern und Schwarzen. Letztere, vorzugsweise
wie in ganz Marokko aus Haussa- und Bambara-Negern
zusammengesetzt, fasst man auch hier unter dem Namen
Gnaui zusammen, sie sind alle Bekenner des Islam, haben
aber viele von ihren einheimischen Sitten beibehalten.
Dadurch, dass man fast mehr Schellah als Arabisch in
Marokko reden hört, könnte man versucht sein zu glauben,
die Berberbevölkerung sei überwiegend. Das ist aber nur
anscheinend und namentlich an den Markttagen, wo die
ganze Landbevölkerung in die Stadt hereinkommt, der Fall.
Der eigentliche Städter ist arabischer Herkunft, hat zwar oft
viel fremdes Blut, pocht aber darauf, für einen Araber
gehalten zu werden. Wie in den übrigen Städten Marokko's
findet man auch hier viele Bewohner aus den übrigen
grossen Ortschaften Nordafrika's, die manchmal einzelne
Jahre lang, andere auch für immer sich fixiren, oder auch
noch im Alter, nachdem sie ein kleines Vermögen erworben,
in die Heimath zurückkehren.

Für die Aussätzigen hat man im Norden der Stadt ein eignes Dorf, Harrah[133] genannt; diese, die nur unter sich heirathen, dort eine eigene Djemma (Gotteshaus) und eigne Medressen (Schulen) haben, deren Vorstände ebenfalls Aussätzige sind, dürfen nie die Stadt betreten. Dagegen sieht man dieselben den ganzen Tag vor dem Thore "Dukala" herumlungern, um Almosen zu erflehen. Es giebt übrigens auch Begüterte unter ihnen, denn sie treiben Industrie, haben ihren eignen Grund, auf dem sie ackern und Gärten bebauen, und die übrigen Marokkaner scheuen sich nicht, mit ihnen zu handeln; wenn aber Lambert sagt, die Furchtlosigkeit vor den Aussätzigen würde so weit getrieben, dass die Stadtbewohner mit den Leprösen aus einer Schüssel assen, oder in einem Zimmer schliefen, so ist das wohl übertrieben. In diesem Harrah giebt es eine Milha für die aussätzigen Juden.

[Fußnote 133: Mit diesem Worte bezeichnet man in den östlichen Städten Nordafrika's das Judenquartier.]

Der Handel von Marokko ist gegen den von Fes gehalten gering, es fehlt den Marokkanern die Geschicklichkeit und der Unternehmungsgeist. Die einst so hoch berühmten Gerbereien von Leder (Corduan, Maroquin, Safian) liegen im Verfall, allerdings existiren noch ganze Strassen, wo man nur gelbe und rothe Leder, oder davon fabricirte Schuhe kaufen kann, aber das schönste Leder wird heute in Fes bereitet. Hauptwichtigkeit hat Marokko im Handel für die südwärts gelegenen Atlastheile und die grosse Oase des Ued-Draa. So beziehen denn auch sämmtliche Arabertriben, die den beschwerlichen Weg über den Atlas scheuen, ihre Dattelvorräthe von Marokko, und die Marokkaner holen ihren Vorrath vom Draa.

Schon am dritten Tage Morgens verliessen wir die Stadt wieder. Was mich anbetrifft, so hatte ich von derselben höchstens ein Bild gewonnen, so wie es der jetzige Reisende mit nach Hause bringt, wenn er die Eisenbahn verlässt, um sich in irgend einer Stadt am Wege einen Tag lang aufzuhalten. Aus eigner Anschauung hatte ich nur die Märkte bei Abend, die Kutubia und die Sauya Sidi-bel-Abbes kennen gelernt.

Der Rückweg wurde auf dieselbe Art gemacht, nur für mich auf angenehmere Weise, da einige reiche marokkanische Kaufleute sich der Karavane angeschlossen hatten, welche Zelte hatten, und die sich ausserdem täglich den Luxus einer Tasse Thee erlaubten, und wenn wir in der Nähe eines Duars lagerten, dafür sorgten, dass die ganze Karavane auf ihre Kosten Fleisch bekam. Es ist sehr häufig, dass in diesem Lande, wo das Alleinreisen mit der grössten Gefahr verbunden ist, sehr reiche Kaufleute sich mit Maulthierkaravanen zusammenthun, und dass sie unter dem "Aman", Schutz einer solchen "Gofla", Karavane weite Reisen zurücklegen.

Wieder angekommen in Asamor, trennten wir uns, der reichere Theil der Karavane zog nach dem Norden, der grösste Theil blieb im Ort selbst, oder in der Umgegend, und wir beide zogen längs des Oceans weiter, nachdem wir noch einige Tage Rast in der Stadt gemacht hatten. Bis zum nächsten Orte el Bridja, d.h. kleine Burg, von den Europäern Masagan genannt, ist gerade eine deutsche Meile Weges.

El Bridja, ein länglichtes ummauertes Viereck, wird fast nur von Europäern und Juden bewohnt, und der Handel, der in Asamor sein sollte, wird hier betrieben. Die Mohammedaner begnügen sich damit ausserhalb der Stadtmauer, die übrigens halb in Ruinen ist, in Hütten und Zelten zu wohnen. In el Bridja, Masagan, oder wie sie drittens von den Gläubigen genannt wird: Dar djedida, d.h. Neustadt[134], ist denn auch ein bedeutender Export-Handel, den Beaumier auf 1/8 der Gesammtausfuhr vom Lande anschlägt. Ich traf dort über 20 europäische Schiffe auf der Rhede, und wie lebhaft der Handel dort florirt, geht am besten daraus hervor, dass in diesem kleinen Orte, wo 1864 sicher nicht mehr als 1000 Einwohner waren, alle europäische Nationen einen Vertreter hatten.

[Fußnote 134: Diese kleine Stadt scheint sich durch den Reichthum an Namen auszuzeichnen, man hört sie auch El-Maduma, d.h. die Zerstörte, nennen.]

Wir verliessen Masagan und wieder längs des Meeres ziehend, kehrten wir Nachts bei Arabern in einem Duar (Zeltdorf) gelagert, ein. Ein neues Unglück sollte mich hier erreichen, der Spanier mein Begleiter war Nachts mit dem Esel aufgebrochen und hatte das Weite gesucht. Er hatte mir nichts zurückgelassen, als was ich auf dem Leibe trug, und ein kleines Ledertäschchen, welches ich als Kissen unter dem Kopfe hatte, und worin glücklicherweise etwas Geld war. Die Hauptsumme aber, alles was ich an Kleidung besass, hatte er aufgepackt und war damit verschwunden.—Es wäre unnütz gewesen hinterdreinlaufen zu wollen, zumal ich annehmen musste, dass die Leute des Zeltdorfes wohl mit ihm im Einverständnisse gehandelt hatten, denn ohne ihr Wollen hätte er sich unmöglich Nachts allein aus dem Duar entfernen können. "Mktub er Lah", es war von Gott geschrieben, sagte ich nach Sitte der Marokkaner, verliess das Zeltdorf, und erreichte ziemlich früh Ualidia.

Dies ist jetzt ein kleines Dorf ohne alle Bedeutung, scheint aber früh eine ziemlich bedeutende Stadt gewesen zu sein. Ein Theil der Stadtmauern und der Thore sind noch vorhanden. An der Küste befindet sich, südlich vom Dorfe, der beste Hafen des ganzen marokkanischen Ufers, wenn derselbe auch nicht gross ist. Es ist dieser Hafen lagunenartig, haffartig eingeschnitten, der Art, dass die davorliegende Nehrung von Felsen gebildet ist. In früheren Zeiten soll dieser Hafen auch benutzt worden sein, jetzt liegt derselbe unbeachtet und fast unbekannt da. Verschiedene Reisende, welche die Küsten Marokko's besucht haben, haben auch auf die Vortrefflichkeit des Hafens von Ualidia aufmerksam gemacht, unter ändern Frejus. — Nach Jackson wird Ualidia so genannt, weil es vom Sultan Ualid erbaut worden ist.

Ich blieb in diesem Orte nur um zu frühstücken, das Essen wurde mir auf zuvorkommende Weise von den Schriftgelehrten der Djemma angeboten, und alle erflehten auf mich den Segen Allah's herab, um mich für meinen Verlust zu trösten, und zugleich verfehlten sie nicht den Vater des Diebes und ihn selbst (in Gedanken und mit Worten) zu verbrennen, zu verfluchen und auf ewig zu verdammen. Leider bekam ich dadurch meinen Esel nicht wieder, und ihr Segen befreite mich auch nicht vom Fieber. So musste ich Nachmittags schon wieder Zuflucht in einem Zeltdorfe suchen, da ich von wahren Schüttelfrosten befallen wurde. Am anderen Tage früh aufbrechend, erreichte ich nach einem für mich recht anstrengenden Tagesmarsch spät Abends Saffi.

Saffi, wie die Europäer die Stadt, Asfi, wie sie die Eingeborenen nennen, liegt in einer weiten nach Westen offenen Bucht, deren äusserster Nordpunkt vom Cap Cantin gebildet wird. Die Stadt liegt unmittelbar am Ocean, ist von Mauern umgeben, besitzt an der Nordseite ausserdem eine Kasbah und hat ca. 3000 Einwohner, darunter einige Hundert Juden und ca. 50 Christen. Asfi wurde 1508 von den Portugiesen erobert, und sie blieben im Besitze der Stadt bis 1541, in welchem Jahre sie dieselbe freiwillig aufgaben. Chénier führt an mehreren Stellen an, die Portugiesen hätten Asfi 1641 verlassen, was aber wohl irrthümlich ist, wenn man anders nicht nachweisen kann, dass sie es zum zweiten Male genommen. Das beim Cap Cantin anfangende oder endigende Gebirge Dj. Megher tritt, Asfi umgehend, zurück, sendet aber kleine Ausläufer bis dicht zur Stadt, dadurch wird die Ufer-Gegend weniger einförmig, und das Gebirge selbst muss seines reichen Baumschmuckes halber je näher man kommt desto romantischer sein.

Ich fand in Asfi alle Funduks besetzt, fand aber bei einem

Juden Unterkommen. Mein erster Gang war zum englischen Consul Mr. Carstensen, denn so sehr ich sonst auch mied, mit Europäern in Berührung zu kommen, so zwang mich andererseits mein Zustand, mich auf alle Fälle wieder in den Besitz von Chinin zu setzen. Ich fand selbstverständlich den freundlichsten Empfang, nicht nur fand ich das ersehnte Medicament, auch mit einer kleinen Geldsumme half Hr. Carstensen (die ich ein Jahr später die Freude hatte, ihm persönlich in Tanger zurückerstatten zu können) auf edelmüthige Art aus. Ehemaliger dänischer Officier, hatte Mr. Carstensen später in dem Krimkriege unter den Engländern Dienste genommen, und war durch Verheirathung in die englische Consulatscarrière gekommen. Seine Einladung, auf dem Consulate zu logiren, schlug ich indess wohlweislich aus, ebenso verführten mich auch nicht die Anerbietungen des französischen Consuls, dessen beiden Söhne, obschon Christen, auffallenderweise immer in marokkanischer Tracht gingen. Aber das Essen, welches mir Hr. Carstensen nach meinem Judenquartier während meines Aufenthaltes schickte, Teller, Messer und Gabeln, Servietten und Wein fehlten auch nicht, liess ich mir herrlich schmecken. Seit zwei Jahren das erste Mal, dass ich das Essen nicht direct mit *den Fingern* in den Mund zu bringen brauchte.

Ich blieb zwei Tage in dieser regen Handelsstadt, auf welche nach Beaumier 1/8 des gesammten Seehandels kommt. Auf der Rhede lagen auch hier mehrere europäische Kauffahrer.

Der Weg von Asfi bis zum Fluss Tensift ist äusserst beschwerlich; wenn Fluth ist, tritt das Wasser nämlich dicht an die Felsen, und über diese muss man dann bergauf bergab klettern, da das Gebirge gegen das Meer hin sich durch zahllose Rinnsale zerklüftet. Man braucht von der Hauptstadt der Landschaft Abda, d.h. von Asfi bis zum

Ued-Tensift, der zugleich die Grenze der Landschaft Schiadma ist, 6 Wegstunden.

Obschon die Mündung des Tensift sehr breit ist und hohe abschüssige Ufer hat, kann man sie zur Zeit der Ebbe durchwaten. Aber die Eingebornen müssen zur Hand sein, um die Stelle zu zeigen. Das äusserste rechte Ufer wird gebildet durch den südlichen Vorsprung des Megher-Gebirges, welches eigentlich mit dem Hadid-Gebirge Eins ist, denn am linken Ufer des Tensift zeigen die Gesteinmassen des Dj. Hadid so vollkommene Uebereinstimmung mit dem Megher-Gebirge, dass man zur Annahme berechtigt ist, der Ued-Tensift habe diesen Gebirgszug durchbrochen, um das Meer zu gewinnen. Einen Ort Rabat el Kus, wie er im Maltzan und auf verschiedenen Karten an der Mündung des Tensift angegeben ist, fand ich nicht. Hingegen stiess ich (das Uebersetzen hatte viel Zeit weggenommen) auf dem linken Ufer auf die kleine Sauya Sidi el Hussein, in der ich freundliche Aufnahme fand und nächtigte. Höchst romantisch nahmen sich von hier ca. 1 Stunde entfernt, im Osten die Ruinen einer alten Burg, Namens Kasbah Hammiduh, aus. Mitten im Walde auf schroffem Felsen gelegen, hatte es ehemals wohl die Aufgabe, die Einfahrt in den Tensift zu vertheidigen.

Die Gegend wird jetzt immer abwechselnder, tiefe Buchten, welche das Meer macht, bewaldete Bergabhänge, entschädigen für den langweiligen Marsch auf dem weissen Sande des Strandes. Ich nächtigte noch einmal bei einer Grabkapelle Sidi Abd Allah Bettich und erreichte sodann am dritten Tage nach meiner Abreise von Asfi am Morgen früh die Stadt Ssuera oder Mogador.

Mogador ist eine Schöpfung neuester Zeit. Ob der Ort Tamusiga des Ptolemaeus oder, wie Knötel will, Suriga hier gelegen hat, lasse ich dahin gestellt sein. Letzterer meint, der

Name Ssuera sei von Suriga abgeleitet. So ähnlich nun auch beide Namen sind, so dürfte die Etymologie de Laporte's die richtigere sein. Er leitet Ssuera von Ssura Bildniss her, Ssuera würde dann kleines Bild bedeuten, und da in Marokko manchmal mit dem arabischen Diminutiv etwas Hübsches, Niedliches, verbunden gedacht wird, so würde Ssuera "liebliches Bildchen" bedeuten. Diese Herleitung des Wortes Ssuera von Ssura hat um so mehr Wahrscheinlichkeit, als die Berber die Stadt Tassurt nennen und dies bedeutet in der Berbersprache ebenfalls ein hübsches Bildchen.

Der Name Mogador kommt ohne Zweifel vom Grabmal des Heiligen Sidi Mogdal oder Mogdur her, dessen Kapelle sich südlich vom jetzigen Orte in nicht weiter Ferne befindet. Wenn übrigens die Stadt Mogador erst 1760 vom Sultan Mohammed-ben-Abd-Allah gegründet, und wie eine noch am Hafen befindliche Inschrift bekundet 1184 (1773 nach J.C.) vollendet wurde, so wissen wir aus den Berichten der Väter der Provinz Touraine, dass der Name Mogador, den sie auf die vor Mogador liegenden Inseln anwenden, schon bedeutend früher vorkommt; ja, man findet Hafen und Insel Mogador schon auf der catalanischen Karte von 1375 eingetragen[135].

[Fußnote 135: Renou p. 43.]

Die Stadt liegt auf einer kurzen, flachen und nach Südwest ins Meer sich senkenden Landspitze. Vor der Bucht, welche so gebildet wird, zieht sich dann eine grössere Insel hin, und weiter nach Süden und dem Lande näher, noch vier kleine Eilande. Die grosse Insel ist durch ein Fort befestigt, das aber jetzt nur marokkanische Sträflinge enthält, und seit dem Bombardement des Prinzen Joinville am 14. August 1844 nur äusserst nothdürftig wieder hergestellt ist. Eine der kleineren flachen Inseln hat ebenfalls eine Fortification. Die

Stadt, selbst, fast viereckig von Form, ist eigentlich nach der Seeseite zu befestigt, denn die Mauern nach der Landseite zu, etwa 20' hoch sind kaum 6' dick und aus dem schlechtesten Material erbaut. Nach der Wasserseite aber ist die Kasbah mit ca. 30' hohen Mauern und Bastionen, und diese Kasbah, worin der Gouverneur, die Consuln, vornehme Christen und Juden wohnen, ist auch von der eigentlichen Stadt durch eine gleich hohe Mauer getrennt. Diese hat breitere und vollkommen gerade Strassen und nur einstöckige Wohnungen, während in der Kasbah die Strassen zwar auch gerade, aber eng sind, was noch um so mehr hervortritt, weil die Häuser der Kasbah meist mehrere Stock haben. Der Marktplatz des Ortes hat Säulengänge, ähnlich wie in L'Araisch.

Die Zahl der Bevölkerung dürfte 10-12000 Seelen incl. der Juden und Christen betragen. Dass Mogador, obschon am entferntesten von Europa gelegen, bislang von allen marokkanischen Häfen den bedeutendsten Handel hatte, verdankt es nicht allein den Anstrengungen der marokkanischen Regierung, sondern zum Theil seinem reichen Hinterlande; dann auch weil Agadir den Europäern verschlossen worden ist, und somit alle Producte der Landschaften südlich vom Atlas, ja von einem Theile des Sudan her, hier zusammenströmen. Indess dürfte Tanger, was Werth und Menge der Aus- und Einfuhr anbetrifft, wohl bald Mogador überflügeln. Importirt werden hier besonders Baumwollenstoffe und Thee aus England, Zucker aus Belgien und Frankreich, Tuche, Wachszündhölzchen und Stearinlichte aus Frankreich (letztere, sowie auch Salonzündhölzchen, ebenfalls aus Wien), Bretter aus Oesterreich, Stahlwaaren und Waffen aus England und Deutschland, endlich eine Menge kleinerer Sachen aus Deutschland, welche aber nur durch Zwischenhandel dahin gelangen. Exportirt wird Getreide, hauptsächlich Weizen,

Gerste und Mais, trockne Hülsenfrüchte, besonders Saubohnen, Thierfelle, Schafwolle, und an Früchten Mandeln, Datteln, Oliven; aus dem Sudan werden Federn und Elfenbein gebracht, Gummi kommt heute in Mogador wohl kaum mehr zum Export. Ebenso hat die Sclavenausfuhr von hier, die in den dreissiger Jahren auch von deutschen Schiffen unter dem Namen von "Ebenholzhandel" stark betrieben wurde, ganz aufgehört.

Mogador hat wirkliche Consuln aller Mächte, mit Ausnahme des Deutschen Reiches.

Ich hatte mir in einem Funduk ein leidliches Zimmer zu verschaffen gewusst und blieb einige Tage in der Stadt, um meine Gesundheit wieder etwas herzustellen. Der englische Consul versorgte mich mit Chinin.

Und dann sagte ich mit Mogador dem letzten Hauche der Civilisation Lebewohl; ich wusste, weiter nach dem Süden zu sei kein Christ mehr anzutreffen, ich wusste sogar, dass weiter nach dem Süden zu mir die arabische Sprache mit Ausnahme in den Städten, nichts mehr nützen würde. — Sobald man die Stadt verlässt, befindet man sich in grossen Sandpartien neueren Ursprunges, in Dünen, welche in jüngster Zeit aus dem Meere ausgeworfen sein müssen. Ich wanderte zum südlichen Thore hinaus, ganz ohne Begleitung. Einige, besonders Juden und Christen, hatten mir den Weg bis Agadir sehr gefahrvoll vorgestellt; andere, Mohammedaner, meinten, ich habe nichts zu fürchten. Nachdem man eine halbe Stunde von der Stadt entfernt die Kubba Sidi-Mogdal's passirt hat, des Heiligen, welcher der Stadt den Namen gegeben hat, und der besonders bei der weiblichen Bevölkerung in grosser Verehrung steht, erreicht man zwei halb vom Sande verschlungene Schlösser des Sultans.

Der Weg, der sich Anfangs gen Süden längs des Meeres hinzieht, wendet sich bald darauf nach Osten und die Dünen erreichen ihr Ende. Statt dessen kommt man in einen dichten 10-12' hohen Binsenwald. Die Bewohner flechten Matten und Körbe aus diesen Binsen, die jedoch bei Weitem nicht so dauerhaft sind, wie jene aus den Blättern der Zwergpalme oder aus Halfa. Dieser Binsenwald ist 3 Stunden breit, dann erreichte ich Mittags eine gut ummauerte Quelle mit herrlichem Trinkwasser.

Von hier an nahm nun die Gegend einen ganz anderen Charakter an; wilde Oliven, immergrüne Eichen, Lentisken- und Lotusgebüsche wurden immer seltener, dagegen trat aber ein Baum, der Argan, welcher in den Landschaften von Dukala, Abda, Schiadma nur vereinzelt auftritt, hier derart seine Herrschaft an, dass man wohl annehmen muss, diese Landschaft Haha, welche die westlichsten Ausläufer des Atlas in sich begreift, sei die eigentliche Heimath dieses nützlichen Baumes. Eigenthümlich genug, findet sich dieser Argenbaum nur in diesen Gegenden, sonst *nirgendwo* auf der Erde. Der Elaeodendron Argan hat in der Regel die Grösse unserer Obstbäume, mit dem Oelbaume hat er aber, obschon andere Reisende ihn damit verglichen haben, keine Aehnlichkeit. Das helle saftgrüne Blatt gleicht vielmehr den Myrtenblättern. Die Frucht selbst, von der Grösse einer Olive, sieht, wenn vollkommen reif, hochgelblich aus und hat einen widerlich süssen Geschmack, für Menschen ist sie vollkommen ungeniessbar. Aber desto mehr wird sie von den auf den Bergabhängen weidenden Ziegen und Schafen aufgesucht. Und da der Baum das ganze Jahr hindurch nach und nach Früchte zeitigt, so hat man hier die fettesten und schönsten Heerden. Der braune faltenreiche Stein der Frucht, länglich von Gestalt und so gross wie ein Aprikosenkern, schliesst einen weissen Kern ein, der äusserst bitter schmeckt, aber ein sehr gutes Oel liefert, das in diesen Gegenden allgemein von den Eingeborenen zur Speisebereitung benutzt wird. Auch in Mogador wird das Oel von den Eingeborenen benutzt, von den Europäern aber nicht. Ich selbst habe es natürlich immer essen müssen, und fand, hat man sich erst etwas an den eigenthümlich angebrannten oder räucherigen Geschmack gewöhnt, das Oel vollkommen geniessbar. Der Arganbaum erreicht bisweilen die Höhe und den Umfang, dass seine Stämme als Nutzholz verwerthet werden können. Für die Zukunft, d.h. wenn Marokko in den Kreis der Civilisation wird gezogen worden sein, dem es sich auf die Dauer ebenso wenig wie ein anderes Land wird entziehen können — wird dieser Baum der Landschaft Haha eine grosse Rolle spielen. Leider denken jetzt die Eingeborenen so wenig daran, materiell ihre Lage zu verbessern, dass sie es verschmähen, die Früchte des Arganbaumes, von dem es ausgedehnte und dichte Waldungen giebt, zu sammeln und zu Markte zu bringen, sondern es vorziehen, sie meist auf dem Boden verfaulen zu lassen.

Ich übernachtete in einer Sauya, wo nur der Thaleb Arabisch verstand, alle übrigen, Berber ihrer Nationalität nach, sprechen und verstanden nur Schellah. Es war hier das letzte Dorf, wenn man einige Hütten und Zelte, die sich um die Sauya herum gruppirt hatten, so nennen will. Denn wenn die Gegend schon dadurch einen eigenthümlichen Reiz bekömmt, dass der im herrlichsten Grün prangende Arganbaum so vorwiegend sein Reich hier inne hat, so wird man andererseits, je weiter man in Haha nach dem Süden zu vordringt, durch die eigenthümliche Bauart, durch das merkwürdige Wohnen der Eingebornen berührt. Im Norden vom Atlas, im eigentlichen Marokko (Rharb el Djoani) wohnen alle Eingeborenen, einerlei ob Berber oder Araber, entweder in Häusern aus Stein zu Städten und Dörfern *vereint*, oder in Zelten zu Zeltdörfern *vereint*. *Einzelne*

Wohnungen, *einzelne* Zelte findet man fast nie. Hier ist nun Alles anders. Man glaubt sich plötzlich ins Mittelalter zurückversetzt, die kleinen Berge und fast jeden Hügel sieht man von einer grossen kastellartigen Burg gekrönt. Sei es nun, dass es von jeher diesen Berbern gefallen hat so zu wohnen, sei es, dass die grosse Unsicherheit der Gegend, die steten Feindseligkeiten der einzelnen Stämme und Familien, ein solches *befestigtes* Wehrsystem nothwendig machte, gewiss ist es einzig in seiner Art. Denn die Städte, Dörfer, Zeltdörfer oder *unbefestigte einzelne* Wohnungen fehlen ganz und gar. Vier, fünf oder noch mehr Familien bewohnen solche kastellartige Schlösser, welche meist viereckig von Form eine Höhe von 20 bis 30 Fuss haben. Fast alle haben an zwei Ecken hohe flankirende Thürme, und fast alle haben oben auf der Umfassungsmauer Zacken. Sie sind aus soliden Steinen mit Mörtel aufgeführt, haben einen schmalen Graben, besitzen nur Ein Thor, welches in der Regel durch eine Zugbrücke von dem umgebenden Terrain erreicht wird.

Im Innern dient der ganze untere Raum, sowie der grosse Hof fürs Vieh, die Menschen haben in der zweiten Etage, die einen gewölbten Boden hat, ihre Stätte, zu der man mittelst einer Leiter, die man im Nothfalle nach sich ziehen kann, hinaufkömmt; jede Familie hat nur ein Zimmer.

Da die hier vom grossen Atlas entspringenden Flüsschen alle nur im Winter Wasser fortschwemmen, so haben die Eingeborenen für Cisternen gesorgt, die man manchmal am Wege, manchmal an irgend einer Oertlichkeit, die den Erbauern günstig schien, eingerichtet findet. Diese Cisternen sind ganz in der Art und Weise gebaut, wie die der Römer. Es sind 15 bis 20 Fuss lange, 5 bis 10 Fuss breite, 20 Fuss tiefe und aus behauenen Steinen ausgemauerte Gruben, die oben *überwölbt* sind. Durch ein kreisrundes

Loch wird mittelst eines Eimers das Wasser heraufgeholt, welches selbst, aus Regengüssen oder aus einem Rinnsale gesammelt, mittelst eines anderen Loches hineinfliesst. Cisternen mit mehreren Abtheilungen sind mir nicht zu Gesichte gekommen, indess mögen sie auch vielleicht existiren. Einzelne dieser Wasserbehälter, und dieses sind die schlechteren, scheinen aus verhältnissmässig neuer Zeit herzustammen, die Mehrzahl aber trägt ein sehr altes Gepräge an sich.

Am zweiten Tage hielt ich der grossen Strasse (d.h. man muss dabei an marokkanische Strassen denken) folgend durchaus südliche Richtung, es ging bergauf bergab, denn ich hatte alle die unzähligen, oft breiteren, oft schmäleren westlichen Abhänge des Atlas zu übersteigen. Dabei war man fortwährend im herrlichsten Arganwald, und hin und wieder tauchten Schlösser und Burgen, oder auch nur die hohen Wartthürme derselben vor meinen erstaunten Augen auf. Mittags desselben Tages hatte ich noch Gelegenheit, in einem solchen Schlosse einer Hochzeit beizuwohnen. Schon von Weitem hörte ich durch den Wald die Musik, vorzüglich das Trommeln und das Ui-Ui-Ui der alten Weiber. Ich ging dem Lärm nach, und kaum hatte mich die lustige Gesellschaft erblickt, als ich mit "Willkommen, Willkommen" begrüsst wurde. Die Berber halten es für ein gutes Zeichen, wenn wirkliche Fremde von weither zu einer Hochzeit sich einstellen. Man war am zweiten Tage; die Braut, das Kind einer fremden Burg, war noch nicht geholt; es geschieht das erst am dritten Tage. Dagegen amusirten sich die beiderseitigen Anverwandten auf Kosten des Vaters des Bräutigams ungeheure Quantitäten von Nahrung zu vertilgen, dabei wurde getanzt (von Sclavinnen, mit denen sich die Berber nicht nach Art der Araber vermischen), musicirt und allerlei Allotria getrieben. Der Bräutigam selbst, ein junger hübscher Mann von etwa 25 Jahren vom

Stamme der Ait-Ischar, sass in einem neuen Gewande, schweigend auf einer Erhöhung. Mit Ausnahme einiger Redensarten verstand Niemand Arabisch, selbst ihr Schriftgelehrter sprach die Religions- und Schriftsprache nur sehr mangelhaft. Es war daher sehr schwer für mich, mich mit ihnen näher einzulassen. Sie hatten übrigens bald genug herausgebracht, dass ich grossen Hunger hatte, und ein reichliches Mahl von Kuskussu, von Brod, Butter und Honig half dem ab. Aber wahrscheinlich hatte ich der Mahlzeit auf zu berberische oder arabische Weise gehuldigt, d.h. meinen Magen überladen (ich hatte seit dem Abend vorher nichts genossen); denn kaum hatte ich meine Wanderung südwärts wieder angetreten, als ich vom heftigsten Fieber abermals überfallen wurde.

Nur mit Mühe ging es vorwärts, aber da ich mitten im Walde war, musste ich Abends ein Unterkommen zu erreichen suchen. Gerade als die Sonne untergehen wollte, entdeckte ich ein stattliches Schloss, wanderte den Hügel hinauf, und obschon die Leute kein Wort von dem verstanden, was ich wollte, merkten sie doch, ich wünsche nur ein Unterkommen, und das gaben sie mir.

Am anderen Morgen befand ich mich bedeutend besser, ich hatte eine grosse Gabe Chinin genommen, und das Fieber war endlich gewichen. Der Weg hielt dieselbe Richtung, die Berge wurden nun immer wilder und höher, aber die Gegend gleich gut bevölkert und reich mit hellgrünen Arganbäumen bewaldet. Das leere Bett des Ued-Tamer wurde durchstiegen, der stärkste und längste Gebirgsausläufer des Atlas, der Dj. Ait-Uakal (Cap Gher) erreicht, und sobald ich den Kamm dieses Höhenzuges überschritten hatte, wandte sich der Weg nach Westen und bald darauf hatte ich das Meer erreicht. Es war Nachmittags, als ich es endlich zu Wege gebracht hatte, die steile Küste hinabzuklimmen, mit grösstem Staunen aber bemerkte ich, wie gleich darauf ebenfalls eine Karavane, aus beladenen Eseln und Maulthieren bestehend, diesen Weg herabklomm. Hatte ich gewollt, so würde ich wohl noch am selben Tage Agadir erreicht haben, aber meine Schwäche nöthigte mich Zuflucht in einer dicht am Meere gelegenen Burg zu suchen.

Am anderen Morgen längst des Meeres weiter gehend, erreichte ich gegen 10 Uhr Fonti, das Dorf, welches am Fusse des Berges gelegen ist, auf dem sich Agadir oder Santa-Cruz befindet. Das Dorf Fonti hat seinen Namen von einer Quelle, die sich auf dem Berge von Agadir etwas unterhalb der Stadt befindet, die Portugiesen nannten die Quelle Fonte, woraus die Eingebornen Fonti machten und dies Wort auch auf das Dorf am Strande ausdehnten. Ich war anfangs der Meinung diese Oertlichkeit sei die Stadt Agadir, da wegen des starken Nebels, welcher die ganze obere Partie des Berges einhüllte, nichts von Gebäuden zu erblicken war.

Fonti selbst ist nur ein ärmliches Nest aus kleinen Hütten, ist aber dennoch auf gewisse Art befestigt. Nach der Landseite zu wird es durch den Berg von Agadir und zwei Mauern, die sich längs des Berges hinaufziehen, geschützt, nach der Seeseite war der Ort offen, weil er der Aermlichkeit selbst wegen keinen Angriff zu fürchten hatte. Nach dem Kriege mit Spanien scheint aber Sultan Sidi-Mohammed-ben-Abd-er-Rhaman anderer Meinung geworden zu sein.

Irren wir nicht, so existirte ein geheimer Vertrag in den Friedensartikeln, wonach die Marokkaner diesen Ort, d.h. Agadir, den Spaniern abtreten sollten, oder jedenfalls war die Rede davon, dass die europäischen Mächte wieder das Recht haben sollten hier Consuln zu installiren. Aber nach Sitte der Marokkaner dachte man nicht daran sein Wort zu halten. Aufs Eifrigste war man deshalb beschäftigt den Ort

Fonti durch massiv steinerne Batterien auf europäische
Weise zu befestigen, und leider waren es spanische
Renegaten, die sich zu diesen Arbeiten hergaben. Auch bei
der *Quelle*, Fonti wurden neue Batterien errichtet.

Ob nun aber diese Befestigung dennoch hinlänglich sein
wird, auch nur ein einziges Kanonenboot vom
Bombardement und von der Zerstörung der Werke
abzuhalten, möchte ich bezweifeln. Sonst hat der untere
Ort, dessen Einwohner ausschliesslich vom Fischfange
leben, noch Bedeutung als Zollstation, alle Waaren, die aus
dem Sus, dem Nun und südlich davon gelegenen Districte
kommen, müssen hier ihren Eingangszoll zahlen, so dass
bei Agadir die eigentliche politische Grenze des Kaiserreiches
ist. Sobald die Sonne die Nebel zertheilte, zeigte sich hoch
oben auf dem Berge Agadir, und ich machte mich auf, den
steilen Berg zu erklimmen.

14. Reise südlich vom Atlas nach der Oase Draa

Die eigentliche Stadt liegt auf einem nach allen Seiten fast gleich abschüssigen Berge, der eine Höhe von 800 Fuss[136] über dem Meere haben mag. Sie bildet ein längliches Viereck, dessen schmale Seite dem Meere zugewandt ist. Die hohen krenelirten Mauern sowie die Bastionen, die jene unregelmässig flankiren, sind, obgleich in gutem Zustande was das Aeussere anbetrifft, doch aus schlechtem Material aufgeführt, so dass sie die Stadt fast ohne Widerstand gegen einen Angriff der Europäer lassen würden. Ebenso sind die wenigen Kanonen, die sich in den Batterien befinden, ihres Alters wegen fast unbrauchbar.

[Fußnote 136: Nach Arlett 198 Meter.]

Die Stadt Agadir wurde um 1500 von einem portugiesischen Edelmann[137] gegründet. Man nannte die Stadt Santa-Cruz, während die Berber den Ort Tigimi-Rumi, die Araber ihn Dar-Rumia nannten. Einige Zeit später erwarb der König von Portugal die Veste, und liess den Namen Santa-Cruz bestehen. Zur Zeit Leo's war der Ort noch im Besitze von Portugal, Leo nannte den Ort Gargessem. Im Jahre 1536 wurde die Festung vom Scherif Mulei Ahmed erobert, und blieb seitdem immer im Besitze der Marokkaner. Schon 1572 liess Mulei Abdallah eine Batterie bei den Quellen "Fonti" errichten.

[Fußnote 137: Siehe Renou p. 36.]

Der Name Agadir, der offenbar gleich nach Eroberung der Stadt durch die Marokkaner gang und gäbe wurde, bedeutet in der Tamasirht-Sprache "Umfassungsmauer," auch

"Festung". Renou p. 38 fügt noch hinzu: "Da Agadir ein generischer Name ist, sollte man noch einen zweiten, um denselben zu vervollständigen, erwarten. In der That nennt sich die Stadt, die uns angeht, Agadir-n-Ir'ir, die Festung des Ellenbogen, d.h. des Vorgebirges" etc. etc.

Was das Innere der Stadt anbetrifft, so sind alle Häuser, ausgenommen das der Regierung, welches der Kaid bewohnt, sowie die Djemma, die sich in gutem Zustande befindet, halb oder ganz verfallen. Ich glaube die Einwohnerzahl schon zu gross anzugeben, wenn ich sie auf 1000 Seelen schätze[138]. Gråberg di Hemsö glaubt kaum 600 Einwohner annehmen zu dürfen. In neuerer Zeit hat sich der Ort aber etwas gehoben, so dass jetzt vielleicht gegen 1000 Menschen in Agadir und Fonti leben mögen.

[Fußnote 138: Davidson sagt, Agadir habe bloss 47 Muselmanen und 62 Juden.]

Der zweimalige Markt, der in der Woche ausserhalb vor dem einzigen Thore der Stadt abgehalten wird, führt derselben einigen Handel zu, und es sind hauptsächlich die Juden, die für die kleinen Bedürfnisse der Stadt sowohl als auch des umliegenden Landes Sorge tragen.

Die Stadt liegt auf der südwestlichsten Seite des Atlas, und während nach Osten und Norden hin das Auge Nichts wahrnimmt, als sich übereinander häufende Berge, verliert sich nach dem Süden zu die Aussicht in die unendliche Ebene, die den Ued-Sus vom Ued-Nun trennt. Der Ued-Sus selbst ergiesst sich eine halbe Stunde südlich von der Stadt in die Meeresbucht. Diese ist die vortrefflichste von ganz Marokko. Gråberg di Hemsö sagt: "Der Hafen von Agadir ist der schönste der ganzen Küste, und der werthvollste für den Handel mit Innerafrika, namentlich wenn er in Händen einer europäischen Macht sich befände, die denselben sehr leicht erwerben und davon immer mehr Vortheile würde ziehen können." So sehr wir mit Hemsö, was die Geräumigkeit der Bucht anbetrifft, übereinstimmen, so sehr möchten wir bezweifeln, dass es heute leicht sein würde den Hafen käuflich von Marokko zu erwerben, obschon auch wir überzeugt sind, dass für den Handel kein Hafen erbiebiger [ergiebiger] sein würde als Agadir.

Gleich beim Eintritt in die Stadt wurde ich überrascht, indem ich über dem Thore neben einer arabischen Inschrift eine mit lateinischen Buchstaben geschriebene bemerkte; ich war so glücklich sie später unbemerkt copiren zu können. Sie lautet:

VREEST . GOD . ENDE
EERT DEN KONING
1746.

Man darf wohl annehmen, dass diese Inschrift von einem Renegaten, der wahrscheinlich Maurer oder Steinhauer von Profession war, verfertigt wurde.

In Agadir angekommen, begab ich mich zuerst nach einem Kaffeehause, um dort nach dem Funduk Erkundigungen einzuziehen; zu meinem Erstaunen erfuhr ich, dass ein solches nicht vorhanden sei, und auch dies deutet genugsam die Unbedeutendheit des Ortes an. Der Abkömmling eines Spaniers hatte indess die Liebenswürdigkeit, mir seine Tischlerwerkstätte als Wohnung anzubieten, was ich dankbarlichst annahm. Ausserdem was Kleidung, Gebräuche und Sitten anbetrifft ganz Marokkaner geworden, war er der gastfreundlichste Mann, und schickte täglich aus seiner Wohnung einige Speisen. Aber ich hatte nicht nöthig in dieser Beziehung dem guten Manne zur Last zu fallen, denn der Kaid der Stadt sandte mir täglich zu essen oder ich speiste in seiner

Wohnung.

Derselbe hatte nämlich kaum meine Ankunft in Erfahrung gebracht, als er mich rufen liess. Ich glaubte schon, es gälte ein Examen zu bestehen: wer ich sei, wes Landes, wohin ich wolle, was ich treibe u. dgl. m.

Aber davon war keine Rede. Der arme Mann war stark erkrankt, und da sollte Rath geschafft werden. Glücklich für mich konnte ich Linderung bringen, und von dem Augenblicke an war ich in Agadir ein gern gesehener Gast.

Meine eignen Fieberanfälle stellten sich aber wieder ein, wohl hervorgerufen durch die starken Nebel, die um diese Jahreszeit täglich dort herrschten. Es ist auffallend, wie kalt die Luft in Agadir war, selten durchdrang die Sonne den Nebel vor Mittag und die Leute versicherten, dass selbst im hohen Sommer diese starken Nebel selten vor Mittag zerstreut würden.

Ich blieb sieben Tage in Agadir und konnte mich hinlänglich erholen. Vom Verlassen des Ortes, um spazieren zu gehen, konnte nicht die Rede sein, da die ganze Gegend äusserst unsicher ist. Unsicherer wird sie noch dadurch, dass Schmuggler in den Gebirgsabhängen oberhalb von Agadir ihr Wesen treiben. Der Ort Fonti am Meere ist nämlich, wie gesagt, das eigentliche Eingangsthor für die directen Karavanen vom Sudan, wenigstens für die, welche den Weg über Nun eingeschlagen haben.

Ich schloss mich sodann einer durchpassirenden Karavane an, um mit ihr nach Tarudant zu gelangen. Denn wenn man auch von hier noch nicht Wassermangel zu befürchten hat, so herrscht das Faustrecht dennoch so sehr, dass es gerathen schien in Gesellschaft zu reisen. Gerade am selben Tage hatte ich in Fonti noch Gelegenheit mich zu überzeugen, wie wenig fremdes Eigenthum respectirt wird: zwei Fremde kamen vollkommen ausgeplündert, sogar ihrer sämmtlichen Kleider beraubt in die Stadt geflüchtet. Gewiss ist hier nur die reine Raubsucht der Berber der Beweggrund zu solchen Handlungen, keineswegs aber Mangel. Man könnte den Rlnema am Ued-Ssaura entschuldigen, wenn er ein Räuber ist, weil er in einer der ärmsten Gegenden der Welt lebt, aber das Land am Sus ist eins der reichsten in ganz Marokko.

Wir brachen Nachmittags von Fonti auf, und machten Abends nach Sonnenuntergang Halt in einem Dorfe; Duar, d.h. Zeltdörfer, findet man in diesem Theile südlich vom Atlas nicht, die ganze Bevölkerung ist sesshaft. Und gleich hier am ersten Tage unserer Reise sollten wir einen recht greiflichen Beweis der Räubereien dieser Völker haben: es wurde uns Nachts ein Kameel gestohlen. Wenn man nun bedenkt, dass die Kameele Nachts mit fest zusammengebundenen Vorderbeinen im Kreise lagen, so kann man sich einen Begriff von der Schlauheit und Kühnheit der Diebe machen. Ich sah das Thier forttreiben im schnellsten Galopp, wir machten uns gleich auf, man schoss, aber Alles war bei der Dunkelheit der Nacht vergebens. Als am anderen Morgen die Eigenthümer der Karavane beim Schich der Oertlichkeit klagten, der würdige Mann hiess el-Hadj-el-Arbi, versprach er Alles zu thun die Diebe ausfindig zu machen, aber weitere Erfolge wurden nicht erzielt. Zum Glück für die Besitzer des verlorenen Kameels waren die anderen Thiere stark genug, um die Ladung des verlorenen, die aus 4 Centner Zucker bestand, aufnehmen zu können. Mit dem Kameele waren aber 90 Metkal = 170 Fres. verloren.

Ich wurde nun zum ersten Male recht in das Karavanenleben eingeweiht, das einfache Frühstück aus

Sesometa (geröstete Gerste, die grob gemahlen in Schläuchen mitgeführt wird, man geniesst sie, indem man Salz, Arganöl oder Olivenöl zusetzt, ganz arme Leute setzen bloss Wasser zu), das Treiben der Kameele, Abends das Brodbacken, oder erreicht man ein gastliches Dorf, Bewirthung durch die Bewohnerschaft—das ist der gewöhnliche Gang der Sus- Karavanen.

Der Weg, der sich fortwährend in östlicher Richtung hinzieht, und meist dem Flusse parallel ist, gehört zu einem der schönsten, was die Reichhaltigkeit der Natur anbetrifft, den man sich nur denken kann. Als Lempriere diese herrliche Natur durchzog, er giebt die Distanz von Santa-Cruz (Agadir) nach Tarudant auf 44 engl. Meilen an, muss er sehr übler Laune gewesen sein. Er sagt davon weiter nichts: ich hatte einen schönen, aber langweiligen Weg, da wir nichts als Haiden und Waldungen zu durchwandern hatten. Und doch kann man diese herrlichen Ebenen nur mit der lombardisch-venetianischen des Po vergleichen. Freilich fehlt der mächtige Strom, aber wie entzückend schlängelt sich der stets Wasser führende Sus durch die Oliven und Orangengärten hin. Und im Norden der stolze Atlas, zeigt er auch nicht so hohe schneegipflige Spitzen, wie der Montblanc und andere Riesenberge der Schweiz und Tirols, so hatten die Alten doch keineswegs ganz Unrecht das kolossale Atlasgebirge als Träger des Himmels zu bezeichnen. Das Thal des Flusses ist ein wahrer Garten, ein Dorf, ein Haus neben dem anderen, Oel-, Feigen-, Stachelfeigen-, Granaten-, Pfirsich-, Mandel-, Aprikosen-, Orangenbäume und Weinreben bilden ein liebliches Durcheinander.

Aber so entzückend die Gegend ist, so unheimlich fällt es auf, dass alle Welt nur bis an die Zähne bewaffnet ausgeht. Jeder Mann hat seine lange Flinte auf dem Rücken, sehr häufig sieht man hier auch schon Doppelflinten, welche vom Senegal hierher dringen: ausserdem hat Jeder seinen krummen Dolch mit meist aus Silber gearbeiteter Scheide.

Ich hatte eigentlich die Absicht nach dem Nun-District vorzudringen, aber die fortwährenden Fieberanfälle, dann das Verlangen wieder unter civilisirte Menschen zu kommen, endlich die Schilderung, die man in Agadir von einem gewissen Scherif Sidi-el-Hussein, der in der Sauya Sidi-Hammed- ben-Mussa residiren sollte und über dessen Gebiet ich kommen müsse, liessen mich davon abstehen. Man erzählte in Agadir die scheusslichsten Grausamkeiten von diesem Menschen, der sogar seinen eignen Bruder und Sohn hatte köpfen und vor Kurzem noch zwei spanische Renegaten hinrichten lassen. Das hinderte natürlich nicht, dass er im Rufe der grössten Heiligkeit steht, und gerade um die Zeit, als ich in Agadir mich befand, war die Hauptperiode der Wallfahrt nach seiner Sauya, man nennt diese Wallfahrtszeit "Mogor". Tausende von Leuten aus der ganzen Umgegend zogen nach der Sauya-Sidi-Hammed-ben-Mussa, um dem Abkömmling Mohammed's ihre Ersparnisse zu überbringen, wofür sie sodann den Segen und Ablass für ihre Sünden bekommen.

Ich vermuthe, dass Sidi-Hammed-ben-Mussa der auf der Petermann'schen Karte angegebene Ort Wesan ist oder, wie wir Deutschen ihn schreiben würden, Uesan. Denn häufig pflegten die Pilger zu sagen, sie zögen nach Uesan, und als ich dann meinte, da hätten sie doch einen weiten Weg, denn Uesan läge weiter entfernt und jenseits Fes', erwiederten sie, nicht nach Uesan Mulei Thaib's, sondern nach Uesan Sidi-Mohammed-ben-Mussa's wollten sie pilgern. Gatell, der nach mir bis zum Nun vordrang, erwähnt dieses Ortes nicht.

Wir hätten sicher am zweiten Tage die Stadt Tarudant

erreichen können, da wir aber mit Nachforschungen nach dem gestohlenen Kameel viel Zeit verbrachten und erst Mittags aufbrachen, übernachteten wir noch ein Mal. Und an dem Tage wäre ich selbst fast ausgeplündert oder gar ermordet worden. Ich hatte mich etwas von der Karavane entfernt, als auf einmal zwei bewaffnete Männer mich anhielten, und während der eine fragte, was es Neues in Agadir gäbe, spannte der andere den Hahn seines Gewehres; sie hatten unstreitig die Absicht mich auszuplündern, als glücklicherweise zwei Leute der Karavane, auch bewaffnet und die ebenfalls zurückgeblieben waren, zu mir stiessen und mich so der Gefahr meiner Kleidungsstücke beraubt zu werden, überhoben. Zugleich bekam ich einen derben Verweis von ihnen, und sie verboten mir, mich wieder von der Karavane zu entfernen, da der Kaid von Agadir die Karavane verantwortlich gemacht für meine glückliche Ueberkunft nach Tarudant.

Das Gebirge wird immer höher, je weiter man nach Osten vordringt, obgleich man fortwährend in der Ebene bleibt. Unendlich viele leere Flussbetten, die nur im Frühjahr Wasser schwemmen, ziehen sich vom Atlas in den Sus hinein, aber nur ein einziger (auf der Petermann'schen Karte richtig eingetragen) einige Stunden westlich von Tarudant hat das ganze Jahr hindurch Wasser. Dieser Fluss ist wahrscheinlich der von Gatell erwähnte Ued-Eluar. Zu der Zeit, als ich ihn durchwatete, konnte ich seinen Namen nicht erfragen.

Abends machten wir Halt bei einem Hause, das zufälligerweise von Arabern bewohnt (die ganze Sus-Gegend hat durchaus Berberbevölkerung) war, die wenig oder gar nicht Schellah verstanden. Welch ein Unterschied im Empfange! Während uns am Abend vorher, als wir in einem grossen Dorfe übernachteten, Niemand etwas zu

essen brachte, sondern wir gezwungen waren, uns selbst zu
beköstigen, versorgte hier der Hausherr die ganze Karavane
mit Speise auf die freigebigste Art. Und hier hatten wir
wieder einen Beweis, dass Araber gastfreundlicher als Berber
sind.

Am folgenden Morgen waren wir schon vor
Sonnenaufgang wieder unterwegs, wir hatten heute nur
einen halben Marsch zu machen, da wir Mittags in
Tarudant eintreffen mussten. Rechts auf der linken Flussseite
tauchte jetzt auch eine Bergkette auf, die, von Nordosten
kommend, sich nach Südwesten hinzieht. Je näher wir der
Stadt kamen, desto angebauter fanden wir die Gegend,
obgleich vom ganzen Lande, wie überall, kaum der zwölfte
Theil des Bodens nutzbar gemacht wird. Kurz vor Mittag
fragten mich meine Gefährten, ob ich die Stadt nicht sähe;
auf meine Verneinung zeigte man mir einen nahen
Palmwald, hinzufügend: das sei die Stadt, aber die Gebäude
könne man wegen der hohen Palmen und buschigen
Olivenbäume nicht sehen. So war es auch in der That,
fortwährend in einem Oelbaumwald fortmarschirend,
befanden wir uns plötzlich vor den Thoren, ohne vorher
das Geringste von den Gebäuden der Stadt wahrgenommen
zu haben. Es war gerade Mittag, als wir das Stadtthor
durchzogen; ich trennte mich hier von den freundlichen
Leuten der Karavane, um ein Unterkommen zu suchen, und
war auch so glücklich in einem Funduk ein Zimmerchen zu
finden. Die Thür dieser Zelle war aber so niedrig, dass ein
grosser Jagdhund kaum ohne zu schlüpfen, würde Eingang
gefunden haben, und wenn ich auch der Länge nach mich
ausstrecken konnte, so betrug die Breite doch kaum mehr
als halbe Körperlänge. Statt der Möbeln bestand der
Fussboden aus gut gestampftem Lehm.

Tarudant, zwei kleine Tagemärsche vom Ocean, fast am

Fusse des südlichen Atlasabhanges[139], dessen südliche
Vorberge bis fast zur Stadt stossen, liegt auf dem rechten
Ufer des Sus, ca. eine Stunde vom Flusse selbst entfernt. Was
die Einwohnerzahl anbetrifft, so vergleicht Renou dieselbe
mit der von Tanger oder Lxor, Hemsö giebt dieselbe auf ca.
22,000 Seelen an, Lempriere, der selbst längere Zeit in
Tarudant lebte, spricht sich nicht darüber ans. Die Stadt
könnte indess wohl 30-40,000 Einwohner haben. Nach
Renou erlangte die Stadt erst Wichtigkeit im Jahre 1516, zu
welcher Zeit Schürfa sie neu aufbauten und beträchtlich
vergrösserten. Aber auch hier machte ich wieder die
Erfahrung, wie wenig man sich auf die Aussagen der
Eingebornen verlassen kann. Man hatte mir Tarudant
geschildert als eine Stadt, die man nur mit Fes oder Marokko
vergleichen könne, sowohl was Grösse, als auch was die
Einwohnerzahl anbeträfe. Ich fand den Umfang der Stadt
nun allerdings gross, grösser als den von Fes, reichlich so
gross wie den von Marokko, jedoch ist fast Alles, was
innerhalb der Stadtmauer sich befindet, Garten. Diese
Stadtmauer, in sehr verfallenem Zustande, hat
durchschnittlich eine Höhe von 20 Fuss und an der Basis 4
oder 6 Fuss, ihre Breite ist oben da, wo sie noch die
ursprüngliche Höhe bewahrt hat, 2 Fuss. Sie bildet eine
unregelmässige Linie, ohne Plan und Kunst angelegt. Alle
50 Schritte werden die Zickzacke von Thürmen flankirt, die
jedoch nicht höher als die Mauer selbst sind. Was das
Material anbetrifft, aus dem sie sowie alle Häuser erbaut
sind, so besteht dasselbe aus mit Häckerling gemischtem
und zwischen zwei Brettern gegossenem Lehm, kann also
europäischen Geschützen, keinen Widerstand leisten; auch
Gräben sind nicht einmal vorhanden.

[Fußnote 139: Leo, Marmol und Lempriere drücken die
Entfernung der Stadt vom Atlas in Zahlen aus, ohne
bedacht zu haben, dass der Fuss des Gebirges bei

Tarudant nicht steil, sondern allmälig sich absenkt, man also auch sagen könnte, Tarudant liege unmittelbar am Fusse des Gebirges.]

Die Stadt ist ein einziger grosser Garten, nur nach dem Centrum drängen sich die Häuser, welche meist nur aus einem Erdgeschoss bestehen, mehr zusammen, und hier befinden sich auch die Buden und Gewölbe, wo man arbeitet und verkauft, hier sind auch die Funduks. Moscheen giebt es eine grosse Anzahl, grössere jedoch, die ein Minaret haben, nur fünf. Die Hauptmoschee, Djemma-el-Kebira schlechtweg genannt, zeichnet sich durch nichts Besonderes aus. Den inneren grossen Hof derselben, in den man Orangen gepflanzt hat, umgeben ungemein plumpe Säulen, die eben so unförmliche Bogen tragen. Die zweite Hauptmoschee, fast eben so gross, ist dachlos, von den übrigen ist keine bedeutend. Ebenso habe ich in der ganzen Stadt kein einziges nur etwas geschmackvolles Gebäude gefunden.

Einen eigentlichen besonderen Handelszweig hat die Stadt nicht, man lobt die Lederarbeiten und Färbereien. Hauptgewerk ist Kupferschlägerei, indess beschränkt sich das bloss auf Kessel, auf kleine Geschirre und Sachen, wie sie von den Eingebornen hergestellt werden können. Aber wie ausgedehnt diese Manufactur ist, geht am besten daraus hervor, wenn ich anführe, dass diese kupfernen Geschirre bis Kuka, Kano und Timbuktu ausgeführt werden. Und wie ergiebig müssen erst die Kupferminen in der Nähe von Tarudant sein, wenn man bedenkt, auf wie primitive Art die Eingebornen dort eine solche Mine ausbeuten. Nach der Aussage der Eingebornen soll nicht nur dies Metall, sondern auch Gold, Silber, Eisen und Magneteisenstein in grosser Menge vorkommen. Alle übrigen Landesproducte sind wie in Agadir und im ganzen Sus-Lande sehr billig.

Das Pfund Fleisch wird mit 2 Mosonen bezahlt, für eine Mosona erhält man 6-10 Eier und im Frühjahr noch mehrere.

Bei der Beschreibung von Tarudant kann ich nicht unerwähnt lassen, dass die einst so berühmten Zuckerplantagen heute nicht mehr existiren. Indess findet man in Marmol und Diego de Torres so glaubwürdige Angaben, dass an der einstigen Existenz der Zuckercultur nicht gezweifelt werden kann.

Als im 16. Jahrhundert die Dynastie der Schürfa Marokko neu umgestaltete, suchten sie vor allen Dingen sich in Tarudant festzusetzen. Es wurde Zucker um Tarudant gepflanzt und um einen Ausgangshafen für das Product zu gewinnen, unternahm der Scherif Mohammed die Belagerung von Santa Croce, damals den Portugiesen gehörend. 1536 war dieser Hafen in den Händen der Gläubigen. Ein Slami oder übergetretener Jude hatte unter der Zeit Mühlen in Tarudant errichtet und von dem Augenblick an war der Handel mit Zucker, wie Marmol als Augenzeuge berichtet, der ergiebigste von allen marokkanischen Handelszweigen.

Auch christliche Sklaven wurden nun zur Fabrikation von Zucker verwandt, und nicht nur aus Marokko oder aus den Sudanländern kamen Leute nach Tarudant, um Zucker zu kaufen, auch Europäer stellten sich ein, sobald sie erfuhren, dass man sie gut behandle. Der Ertrag ergab für den Sultan jährlich 7500 Metkal, eine für damalige Zeit grosse Summe.

In welcher Zeit der Verfall des Zuckerbaues vor sich ging, habe ich nicht ergründen können, vielleicht wurden bei einer der so häufig in Marokko stattfindenden Revolten die Zuckergärten zerstört und nachdem nicht wieder angebaut. Aber die Erinnerung vom einstigen Zuckerreichthum in der

Provinz existirt in Marokko heute noch.

Ich musste mehrere Wochen in Tarudant bleiben und überstand während dieser Zeit eine förmliche Krankheit, da ich fortwährend von Wechselfiebern geschüttelt war.—Den zweiten Tag nach meiner Ankunft liess mich der Kadi der Stadt rufen. Er unterwarf mich einem langen Examen, woher ich komme, warum ich in Tarudant sei, wohin ich gehen wolle, warum ich Mohammedaner geworden sei, u.s.w. Ich glaubte schon, da er immer sehr ernsthaft blieb, dass er mich trotz meiner genügenden Antworten, als Sohn eines Christen ins Gefängniss senden würde, als er plötzlich die Unterhaltung auf die Medizin brachte und ein Mittel gegen Gichtschmerzen von mir verlangte. Zugleich wurde Thee servirt und ein gut zubereitetes Frühstück hereingetragen. Das Gespräch ging dann hauptsächlich auf die christliche Civilisation über, und ich sah mit Erstaunen im Kadi einen dem Fortschritte huldigenden Mann vor mir. Nach beendigtem Frühstücke verabschiedete er mich, und sagte, er würde mich rufen lassen, damit ich in seiner Gegenwart die Medizin bereite.

Am folgenden Tage gegen Abend musste ich zu ihm gehen, und da ich nichts Anderes zu thun wusste, so bereitete ich eine Kamphersalbe und liess ihn Einreibungen damit machen. Ich musste wieder Thee mit ihm trinken und zu Abend essen; beim Abschiede gab er mir ausserdem einen grossen Korb mit Datteln und einen kleineren mit Mandeln, dann eine Schüssel mit süssem Backwerke, das sehr gut zubereitet war und sich fast jahrelang hält. Obgleich die Datteln und Mandeln von der letzten Ernte und von ausgezeichneter Güte waren, so verkaufte ich doch den grössten Theil derselben. Ich bekam für das Pfund Mandeln den für dortige Gegend hohen Preis von 6 Mosonat; es war Missernte für die Mandeln gewesen, denn in guten Jahren erhält man für Eine Mosona mehrere Pfunde.

Am vierten Tage stellte sich mein Fieber heftiger als je ein, ich glaubte schon vom Typhus befallen zu sein; acht Tage musste ich meine Höhle hüten. Ich nahm die letzte mir übrig gebliebene Dosis Chinin, genoss die ganze Zeit hindurch bloss Wasser und Brod und alle Tage einige Granatäpfel, die mir der Fundukbesitzer aus seinem Garten brachte.

Mit einer ziemlich grossen Karavane brach ich sodann auf. Sie setzte sich aus etwa 20 Mann und 30 Stück beladenen Maulthieren und Eseln zusammen. Die Leute selbst waren aus der Oase Draa. Vom Thaleb des Kadi war ich ihnen empfohlen und deshalb gut bei ihnen aufgenommen worden. Diese Art Karavanen rechnen von Tarudant acht Tagemärsche, welche aber sehr stark sind; das Vieh wird dabei von Sonnenaufgang bis Sonnenuntergang mit der grösstmöglichsten Eile vorwärts getrieben. Es war also eine harte Tour für mich, da ich von den Fiebern mitgenommen, sehr erschöpft war, und manchmal dafür, dass ich mitgenommen wurde, und was Nahrung anbetrifft von den Eigenthümern des Viehs freigehalten wurde, das Vieh mit treiben helfen musste.

Den ganzen ersten Tag folgten wir dem Ued-Sus, der an beiden Seiten lachende Gärten bildet. Rechts und links hatten wir hohe Berge, doch ist die Kette im Norden wenigstens noch einmal so hoch, als die nach Südwesten streichende, welche überdies nur ein Zweig vom grossen Atlas ist. Gegen Mittag, wir marschirten immer in östlicher Richtung, machten wir bei einem Dorfe der Beni-Lahia Halt; es wurde dort Markt abgehalten, und die Leute unserer Karavane wollten nun noch Getreide einkaufen, um es mit in ihre Heimath zu nehmen. Nach beendetem Einkauf ging es weiter. Ich weiss nicht, durch welchen Zufall es kam, dass der Theil der Karavane, bei dem ich mich befand, von dem anderen sich trennte, kurz, wir verloren den Weg und es war, glaube ich, Mitternacht, als wir das Dorf erreichten, wo die Anderen seit Abends campirten. Dazu hatten wir elende Wege gehabt, da das ganze Land von breiteren und schmäleren Rinnsalen, welche zur Bewässerung des Bodens dienen, durchschnitten ist, in der Dunkelheit geriethen wir nun alle Augenblick in ein solches Wasser, oder auch ein Esel versank in den Schlamm und sein Herausziehen konnte nur mit Mühe und Zeitverlust bewerkstelligt werden.

Desto kürzer war der folgende Tagesmarsch, wir mussten sehr bald in einem Dorfe Halt machen, weil vor uns zwei Volksstämme sich bekriegten und dadurch die Gegend unsicher gemacht war. Sieben Tage mussten wir in diesem Orte liegen bleiben, fanden jedoch die gastlichste Aufnahme daselbst. Ich war mit vier Anderen in einem grossen Bauernhofe einquartiert und so war die ganze Karavane vertheilt. Endlich schienen die feindlichen Parteien Frieden gemacht zu haben und wir konnten aufbrechen, der Weg war offen. Wir folgten dem Ued-Sus, bis fast an seine Quelle, welcher Landestheil, wie überall, den Namen Ras-el-Ued hat, und schlugen von da an eine südöstliche Richtung ein.

So scharf markirt der südwestlich vom Atlas sich abzweigende Gebirgszug, vom Sus-Thale gesehen, sich ausnimmt, so wenig ist er es in der That, man kömmt südöstlich fortgehend in keinen Gebirgszweig, sondern in ein zerrissenes Gebirge. Obschon man nun auch aus dem eigentlichen überall culturfähigen Lande heraus ist, hat man doch noch die eigentliche Sahara nicht erreicht. Allerdings sind die Berge nackt und kahl, aber die Gegend ist äusserst abwechselnd, Wasser nicht selten und kleine Oasen auf Schritt und Tritt. Gegen Sonnenuntergang erreichten wir eine Oase, die erste echte Palmpflanzung, die ich zu sehen bekam (den Palmen in Marokko und Tarudant merkt man gleich an, dass sie eigentlich für den dortigen Boden und das Klima noch fremd sind), einige Dörfer lagen darin versteckt. Wir lagerten von jetzt an nie mehr im Dorfe, sondern immer im Freien, und suchten dann zu dem Ende ein zwischen Felsen liegendes sicheres Versteck auf. Auf diese Art marschirten wir 4 Tage immer in südöstlicher Richtung fort. Die Gegend bewahrte ihren eigenthümlichen Charakter, nackte, kahle Felsen, von Bergen eingeschlossene Ebenen, ohne Vegetation, nur von Steinen bedeckt, hie und da eine Oase, welche sich schon von Weitem durch die hohen Palmen ankündigte, manchmal auch noch grosse Strecken mit Schih (Artemisia) bedeckt, Zeichen, dass wir die eigentliche Sahara noch nicht erreicht hatten, solche Bilder waren stets vor unseren Augen.

Am fünften Marschtage kamen wir, nachdem wir verschiedene Ebenen durchschritten hatten, an einen Bergpass, wie ich noch nie einen gesehen habe, und auch wohl kein ähnlicher auf der Erde existirt. Mit diesem Bergpass, oder vielmehr mit dieser Schlucht, die ebenfalls durchschnittlich in unserer Marschrichtung war, hatten wir zugleich das eigentliche Gebirge hinter uns. Diese Schlucht war etwa 5 Schritt breit, an beiden Seiten von senkrechten Marmorwänden gebildet, und in derselben rieselte ein kleiner Bach mit reizenden grünen Ufern. Am Austritte der Schlucht gab der Bach Veranlassung zu einer Oase. Der Marmor, der sich in der Sonne spiegelte und stellenweise so glatt war, als ob er künstlich polirt wäre, glänzte in allen möglichen Farben.

Was das Interesse dieser einzigen Schlucht noch erhöhte, war, dass sich am Austritte oder am südöstlichen Ende derselben eine kohlensaure Quelle befand. Ich glaube, es giebt wohl kaum ein zweites an Kohlensäure so reiches

Wasser, wie dieses; dicke Blasen steigen fortwährend auf, und beim Trinken prickelte es Einem im Munde, als ob man Champagner tränke. Das Land, worin sich diese Schlucht und Quelle befindet, heisst Tassanacht, und die vom Flüsschen gebildete Oase, Tesna[140]. Die Gegend war hier, wie auch sonst fast überall, äusserst metallreich, ich fand auf dem Wege bei Tesna offen zu Tage liegend, Antimon-Stücke von 1-1/2 Zoll Dicke, reines, unvermischtes Metall.

[Fußnote 140: Siehe Petermann's Mitteilungen 1865, Tafel 6.]

Die nächsten Tage gingen vorüber, ohne dass sich etwas Besonderes ereignete, ich hatte jedoch grosse Mühe, diese anstrengenden Märsche mitzumachen, zumal mich eine erschöpfende Diarrhöe, durch die ungewohnte Nahrung hervorgerufen, befallen hatte. Die Leute mischten nämlich Mehl mit gestampften Datteln zu einem Teige, gossen etwas Oel hinzu, und roh wurde dies genossen, oder man ass auch, bloss mit Wasser vermischt, gestampfte Datteln. Dazu kam, dass wir manchmal sehr an Durst zu leiden hatten, denn die Thiere waren alle übermässig beladen, so dass man für Wasser keinen Platz hatte. Die schlimmste Strecke war die letzte. Wir waren noch einen guten Tag vom Draa entfernt und lagerten Abends in einem öden Thale. Um den Ued-Draa am folgenden Tage früh zu erreichen, brachen wir um Mitternacht auf. Unglücklicher Weise waren meine Schuhe gänzlich unbrauchbar geworden, die Sohlen waren abgefallen. Ich behalf mich damit, dass mir die Leute aus den Lederresten Sandalen zusammenflickten, welche mit Riemen an den Füssen befestigt wurden. Ueberhaupt tragen südlich vom Atlas fast alle Leute Sandalen. Für Einen, der nicht daran gewöhnt ist, ist es aber ein qualvolles Schuhzeug, da die Riemen gleich tief einschneiden. In der dunklen Nacht stiess ich nun jeden Augenblick gegen einen Stein, und es schien mir eine Ewigkeit bis die Morgenröthe anbrach. Als endlich der Tag anfing und wir frühstückten, hatten wir kaum das nöthige Wasser, aber die Aussicht, noch wenigstens einen halben Tagemarsch gehen zu müssen, ohne Hoffnung einen Brunnen oder Quelle anzutreffen. Gegen Mittag war mein Gaumen ganz trocken, und als wir endlich von Weitem die Palmen sahen, mit dem lachenden Grün der Orangen, Feigen, Granaten, Pfirsichen und Aprikosen darunter, glaubte ich, sie nicht erreichen zu können; erst um 4 Uhr Nachmittags waren wir im Dorfe Tanzetta, wo mehrere Leute unserer Karavane zu Hause waren. Mein Erstes war, meinen brennenden Durst zu löschen, ich trank wenigstens 3 Liter Wasser auf ein Mal.

15. Die Draa-Oase. Mordversuch auf den Reisenden. Ankunft in Algerien.

Vom ewigen Schnee des Atlas gespeist, hat der Ued-Draa, der längste der marokkanischen Ströme, Veranlassung zu einer der schönsten Oasenbildungen gegeben, wie man sie überhaupt nur in der Sahara findet. Denn nur da, wo überirdisch immer rieselndes Wasser ist, bildet sich so üppige Vegetation und gedeihen die Fruchtbäume, die das glückliche Klima des Mittelmeerbeckens hervorbringt. Und wenn man nach tagelangen Märschen durch die steinigte und vegetationslose brennende Wüste, jenes lachende Grün erblickt, wie es sich frisch unter dem schirmenden Dache hochstämmiger Palmen entwickelt, dann vergisst man fast die Mühen und Beschwerlichkeiten einer Fussreise durch die Wüste, denn man glaubt eine der Inseln der Glückseligen erreicht zu haben.

Der bewohnteste und fruchtbare Theil des Ued-Draa ist das vom Gebirge nach dem Süden zu laufende Flussthal, sobald der Draa nach dem Westen umbiegt, d.h. etwa unter dem 29° N. B. fängt er an unbewohnt und unfruchtbar zu werden. Es hat das seinen Grund darin, weil die vom Atlas kommenden Gewässer *ständig* nur bis zu dem Punkte fliessen, den atlantischen Ocean aber nur ein Mal im Jahr, nach der *grossen* Schneeschmelze des Gebirges, erreichen. Ist der Draa-Fluss aus dem sonderbar geformten Gebirgslande, welches südwärts vom Atlasgebirge, unabhängig von diesem, liegt, heraus, dann durchströmt er sein mehr oder weniger breites Thal, welches er sich selbst geschaffen hat. Aber auch hier sind die Ufer und Bänke des ursprünglichen Flussthales manchmal so hoch, so sonderbar geformt, dass man, vom Flussbette aus gesehen, sie für zwei nach Süden streichende paralell laufende Gebirge halten könnte. Einmal und zwar ziemlich in der Mitte des von Norden nach Süden laufenden Flusses erhebt sich aber ein wirklicher Berg, der Sagora, auf dem *linken* Ufer des Ued-Draa. Dass der grosse Debaya weiter nichts ist als ein Sebcha und nur zeitweise ein See genannt werden darf, wage ich Renou und Delaporte gegenüber aufrecht zu erhalten. Renou sagt p. 180: "ce grand lac d'eau clouce est remplie de poissons et les indigènes naviguent dessus et y font la pêche d'après Mr. Delaporte."—Ich will nicht in Abrede stellen, dass der Debaya sich ein Mal im Jahre mit Wasser füllt, ich will ebenfalls nicht bezweifeln, dass er zu der Zeit ohne Fische sei, dass er mit Schiffchen befahren werde, aber das dauert nur eine kurze Zeit, vielleicht nur einige Wochen; so rasch, so gewaltig die Gewässer vom Atlas herabbrausen, so rasch und schnell eilen sie dem Ocean zu. Und wenn diese ausserordentlichen Schwemmungen den Debaya nicht mehr erreichen, so trocknet er rasch aus, wird Sebcha und zuletzt vielleicht weiter nichts als eine grosse Einsenkung.

Es liegen ausserordentlich wenig sichere Nachrichten über die Draa-Gegend vor. Freilich als solche wird dieselbe schon im Mittelalter genannt. Aber darauf, dass man die Draa Landschaft *nennt*, höchstens noch eine Ortschaft derselben notirt, beschränkt sich auch Alles. Leo hebt nur den Ort Beni-Sabih hervor, offenbar die grosse von mir besuchte Ortschaft Beni- Sbih in der südlichen Provinz Ktaua. Marmol führt die Stadt Quiteoa (offenbar Ktaua) an, er nennt auch Tinzeda, welches wohl mein Tanzetta ist. Ferner nennt er die Oerter Taragale, Tinzulin (die Provinz Tunsulin von mir), Tamegrut, Tabernost, Afra und Timesquit (wohl Mesgeta). Delaporte kennt ebenfalls Quiteoa. Mouette nennt einen Berg, den Lafera oder den höhlenreichen Berg, Marmol nennt diesen Berg Taragale oder Taragalt, und es ist dies jedenfalls der Berg, der mir von den Eingebornen als der

Dj. Sagora bezeichnet wurde[141]. Es ist das das Hauptsächlichste, was vom Draalande bekannt war, denn Caillié streifte auch nur die südöstlichste Umbugsecke des Thales, beim Orte Mimmssina.

[Fußnote 141: Siehe Renou, Empire de Maroc, p. 175 u.f.]

Das Draa-Land zerfällt vom Norden nach dem Süden (ich spreche immer nur von dem bewohnten Theile, der sich nach Süden bis zu dem Punkte erstreckt, wo der Draa nach dem Westen umbiegend seinen Lauf ändert) in fünf Provinzen: die nördlichste Mesgeta, dann Tinsulin oder Tunsulin (Tinjulen), drittens Ternetta, viertens Fesuoata und endlich die südlichste und grösste Provinz Ktaua. Obschon in der Provinz Ternetta ein Kaid des Sultans residirt, also eine Regierung von Marokko aus eingesetzt ist, so existirt dieselbe bloss als nominal. Das Ansehen des Kaid und seiner Maghaseni geht wohl nicht über seinen Wohnort hinaus. Die ganze Gegend im Draa-Gebiete ist derart, dass jede einzelne Ortschaft unabhängig von der anderen ist, und jede Gemeinde durch ihren Schich dem die Djemma, (Versammlung der ältesten und angesehensten Männer) zur Seite steht, regiert wird. Selbst nicht einmal die einzelnen Provinzen haben eine eigene gemeinsame Regierung. Als Hauptort oder Hauptstadt des Draa-Landes kann man Tamagrut bezeichnen, aber auch nur insofern, als hier eine berühmte religiöse Genossenschaft, eine Sauya sich befindet. Aber keineswegs ist Tamagrut eine officielle Hauptstadt, auch nicht einmal was Einwohnerzahl anbetrifft die erste. Die grösste Ortschaft im Draa-Thale ist die in Ktaua gelegene Stadt Beni-Sbih.

Sämmtliche Ortschaften sind mit einer hohen Thonmauer umgeben, einzelne haben auch noch mehr oder weniger breite und tiefe Gräben. Alle haben wenigstens eine

Moschee, die grösseren auch mehrere. Die Häuser, von gestampftem Thon erbaut, haben im Innern einen meist geräumigen Hofraum, haben alle ein flaches Dach und meistens ein Erdgeschoss und ein Stockwerk. Im Erdgeschoss verwahrt man das Vieh, und oben halten sich die Menschen auf. Die Strassen in den Ortschaften sind schmal, staubig und voller Unrath, obwohl auch hier wie in Tafilet und Tuat überall öffentliche Latrinen zahlreich vorhanden sind. Die Palmgärten, welche alle wohl eingefriedigt sind durch hohe Thonmauern, erhalten ihre Berieselung durch den ewig strömenden Ued-Draa, und da das Wasser sehr reichlich vorhanden ist, so hat man keine Zeitbestimmung über die Vertheilung des Wassers zu treffen nöthig gehabt. Die Datteln, welche in der Draa-Oase producirt werden, gehören zu den vorzüglichsten der ganzen Sahara, und da sie kein anderes Absatzgebiet dafür haben als nach Marokko, das überdies noch von Tafilet und Tuat und anderen kleinen Oasen seinen Dattelbedarf bezieht, so sind sie äusserst billig, in guten Jahren verkäuft [verkauft] man eine Kameelladung (ca. 3 Centner) für einen halben Thaler. Der Getreidebedarf muss indess von aussen bezogen werden, das was die Eingebornen bauen, reicht nicht hin sie zu ernähren, obschon das ganze Jahr hindurch gepflanzt und geerntet wird. Es kommt das deshalb, weil ein groser [grosser] Theil der Gärten nur zum Gemüsebau, Kohl, Rüben, Carotten, Zwiebeln, Pfeffer, Knoblauch, Tomaten, Melonen etc. verwandt wird, und weil die grösste und schönste Provinz, Ktaua, derart von Süssholz (Glycirrhiza) überwuchert ist dass dies fast den ganzen fruchtbaren Boden unter den Palmen einnimmt.

Das Thierreich bietet nichts Besonderes da, das Schaf ist in den südlichen Provinzen von Ternetta an ohne Wolle, Pferde, Esel, Maulthiere und Ziegen sind gut und von derselben Art wie in Marokko, Rinder sind sehr selten. Von

Vögeln hat man wild die Taube, Sperlinge, Schwalben, dann einen reizenden kleinen Vogel, ebenfalls zu den Sperlingen gehörend, aber mit buntem Gefieder und hübscher Stimme. Die Eingebornen nennen ihn Marabut (der Heilige) und man findet ihn frei, aber zahm in jedem Hause, jeder Oase südlich vom grossen Atlas.

Was die Bevölkerung anbetrifft, deren Zahl auf 250,000[142] Seelen sich belaufen kann, so nennt man sie Draui. Der Mehrzahl nach sind sie Berber: die Araber, vornehmlich Schürfa, leben nur vereinzelt in Ksors. Zu erwähnen sind noch die in Palmhütten lebenden Beni-Mhammed, reine Araber ihrer Abkunft nach, sie sind durchs ganze Draa-Thal zerstreut in kleinen Gemeinschaften von wenigen Familien anzutreffen. Auch einige Berberstämme haben diese Art des Wohnens in Palmhütten. Während die Araber, welche diese Oase bewohnen, vorzugsweise Schürfa, Marabutin und vom Stamme der Beni- Mhammed sind, gehören die Berber fast alle der grossen Fraction der Ait-Atta an.

[Fußnote 142: In Petermann's Mittheilungen ist die Zahl der Bevölkerung in meinem Berichte zu 25,000 angegeben: ein Schreibfehler meines Manuscriptes.]

Der Neger, der natürlich auch zahlreich vertreten ist, hat auf die *grosse* Menge der Bevölkerung wenig Einfluss gehabt, aber der Draaberber, wenn er es auch nicht liebt, sich mit dem Schwarzen zu vermischen, hat doch unmerklich Negerblut aufgenommen, dann haben Sonne und Staub das Ihrige dazu beigetragen der Hautfarbe eine dunkle Färbung zu gehen. Die Schwarzen, welche man im Draa antrifft, sind meistens von Haussa und Bambara, auch Sonrhai-Neger sind nicht selten.

Die in einigen Ksors ansässigen Juden leben hier nicht in

derselben unterdrückten und ausgestossenen Weise wie im übrigen Marokko, obschon sie auch hier sich manche Vexationen gefallen lassen müssen. Sie sind hier weniger dem Handel zugethan, vertreten hingegen mehr den eigentlichen Handwerkerstand. Büchsenschmiederei, Blechschlägerei, Tischlerarbeit, Schneiderei und Schusterei sind ihre hauptsächlichsten Beschäftigungen. Und eben weil sie durch diese Handwerke den Draa-Bewohnern unentbehrlich geworden sind, werden sie weniger gequält. Nach dem heiligen Ort Tamagrut dürfen sie indess nicht hinkommen, nicht einmal den dort *ausserhalb* der Stadt abgehaltenen Wochenmarkt besuchen. Aber damit sie die Strenge dieser Maassregel weniger fühlen, hat man doch die Rücksicht gehabt, den Markttag für Tamagrut auf einen Samstag zu verlegen, Tag, wo es den Juden ohne das untersagt ist zu handeln und zu verkaufen.

Ausser der Sprache bemerkt man, was das Aeussere (abgesehen natürlich von den Schwarzen) anbetrifft, zwischen den Draui keinen Unterschied, wäre dieser nicht, würde man glauben, das Land sei von einem Volke bewohnt. Die Lebensweise der Bewohner ist äusserst einfach. Morgens wird eine dünne heisse und stark gepfefferte Mehlsuppe mit Datteln gegessen, Mittags und Nachmittags Datteln, wozu die Reichen ungesalzene Butter nehmen, auch Buttermilch dazu trinken, während der Arme bloss Wasser zum Trunk hat, und Abends ist Kuskussu die allgemein übliche Kost. So lebt der Draui täglich und Jahr aus Jahr ein.

Tanzetta, Ort wo ich zuerst ankam, ist wie alle Ortschaften durch eine hohe Mauer umgeben und befestigt. Nördlich dicht dabei liegt der nur von Schürfa (Abkömmlinge Mohammed's) bewohnte Ort Alt-Tanzetta, und ausserhalb von Alt- Tanzetta ist eine Milha (Judenviertel). Eine halbe

Stunde südlich von Tanzetta liegt der grosse Ort Sauya-Sidi-Barca, und dicht dabei erhebt sich der sonderbar geformte und unter den Draa-Bewohnern sehr berühmte Berg Sagora, berühmt, weil er eine Höhle enthält, in welcher in der Vorzeit die Christen einen grossen Schatz verborgen hätten, den bis jetzt noch Niemand gehoben. Der Sagora bildet gerade die Mitte des Draa-Landes oder Draa- Thales (d.h. des von Nord nach Süd laufenden Stromtheiles), und er ist ein wirklicher Berg, nicht nur eine Erhöhung des Ufers.

Nach einem Aufenthalte von acht Tagen brach ich von Tanzetta nach dem Süden auf, um nach dem berühmten Hauptorte, dem heiligen Tamagrut, Oertlichkeit, die nur eine kleine Tagereise südlich von Tanzetta liegt, zu kommen. Ich hatte Begleitung, was mir schon deshalb lieb war, da ich mich mit der berberischen Bevölkerung gar nicht verständlich machen konnte. Da eine ausserordentliche Hitze herrschte, machten wir den Weg in zwei Tagen, und blieben am ersten Tage in einem grossen Ksor, von Berbern bewohnt, Namens Alaudra. Der Weg folgte nicht den Krümmungen des Flusses, sondern lief gerade südwärts, und so befanden wir uns bald in steiniger Wüste, bald in einem lachenden Thale. Mittags erreichten wir am anderen Tage Tamagrut, das sich nur durch seine Grösse, und dadurch, dass ein beständiger Markt darin gehalten wird, von den übrigen Ortschaften unterscheidet. Die Sauya, nach Sidi-Hammed-ben-Nasser genannt, ist eine der grössten, die ich gesehen habe.

Sidi-Hammed-ben-Nasser war ein berühmter Heiliger, aber kein Nachkomme Mohammed's. Dafür hatte Allah ihm die Gabe verliehen, in der eignen Sprache der Thiere mit den Thieren sich unterhalten zu können (nach dem Glauben der Marokkaner konnte das vor ihm nur Sultan Salomon, dann

Harun al Raschid und Djaffer sein Minister); aber leider hat diese grosse Gabe auf seine Nachkommen sich nicht vererbt. Wenigstens kann ich constatiren, dass die Urenkel weder mit dem Kameele, noch mit dem Pferde oder anderen Thieren sich unterhalten konnten.

Ich habe an anderer Stelle entwickelt, dass die Mohammedaner einen grossen Vorzug vor uns Christen haben: dass ihre Heiligen schon häufig *bei Lebzeiten* heilig gesprochen werden, dass ihre Heiligen heirathen dürfen, dass die Kinder und Nachkommen solcher Heiligen *auch* für heilig erachtet werden, ja, dass das Heiligsein bei den Mohammedanern *wachsend* ist, d.h. dass die Nachkommen solcher Heiligen für heiliger erachtet werden, als die Vorfahren selbst.

Aber hat man im Christenthum nicht ganz dasselbe. Sind auch die Päpste nicht fleischliche Nachkommen Christi, so folgt doch einer dem anderen als geistiger Erbe, und verfolgt man vom ersten Bischof in Rom, die zunehmende Macht und Heiligkeit bis zum letzten jetzt regierenden, der sich Gott gleich gestellt hat durch seine Unfehlbarkeit, so findet man, dass wir doch nicht so sehr hinter der anderen semitischen Schwesterreligion zurückstehen. Und ist es in den anderen christlichen Bekenntnissen nicht ebenso?

Der derzeitige Besitzer der Sauya, Si-Bu-Bekr, ein Ur-Ur-Enkel des erwähnten Heiligen, wurde denn auch für viel heiliger gehalten, als der Vorfahr selbst. Seine Familie war übrigens eine, die sich von jeher durch Frömmigkeit, durch Gelehrsamkeit in den Schriften, aber auch durch Glaubenseifer ausgezeichnet hatte.

Ich begab mich sogleich in die Sauya, wo man mich zu Sidi Bu-Bekr führte. Es war gerade die Zeit des öffentlichen Empfanges, der ehrwürdige Greis nahm daher bei der

Menge der Leute, die von allen Seiten herbeigeströmt waren, wenig Notiz von mir, sondern gab bloss Befehl mir ein Zimmer anzuweisen. Desto zuvorkommender empfingen mich seine beiden Söhne, ich musste mehrere Wochen bei ihnen bleiben und täglich überhäuften sie mich mit Aufmerksamkeiten aller Art. Als ich Sidi[143] Bu-Bekr einige Tage später meine Aufwartung machte, entschuldigte er sich, dass er mich nicht zuvorkommender empfangen, indem er nicht verstanden habe, dass ich von Europa (Blad-el-Rumi) käme; er fragte, ob ich mit Allem zufrieden sei, und gab seinen Söhnen den Auftrag für mich zu sorgen.

[Fußnote 143: Im eigentlichen Marokko würde man nur Si, nicht Sidi zu ihm sagen.]

Diese Sauya kam mir gerade wie ein Kloster vor; die grossen von Bogengängen umgebenen Höfe, in welche die Zimmerchen oder vielmehr die Zellen münden, die von länger verweilenden Reisenden, oder von Studenten und Schriftgelehrten, die hier ihren Studien obliegen, bewohnt werden; das ewige Beten und Ablesen des Koran, die wallfahrenden Leute, die täglich kommen, um das Grab Sidi Hammed-ben-Nasser's zu besuchen, und ihre Gaben, die in Geld oder Sachen aller Art bestehen, zu den Füssen des Marabuts legen, alles dies erinnert an unsere Klöster, nur ist hier die Prälatur in einer Familie erblich, und zwar geht bei den Marabutin die Würde nur auf den ältesten Sohn über, während die übrigen Söhne, einmal aus dem elterlichen Hause ausgeschieden, in den gewöhnlichen Bürgerstand zurücktreten. Bei den Schürfa geht die Würde auf Söhne und Töchter über, ist dann nur erblich durch die Söhne.

Ehe ich weiter reiste, begab ich mich nach Ktaua, um einige Notizen über den Handel mit dem Sudan zu erhalten. Ktaua, diese grosse selbstständige Oase, hat allein für sich gegen 100 Ksors, die von Berbern, oder auch von Araber-

Schürfa oder vom Stamme der Beni-Mhammed bewohnt sind. Ich ging zuerst nach dem grossen Orte Aduafil, ausschliesslich von Schürfa bewohnt. Von hier aus wird der hauptsächlichste Handel mit dem Sudan betrieben. Gold (in geringer Qualität), Elfenbein, Leder und Sklaven sind die hauptsächlichsten Gegenstände, welche man von dorther holt. An eignen Producten liefern indess die Draui den Schwarzen Nichts, sie können ihnen nur europäische Producte zuführen, denn das Kupfer, welches sich von Tarudant aus nach dem Sudan verbreitet, geht wohl zumeist über Tekna und Nun. Die Sklaven kauft man im Sudan zu den billigen Preisen von 15-20 Thaler, junge hübsche und hellfarbige Mädchen sind jedoch theurer. In Fes und Marokko werden sie dann mit bedeutendem Gewinne abgesetzt, zu 100 bis 150 Thaler. Von Aduafil bis Timbuktu brauchen die Karavanen ca. 8 Wochen, die längste wasserlose Strecke soll 10 Tage (nach Aussage der Eingebornen, jedoch halte ich das für übertrieben) betragen.

Ich blieb in Aduafil 14 Tage, und besuchte von hier aus auch die wichtigen Handelsplätze und Märkte Beni-Haiun und Beni-Sbih südlich gelegen. Dann begab ich mich nach Beni-Smigin, Ort, der am nördlichsten in Ktaua liegt, und nahm die Gelegenheit wahr, mit einer Karavane von hier nach Tafilet zu gehen.

Während man auf dem Wege von der Provinz Ternetta nach Tafilet die grosse Oase Tessarin antrifft, hat man von Ktaua aus nur wüstes Land. Man braucht fünf Tage und hält immer Nordost-Richtung. Die Wüste ist indess auch hier nicht aller Vegetation bar, man trifft hin und wieder auf Akazien. Ich war froh, als ich am fünften Tage Nachmittags von einer Felsanhöhe die Palmen Tafilets erblickte. Vom Orte Beni-Bu-Ali, dem östlichsten Ksor, auf den wir trafen, begab ich mich direct nach dem Hauptorte der Oase Abuam, und da ich ohne Bekannte war, ging ich direct in die grosse Moschee. Ich hatte mich, müde wie ich vom Wege war, schlafen gelegt, fand mich aber unangenehm erweckt durch einen Fusstritt. Vor mir stand ein Scherif, er fragte, wer ich sei, wie ich hiesse, was ich wolle. Wie gewöhnlich antwortete ich, ich sei ein zum Islam übergetretener Deutscher, Namens Mustafa (ich machte nie Hehl daraus, dass ich übergetreten sei, und konnte das auch nicht, da ich zu der Zeit das Arabische noch sehr mangelhaft sprach). Für uns Deutsche haben die Marokkaner das durch die Türken den Arabern zugebrachte und aus dem Slavischen entlehnte Wort Nemsi. Aber mit dieser Erklärung war der Scherif nicht zufrieden. Wie überhaupt durch die drohende Nähe der Franzosen in Algerien, die Filali (Bewohner Tafilets) bedeutend misstrauischer gegen Fremde sind, so schien Misstrauen, Glaubenseifer, Religionsdünkel und jesuitischer Fanatismus in diesem Scherif personificirt zu sein. Die übrigen Tholba wurden herbeigeholt, man wollte einen sichtbaren Beweis meines Islams haben, und als sie nach einigem Kopfschütteln erklärten, dass man in dieser Beziehung mir nichts vorwerfen könne, fingen sie trotzdem an, meine Kleider zu durchsuchen. Und um mein Unglück voll zu machen, fanden sie einen alten Pass, den ich aufbewahrt hatte.

Mit fanatischem Geheul wurde ich nun von diesen Zeloten nach Rissani, der officiellen Hauptstadt, wo der Kaid des Sultans residirt, geschleppt, und ich glaubte schon mein letztes Stündchen sei gekommen, denn was ist gegen fanatische Glaubenseiferer zu machen. Fortwährend brüllten sie: "er ist ein Spion, er ist ein Sendling des christlichen Sultans", womit sie den Kaiser Napoleon der Franzosen meinten, "er ist gekommen, um unser Land auszukundschaften, zu verrathen und zu verkaufen."—So dumm sind nämlich diese fanatischen Leute, wie ja überhaupt Dummheit und Fanatismus immer Hand in Hand mit einander gehen, dass sie überzeugt sind, ein einzelner Christ könne nur so ohne Weiteres ihr Land verkaufen.

Glücklicherweise aber traf ich im Kaid des Sultans einen Mann, der schon irgendwo einen Pass gesehen haben musste, oder doch wusste, welche Bewandniss es damit hatte, aber auch er würde wohl kaum den wutschnaubenden Volkshaufen haben besänftigen können, wenn nicht zur rechten Zeit ein marokkanischer Prinz, nach der Meinung Vieler der rechtmässige Sultan von Marokko, herbeigekommen wäre: Mulei Abd-er-Rhaman-ben-Sliman.

Als nämlich Sultan Sliman gestorben war, folgte nicht sein Sohn, sondern sein Neffe Mulei Abd-er-Rhaman-ben-Hischam, und als dieser im Jahre 1859 starb, hätte nach dem Herkommen der Aelteste der Familie und zwar Mulei Abd-er-Rhaman-ben-Sliman folgen müssen. Sultan Abd-er-Rhaman hatte aber bei Zeiten dafür gesorgt, dass sein Sohn Sidi Mohammed nachfolgen würde, und in der That fand im Herbste 1859 Abd-er-Rhaman-ben-Sliman den Thron besetzt. Da er sich bis dahin 16 Jahre in der Sauya Sidi Hamsa's, nördlich von Luxabi gelegen, verborgen aufgehalten hatte, um dem Dolche und Gifte seines Vetters zu entgehen, brach er Ende 1859, von einigen wenigen Getreuen begleitet, auf nach Fes, um sich des Thrones zu bemächtigen. Aber schon hatte sich Bascha ben Thaleb und Kaid Faradji von Fes für den jetzigen Sultan erklärt, der lange Zeit vorher dort Chalifa gewesen war und sie durch reiche Geschenke an sich gezogen hatte. Wenig fehlte, so wäre der Sohn Sliman's mit seinen einigen hundert Reitern gefangen genommen.

Dieser Mulei Abd-er-Khaman-ben-Sliman lebte jetzt in Tafilet, und ihm, in seiner Eigenschaft als Prinz und seinem unfehlbaren Charakter als Scherif— ihm war es ein Leichtes das tobende Volk zu besänftigen. Es könnte befremdend erscheinen, dass dieser geächtete und vom Throne ausgestossene Prinz so friedlich an der Seite des Kaids des Sultans stand, aber man muss bedenken, dass die Regierung von Marokko südlich vom Atlas nur eine Scheinregierung ist, und namentlich dieselbe in Tafilet gar keine Autorität besitzt.

Der Prinz fasste für mich Freundschaft, und diese wuchs noch, als sich herausstellte, dass ich in der Campagne der Franzosen gegen die Beni- Snassen 1859 schon seinen ältesten Sohn, der ebenfalls Abd-er-Rhaman hiess, kennen gelernt hatte. Derselbe war dahin gekommen, um die Hülfe des französischen Generals Martimprey gegen seinen Verwandten, der den Thron von Fes usurpirt hatte, anzurufen; Martimprey lehnte selbstverständlich jede Einmischung in die inneren Angelegenheiten Marokko's ab. Ich blieb längere Zeit bei dieser gastfreundlichen Familie, die für gewöhnlich in Marka, Provinz Ertib der Oase Tafilet[144], wohnt, und sodann bereitete ich mich vor, meine Reise zu vollenden.

[Fußnote 144: Die Beschreibung von Tafilet ist in

"Uebersteigung des Atlas etc.", Bremen Kühtmann, 2te Auflage, und in Petermann's Mittheilungen, Jahrgang 1865.]

Ich hatte im Laufe der Zeit durch Prakticiren wieder einiges Geld zusammengebracht, allerdings durch mühsames Sparen, denn die ärztliche Praxis muss in Marokko und namentlich in den regierungslosen Theilen ganz anders ausgeübt werden, als bei uns. Namentlich muss sich der Arzt, der keine starke Sippe oder Verwandtschaft hinter sich hat, wohl hüten, einem Patienten eine Medicin zum inneren Gebrauche zu verabfolgen, denn hat er das Unglück sodann einen Kranken durch den Tod zu verlieren, so ist entweder die Medicin, oder der Arzt die Ursache davon gewesen; andererseits hat der Arzt aber von wirklich guter Medicin gar nicht einmal den erhofften Erfolg, denn gesundet ein Kranker, dann haben weder die Medicin noch der Arzt geholfen, sondern irgend ein Heiliger, auch wohl Mohammed, in seltneren Fällen Gott[145], dies Wunder bewirkt. Es ist daher am besten die Praxis so auszuüben, wie es landesüblich ist: durch Feuer und Amulette.

[Fußnote 145: In dieser Beziehung haben die Mohammedaner viel Aehnlichkeit mit den Katholiken: bei einem Wunder denken sie zumeist an einen Heiligen, seltener an ihren Propheten, in den seltensten Fällen an Gott.]

Mit einer Karavane machte ich mich sodann auf den Weg und zwei Tage nach unserem Aufbruche von Ertib erreichten wir die nordöstlich davon gelegene Oase Budeneb. Wir blieben hier nur einen Tag, und am folgenden Tage Abends erreichten wir die Oase Boanan, den ganzen Weg hatten wir ebenfalls in nordöstlicher Richtung zurückgelegt. Mit einem Empfehlungsbriefe vom obengenannten marokkanischen Prinzen für den Schich der

Oase versehen, kehrte ich bei ihm ein, und wurde auch gastfreundlich empfangen. Der Schich hiess Thaleb Mohammed-ben-Abd-Allah.

Zehn Tage lang war ich sein Gast, und täglich assen wir aus Einer Schüssel. Ich hatte dort einen so langen Aufenthalt, weil Thaleb Mohammed der Meinung war, ich solle nur mit einer grösseren Karavane weiter reisen, da je näher der algerinischen Grenze, desto unsicherer der Weg sei. Zu der Zeit nun lebte ich noch in den Illusionen, wie man dieselben so häufig durch Bücher solcher Reisenden genährt bekommt, die nur einen oberflächlichen Blick in das Leben der Mohammedaner geworfen haben und uns erzählen, wer mit einem Muselman aus Einer Schüssel gegessen habe, für heilig und unverletzlich gehalten werde. Zu der Zeit glaubte ich noch an die Heiligkeit des Gastrechtes. Und hierdurch unvorsichtig gemacht; liess ich eines Tages mein Geld sehen. Im Ganzen mochte ich ca. 60 französische Thaler haben. Aber auch für einige Thaler marokkanisches Kleingeld war darunter, welches ich den Schich bat, gegen französisches umzutauschen, da ich wusste, dass ersteres in Algerien keinen Cours hatte.

Thaleb Mohammed wechselte, aber von dem Augenblick an musste er auch schon den Entschluss gefasst haben, mich zu ermorden. Jetzt war nicht mehr die Rede davon eine Karavane abzuwarten, er meinte nun, mit Hülfe seines Dieners, der ganz gut als Führer würde dienen können, könne ich auch ohne Karavane die nur zwei Tagemärsche entfernte Oase Knetsa erreichen. Er fügte noch hinzu, ich könne mich vollkommen auf seinen Diener verlassen, und der Preis für das Führen, 8 Frcs., wurde von mir im Voraus bezahlt.

Mit Freuden war ich auf den Voschlag [Vorschlag] eingegangen, denn nach mehr als zweijähriger Anwesenheit unter diesen durch ihre Religion verthierten Menschen hatte ich die grösste Sehnsucht wieder unter Civilisation zu kommen. Ich fand es auch gar nicht auffällig, als Thaleb Mohammed vorschlug, Abends abzureisen, da man in der Sahara ja so häufig die Nacht zu Hülfe nimmt, um der Sonne zu entgehen, und um vom Durste minder gequält zu werden.

So machten wir uns Abends auf den Weg, der Führer, ein Diener und ich. Es hatte sich nämlich vom Draa her ein Pilger an mich angeschlossen, der gegen Kost, aber sonst ohne Lohn, in ein Dienstverhältniss zu mir getreten war. Nach einem Marsche von etwa 4 Stunden lagerten wir in der Nähe eines kleinen Flusses und machten von trocknen Tamarisken-Aesten ein hoch und hell loderndes Feuer an, welches der Führer besonders gut im Brennen unterhielt, um damit seinem Herrn den Ort zu zeigen, wo wir gelagert wären. Mein Diener und ich beim Feuer ausgestreckt, waren bald eingeschlafen, ebenso schien der Führer sich der Ruhe hinzugeben. Ausser dass ich eine Pistole trug, hatte der Diener und ich keine Waffen, der Führer hatte einen Karabiner. Wie lange ich geschlafen, erinnere ich nicht. Als ich erwachte, stand der Schich der Oase dicht über mich gebeugt vor mir, die rauchende Mündung seiner langen Flinte war noch auf meine Brust gerichtet. Er hatte aber nicht, wie er wohl beabsichtigt hatte, mein Herz getroffen, sondern nur meinen linken Oberarm zerschmettert; im Begriff mit der Rechten meine Pistole zu ergreifen, hieb nun der Schich mit seinem Säbel meine rechte Hand auseinander. Von dem Augenblick sank ich auch schon durch das aus dem linken Arm in Strömen entquellende Blut, wie todt zusammen. Mein Diener rettete sich durch Flucht.

Als ich am folgenden Morgen zu mir kam, fand ich mich allein, mit 9 Wunden, denn auch noch, als ich schon bewusstlos dalag, mussten diese Unmenschen, um mich ihrer Meinung nach vollkommen zu tödten, auf mich geschossen und eingehauen haben. Meine sämmtlichen Sachen, mit Ausnahme der blutdurchtränkten Kleider, hatten sie weggenommen. Obgleich das Wasser nicht weit von mir entfernt war, konnte ich es nicht erreichen, ich war zu entkräftet, um mich zu erheben, ich versuchte mich hinzurollen, Alles vergebens, ich litt entsetzlich vom brennenden Durste.

In dieser hülflosen Lage blieb ich zwei Tage und zwei Nächte. Halb war mein Zustand wachend, halb ohnmächtig. Ich hatte dann die schrecklichsten Visionen. Manchmal glaubte ich Leute zu sehen, und strengte nun alle Kräfte an, um sie herbeizurufen, aber immer war es Täuschung. Mit dem Leben hatte ich vollkommen abgeschlossen. Hauptsächlich quälte mich die fürchterlichste Angst von Hyänen oder Schakalen angefallen und lebendig verzehrt zu werden. Denn diese Uebergangsgegend der Sahara ist besonders das Gebiet dieser feigen Raubthiere. Ich wäre ihnen eine vollkommen hülflose Beute geworden.

Endlich am dritten Tage kamen zwei Menschen. War es diesmal Wirklichkeit, oder wieder Täuschung? Nein, es waren Menschen, sie antworteten auf mein schwaches Rufen durch Winken, mit der Stimme. Es waren Marabutin der unfernen kleinen Sauya Hadjui. Ihre Freude mich lebend anzutreffen, war fast grösser als die meine. Ich stammelte nur "el ma, el ma!" (Wasser). Aber, dachte ich dann, ist ihre Freude auch aufrichtig? Sie hatten eiserne Hacken auf der Schulter, offenbar in der Absicht mich zu beerdigen, aber hauptsächlich waren sie wohl durch den Umstand hergezogen, der jedenfalls ruchbar geworden war: nämlich dass man mir meine Kleidungsstücke gelassen hatte, für die dortige so sehr arme Gegend immer noch ein sehr kostbarer

Gegenstand.

Und nun erklärten sie zwar freundlichst mich retten zu wollen, aber sie müssten nach dem zwei Stunden entfernten Hadjui zurückkehren, um behuf meines Transportes ein Maulthier zu holen. So entfernten sie sich wieder, und jetzt durchlebte ich erst die entsetzlichste Zeit.

Diese vier Stunden, die ich jetzt allein zubrachte, kamen mir vor, wie eine nie enden wollende Ewigkeit. "Sie haben dich nur verlassen, um dich sterben zu lassen, und um, wenn du gestorben bist, sich deiner Kleidungsstücke zu bemächtigen", das war der Gedanke, der fortwährend durchgedacht wurde, nachdem ich soeben durch einen Trunk Wasser zu etwas erneuertem Leben gekommen war. Wie konnte ich überhaupt nach einem solchen Mordversuche noch Glauben zu den dortigen Menschen haben.

Da endlich hörte ich Geräusch, ich versuchte den Kopf zu erheben, ich sah ein starkes Maulthier, getrieben von mehreren Menschen, sich nähern, meine Retter waren wieder da. Mit Vorsicht luden sie mich auf das Thier, was keine Kleinigkeit war, da mein linker Arm nur noch an Haut und Muskeln hing, meine rechte Hand auseinanderklaffte, mein rechter Oberschenkel ebenfalls durchschossen war. Das Bluten hatte schon längst von selbst aufgehört, es mussten sich Pfröpfe gebildet oder die Ohnmachten das bewirkt haben.

Wie lachte mein Herz, als ich die Palmen von Hadjui auftauchen sah, und doch wusste ich nicht, wie ich vor Schmerzen auf dem Maulthiere es würde aushalten können. Und die wenigen Palmen, die wenigen armseligen Häuser[146] schienen mir ein Paradies zu sein.

[Fußnote 146: Die Oase Hadjui ist nur eine ganz kleine von circa 100 Palmen bestandene Insel, mit etwa 50 Wohnungen.]

Ich wurde nach der Wohnung des Schichs der Oase gebracht. Das Haus Sidi- Laschmy's war aber keineswegs gross, es bestand aus einem Vorzimmer, Aufenthaltsort für das Maulthier, für einen Esel und zwei Ziegen, dann kam ein grösseres Gemach, das als Wohnzimmer für die ganze Familie und zugleich als Küche diente. Daran stiess ein kleines Zimmer, Vorrathskammer, endlich waren oben zwei Mensa, d.h. Räumlichkeiten, die auf dem flachen Dache gebaut waren, und worin die beiden Brüder, denn Sidi-Laschmy bewohnte das Haus mit seinem jüngeren Bruder Abd-er-Rhaman, mit ihrer resp. Frau schliefen. Man machte mir dicht neben der Feuerstelle mein Lager. Mein erster Wunsch war, nachdem ich etwas Mehlsuppe genossen hatte, nach einem Messer, und als man ein solches brachte, bat ich Sidi-Laschmy, mit einem herzhaften Schnitt meinen herabhängenden Arm abzuschneiden.

Aber da kam ich schlecht an. "Das kann bei euch Christen Sitte sein," sagte der Marabut, "aber wir schneiden nie ein Glied ab, und da du, der Höchste sei gelobt, jetzt rechtgläubig bist, wirst du deinen Arm behalten." Mittlerweile hatten sie auch schon aus Ziegenfell eine Binde genäht, in welche Stäbe aus Rohr, um dem Ganzen Halt zu geben, eingezogen waren. Diese Binde wurde umgelegt, mit Thon umschmiert, und so eine Art festen Verbandes hergestellt. Der Arm wurde auf weissen Wüstensand gebettet. Hätte man nicht vergessen gehabt, den Verband zu fenstern, so wäre er vollkommen gewesen. Die übrigen Wunden wurden einfach mit Baumwolle verbunden, welche von Butter, in welche man vorher Artemisia getaucht hatte, um sie aromatisch zu machen, durchtränkt war.

Welch' wonniges Gefühl hatte ich Abends, als ich mich
unter Dach und Fach wusste, zwar hart gebettet, denn ich
lag auf Stroh und war nur mit Teppichen bedeckt, aber doch
in Sicherheit mit der Aussicht wieder hergestellt zu werden
und noch leben zu können. Man hatte mir meine Kleidung
vom Leibe geschnitten, um das Blut heraus zu waschen,
aber während der Zeit befand ich mich in Adam's Kleidern,
denn die Leute waren so arm, dass sie mir keine anderen
verschaffen konnten. Ueberhaupt schien Hadjui einer der
dürftigsten Oerter zu sein, die Leute der Oase waren aber
auch die gastfreundlichsten der Welt. Sie waren so arm, dass
sie in der ganzen Ortschaft nicht einmal Weizen hatten, aber
im Glauben, ich dürfe ihre schwere Kost aus Gerstenmehl
nicht geniessen, wurde für mich auf Gemeindekosten
Weizen von einer anderen Oase gekauft. Auch Butter wurde
für mich auf Gemeindekosten geholt, und die jungen Leute
mussten dann und wann hinaus, um Strausseneier zu
suchen, oder wo möglich einen Strauss zu erlegen, damit
ich animalische Kost bekäme. Es war rührend, wie die
jungen Mädchen täglich an mein Lager kamen, um mir
frisch aufgesprossene Gerste zu bringen. In dieser an Grün
so armen Gegend, wo Gemüse, wie Rüben, Zwiebeln und
Kohl zu den feinsten und kostbarsten Gartenfrüchten
[Gartenfrüchten] gerechnet werden, verschmäht man es
nicht, das zarte Gras der Gerste zu geniessen.—Ja, fast
erstickten mich im Anfange die Frauen durch ihre Güte: von
dem Grundsatze ausgehend, dass der grosse Blutverlust nur
durch grosse Quantitäten von Nahrung zu ersetzen sei,
waren in den ersten Tagen beständig zwei Frauen an meiner
Seite damit beschäftigt, mir grosse Klumpen Kuskussu in
den Mund zu schieben, und ich, des Gebrauches meiner
beiden Hände zu der Zeit beraubt, musste es ruhig
geschehen lassen.

Endlich nach langem Schmerzenslager, um so

unangenehmer deshalb, weil ich keine Kleidungsstücke zum Wechseln hatte, konnte ich das Ende meiner Reise antreten. Die Wunden am Körper, an den rechten Hand, der Schuss durchs rechte Bein waren geheilt, der zerschossen gewesene linke Arm hatte zwar durch Callusbildung um den zerschmetterten Oberarmknochen Festigkeit gewonnen, aber die Wunden waren offen und von Zeit zu Zeit eiterten Splitter[147] heraus.

[Fußnote 147: Erst im Jahre 1868 war der Arm vollständig geheilt, nachdem ich stets mit offenen Wunden, die Reise nach dem Tschad-See und die Expedition nach Abessinien damit zurückgelegt hatte.]

Wir nahmen Abschied von einander und Sidi-Laschmy liess es sich nicht nehmen, mich bis zur grossen Ortschaft Knetsa zu begleiten. Auf dem Wege dahin haben die Beni-Sithe Minen mit Blei und Antimon, die sie bearbeiten. Knetsa mit einer Einwohnerschaft von ca. 5000 Seelen ist eine für dortige Gegend berühmte Sauya, indess ebenfalls nicht von Schürfa, sondern nur von Marabutin gegründet. Die Schichs Sidi Mohammed-ben-Abd-Allah und Sidi Ibrahim sind die ansehensten. Da ersterer sich in Fes befand, stieg ich bei letzterem ab, für beide hatte ich Empfehlungsschreiben von Mulei Abd-er- Rhaman-ben-Sïiman von Tafilet. Merkwürdigerweise hatte mir nämlich der Schich Thaleb Mohammed-ben-Abd-Allah von Boanan auf Bitten der Marabutin von Hadjui nicht nur meine Empfehlungsbriefe, sondern auch einen Theil meines Tagebuches zurückerstattet. Aber hartnäckig den Mordanfall läugnend, behauptete er, diese Gegenstände dort gefunden zu haben, leider waren Croquis, sowie Notizen über Einwohner, Einwohnerzahl der Ortschaften und eine ganze Reihe von Berge-, Flüsse- und Orts-Namen unwiederbringlich verloren.

Ich wurde gut in Knetsa aufgenommen, aber auf meine Klage, mich zu unterstützen gegen Thaleb Mo-hammed-ben-Abd-Allah, erwiederte Sidi Ibrahim, Nichts thun zu können, da sie keine obrigkeitliche Regierung hätten. In der That ist in diesen Gegenden von Regierung und Obrigkeit keine Spur vorhanden, das Faustrecht in der ganzen primitiven Bedeutung des Wortes herrscht überall. Knetsa selbst liegt in einem breiten Ued gleichen Namens, der meist oberirdisch ohne Wasser ist, indess stöst [stösst] man in geringer Tiefe auf eine Schicht desselben.

Nach einigen Tagen Aufenthalt vernahm ich, dass eine Karavane von Tafilet nach Tlemçen den westlich einen Tagemarsch entfernt sich erstreckenden Ued- Gehr passiren würde; mit mehreren Gefährten brachen wir also von Knetsa auf. Unsere Richtung war den ganzen Tag über westlich, und nach einem für mich entsetzlich mühevollen Marsche erreichten wir spät Abends den Gehr. Hätten an dem Tage die Gefährten mich nicht unterstützt, so wäre ich auf halbem Wege liegen geblieben; mein Schuhzeug war ganz zerrissen, meine Kräfte aber so wenig hergestellt, dass ich alle paar hundert Schritt ausruhen musste. Und am Gehr angekommen, erfuhr ich, die Karavane würde gar nicht nach Tlemçen gehen, sondern nach dem Ued-Ssaura. Ich musste also nach Knetsa zurück, aber bald darauf traf ich denn auch Leute, die nach der Oase Figig reisen wollten.

Sobald man Tafilet hinter sich hat, hört die eigentliche Sahara auf. Man hat alle Tage Wasser, Flüsse, Brunnen und Ortschaften. Aber nirgends hat die Gegend einen eigenthümlicheren, wild durch einander gemischten Charakter wie hier. Selbst in Abessinien, obschon dort die Berge mächtiger und bedeutend höher sind, man aber nur Berge hat, giebt es kaum wunderlichere Formen. So sieht man auf dem Wege zwischen Hadjui und Knetsa einen Berg, der vollkommen die Gestalt einer Kirche mit daneben stehendem Thurm hat, senkrecht aus der Ebene hervorragen. Als ich von Weitem diese eigenthümliche Formation erblickte, glaubte ich zuerst, es sei eine alte kolossale Baute ehemaliger Christen. Hier ist denn auch die Heimath der Antilopen, Gazellen und Strausse, grössere reissende Thiere sind sehr selten, Hyänen, Füchse und Schakale häufig.

Man braucht von Knetsa nach Figig drei Tagemärsche, die aber tüchtig gemessen sind. Meine Gefährten gingen indess nur bis zum Orte Bu- Schar[148], einer kleinen Oase am Flusse gl. N., von den Uled Djerir bewohnt. Die Bu-Schar-Oase hat ausserdem noch zwei kleinere Ksors. Ich glaubte schon zu einem längeren Aufenthalte verdammt zu sein, als sich ein Mann erbot, mich nach Figig bringen zu wollen, gegen den geringen Lohn von einem (französischen) Thaler. Er hatte den Empfehlungsbrief des Scherif- Prinzen von Tafilet an Schich Humo-ben-Taher von Figig gelesen und meinte, der würde den Thaler zahlen. Mit diesem guten Manne, der noch dazu einen Schlauch Wasser und einige Lebensmittel trug, brach ich auf. Nach zwei harten Tagemärschen sahen wir die dichten Palmwälder der Oase Figig vor uns. Es ist dies die letzte Oase nach dem Norden zu, deren Datteln noch gesucht werden; alle von hier an nördlich gelegenen Oasen produciren wohl noch Datteln, jedoch von geringerer Güte. Renou t. IX, p. 120 führt nach Carette noch Figig als eine von "Berbern bewohnte Stadt mit 400 bis 500 Häusern oder 2000 bis 2500 Einwohnern" an. Figig ist kein Ort oder keine Stadt, sondern eine ziemlich grosse, 3 bis 4 Stunden im Umfange haltende sehr fruchtbare Oase, mit acht Ksors, die alle befestigt sind, und fast fortwährend in Feindseligkeiten mit den auswärtigen Ortschaften oder unter sich selbst sind. Der Hauptort heisst Snaga, im SO der Oase gelegen, hier residirte auch Schich Humo-ben-Taher.

Von den anderen Orten kann ich Maise, dann Hammam-Tachtani und Hammam-Fukkani (oberes und unteres Bad) nennen. Der Name deutet schon an, dass hier Thermalen sind, denn unter Hammam versteht der Araber immer "heisses Bad." Es dürfte wohl nicht übertrieben sein, wenn wenn [wenn] man die Gesammtbevölkerung der Oase Figig auf 10,000 Seelen annimmt. Auch Juden wohnen in Snaga und Maise. Die Oase producirt ausser der Dattel sämmtliche Früchte der Mittelmeerzone. Der Handel ist sehr lebhaft, Araber-Nomaden, besonders aus Algerien bringen Butter, Oel, Felle, Wolle, Schafe, Ziegen und Getreide, und holen dafür Pulver, Kleidungsstücke, Datteln, Waffen und Sklaven.

[Fußnote 148: Ort, von Moula-Ah'med auf seiner Pilgerreise erwähnt. S. Renou.]

Leider konnte ich mein Versprechen, dem Führer einen Thaler zu geben, nicht halten. Schich Humo-ben-Taher nahm mich zwar sehr freundlich auf, aber einen harten Thaler für mich auszugeben, dazu war er nicht zu bewegen. Statt dessen rief er den armen Kerl, und ertheilte ihm seinen Segen, er meinte der Segen würde besser sein, als Geld. Betrübt schlich der arme Mann von dannen, er nahm selbst Abschied von mir ohne Fluch und Verwünschung, meinte nur, wenn ich das Geld gehabt hätte, würde ich ihn wohl belohnt haben. Und darin hatte er nicht Unrecht, denn als ich später auf meiner zweiten Reise in der heiligen Stadt Uesan mit ihm zusammentraf, konnte ich ihm reichlich sein mir erwiesenes Gute zurückerstatten.

Von Figig bis zur französischen Grenze hat man noch einen starken Tagemarsch, nach einem mehrtägigen Aufenthalt in Snaga brach ich mit einer grossen Karavane von Algerinern auf und mit Isch hat man die Grenze des Gebietes, das dem Namen nach zu Marokko gehört, hinter sich, und bald darauf ist man auf französischem Grund und Boden.

Ehe ich aber über Ain-Sfran, Schellala etc. und durch zahlreiche Duars nomadisirender Araber kommend, Géryville, die südwestlichste von den Franzosen besetzte Stadt, erreichte, vergingen noch saure, mit starken Anstrengungen verknüpfte Tage.

Mit Géryville aber hatten meine Leiden ein Ende. Herr Burin, Commandant des Ortes, dann der dortige Militairarzt, nahmen mich mit der offensten Gastfreundlichkeit auf, wochenlang wurde ich dort aufs liebevollste im Hospitale der Garnison verpflegt, und bald darauf bekam ich Briefe aus der Heimath, mein ältester Bruder Dr. Hermann schickte die Mittel zur Weiterreise, und als ich dann, kurze Zeit später, in Algier selbst anlangte, brachte nach einigen Tagen der Dampfer eben diesen Bruder, der die weite Reise von Bremen nicht gescheut hatte, "den Wiedergefundenen" an sein treues Herz zu drücken.

www.ingramcontent.com/pod-product-compliance
Lightning Source LLC
Chambersburg PA
CBHW031418230426
43668CB00007B/347